d

Urs Widmer

Der Kongreß der Paläolepidopterologen

Roman

Diogenes

Der Autor dankt
der Stiftung Pro Helvetia
für ihre Unterstützung

Umschlagillustration:
Darstellung eines ›Papilio Childrenae‹
von Walter Linsenmaier

Alle Rechte vorbehalten
Copyright © 1989 by
Diogenes Verlag AG Zürich
80/89/8/1
ISBN 3 257 01809 6

I

Als Gusti den Tod Sallys erfuhr – im Sommer 1980 –, saß er in der Bar des einzigen Hotels am Toten Meer, einem in die Steinwüste geworfenen Fertigbau aus Zementplatten, der entweder nie fertig geworden war oder schon wieder zerfiel. Löcher im Verputz und eine Leuchtschrift – *Dead Sea Motel* –, deren Glasbuchstaben zerklirrt waren. Hinter dem Hauptgebäude etwa zehn Bungalows. Der ganze Komplex hatte wohl weniger Gäste als es die Besitzer einst erwartet hatten, denn fast alle Touristen fuhren am selben Tag wieder nach Jerusalem zurück. Gusti allerdings hatte hier genau das gefunden, was er gesucht hatte: ein einsames Zimmer mit einem Bett, das weit weg von dem vollklimatisierten Viersternekasten war, in dem er in Jerusalem logierte und durch dessen Korridore unentwegt seine Kollegen gingen, Paläolepidopterologen wie er. Er war nicht allein ans Tote Meer gekommen, sondern mit einer Frau, die sich ihm drei Tage zuvor mit dem Ruf »Hallo, ich bin Ihr Sicherheitsoffizier!« vorgestellt hatte. Sie hieß Esther und trug nun keine Uniform mehr, weil sie nicht im Dienst war; und während Gusti am Tresen dieser spartanischen Bar saß, Bier trank und fassungslos auf den Brief mit der unbegreiflichen Nachricht starrte, versuchte sie, mit den paar Tropfen Wasser, die in dem rostigen Tank auf dem Dach sein mochten, das Salz wegzuduschen, das das Meer auf ihrer Haut hinterlassen hatte.

Gusti hatte gleich am ersten Morgen des Kongresses ein Auto gemietet, einen schwarzen Ford Fiesta, und war mit Esther an den See Genezareth gefahren, in einer unglaublichen Hitze. Heute, am zweiten Tag, hatten sie zuerst – lange zwischen steinigen Hügeln umherirrend – nach Bethlehem gesucht, das tatsächlich so unscheinbar geworden war, daß es keinen einzigen Gasthof mehr hatte, der sie beherbergen wollte; und so waren sie an diesem in der Sonnenglut dampfenden Salzsee gelandet, in dem sie badeten, obwohl das Wasser eine ölige Brühe war, Gusti mit einem umgebundenen Handtuch und Esther in khakifarbenen Armeeunterhosen und einem altmodisch gepanzerten Büstenhalter. In Jerusalem wollte Esther nicht mit Gusti zusammen gesehen werden, oder nur in ihrer offiziellen Rollenverteilung, er als der Nestor seiner Wissenschaft – der Kongreß feierte den zwanzigsten Geburtstag seines Buchs, das die Bibel aller Paläolepidopterologen geworden war –, und sie als seine Beschützerin vor arabischem Terror. Wäre sie in sein Zimmer gegangen, auf der Stelle wäre sie ihr privilegiertes Kommando losgewesen. Aber schon auf der Fahrt zum See Genezareth – weit und breit kein Vorgesetzter – hatten sie sich ständig geküßt, so daß das Auto über die holprigen Straßen der Westbank schlingerte wie das eines angeschossenen Attentäters. Als sie in ein menschenleeres idyllisches Tal gelangten – Blumen,

Olivenbäume, Ginstergestrüppe –, hielten sie an und liebten sich zwischen riesigen roten Mohnblumen. Lagen dann nebeneinander im Staub, sahen in den tiefblauen Himmel und über die in der Hitze flimmernden Felsbrocken hin und wurden endlich auch vieler Schafe und eines Hirten gewahr, der wie eine monumentale Krippenfigur über ihnen hockte – oder wie ein Teil der Landschaft –, mit einem meterhohen Stock in der Hand. Schwarze Augen. Sie zogen sich an und fuhren weiter. Der See war dann so warm, daß er ihnen keine Kühlung brachte. Sie saßen trotzdem stundenlang darin und trauten sich erst nach Sonnenuntergang wieder in ihr Auto; tatsächlich glühte dieses immer noch wie ein Ofen. Sie fuhren durch eine mondlose Nacht nach Jerusalem zurück, wo die Kollegen entgeistert riefen, ob sie verrückt geworden seien, in der Dunkelheit mitten durch die Westbank, und Gusti sagte, wieso denn, er habe ja seinen Sicherheitsoffizier bei sich gehabt. Seine Kollegen waren, genau wie er, Erforscher der geheimnisvollen Welt versteinerter Schmetterlinge: aber alle jünger, dynamische Buben, die wichtige Lehrstühle in Amiens oder Warwick innehatten. Gusti wurde inmitten ihres lebenslustigen Geschnatters immer mißmutiger und veränderte sein Referat, zu dem er nur ein paar Stichworte mitgebracht hatte und das den Kongreß beschließen sollte, im Kopf immer mehr, bis es zu einer gnadenlosen Abrechnung mit dieser Paläolepidopterologie geworden war, die ihm sowieso seit Jahren immer flatterhafter vorkam. Jetzt trug er im Latz des Blaumanns, der seine einzige Kleidung geworden war, eine auf eine knappe Minute geschrumpfte Summe seines Denkens mit sich, die er Esther, kurz nachdem sie Bethlehem endlich gefunden hatten, auf deutsch vorgetragen und die sie mit einem Kugelschreiber auf englisch in ein winziges Heft notiert hatte. Am nächsten Tag, um 14 Uhr, war sein Auftritt. Wenn sie nicht allzu lange im Bett blieben, waren sie mittags längst wieder in Jerusalem. Dann konnte er sein Referat sogar noch einmal üben, am Fenster des Hotels, das auf dem Ölberg stand, genau da, wo Jesus in der Nacht vor seinem Tod auf die Knie gefallen war und seinen Vater beschworen hatte, ihn aus seinem Plan, die Menschen zu retten, zu entlassen. Die Jordanier hatten es, als ihnen der Berg noch gehörte, mit amerikanischem Geld mitten in den jüdischen Friedhof hineingebaut, aus den Grabplatten der Väter ihrer Feinde. Wenn Gusti im Bett lag und den Kopf hob, sah er die goldene Kuppel des Felsendoms und das zugemauerte Tor, das aufsprang, wenn ein Messias dran klopfte.

Er war allein in der Bar, wenn er vom Barkeeper absah, einem schnauzbärtigen Araber, der wie ein braver Familienvater aussah und, allein hinter dem Tresen, laute Selbstgespräche führte. Zuerst hatten sie ein bißchen miteinander geplaudert, aber da der Barmann nur einen einzigen englischen Satz konnte – »It's all bluff!« –, gab Gusti bald auf und kramte in seinen Taschen nach etwas Lesbarem. Er fand zwei Briefe, die am Morgen im Schlüsselfach des Hotels gelegen hatten: der eine eine Einladung der Holy-Land-Tours zu einer Busreise ans

Tote Meer, der andere von einer Mrs. Smith aus Los Angeles, deren Namen er noch nie gehört hatte. Sie erwies sich als die Tochter Sallys und schrieb, ihre Mutter sei gestorben, plötzlich, einundachtzig Jahre alt.

Gusti war achtundfünfzig – Esther Mitte zwanzig – und fühlte seine eigene Sterblichkeit nur in Augenblicken wie diesem. Er starrte auf den Brief und sah so vor den Kopf geschlagen aus, daß der Barmann einen zweiten Satz versuchte. »Problems, Mister?« Gusti schüttelte zuerst den Kopf, nickte dann und bestellte ein neues Bier.

In diesem Augenblick trat Esther durch die Tür. Der Barmann begann mit einem Beilchen auf Eisklötzen herumzuschlagen, und Gusti saß so verloren auf seinem Hocker, daß Esther sich räusperte und sehr laut eine kalte Limonade bestellte. Da wachten beide auf, der Barmann und Gusti, und dieser schob Esther eilfertig einen Stuhl hin, während jener unter der Theke verschwand und mit unsichtbaren Flaschen klirrte. Esther sah sich das Getue der beiden Männer an und fragte: »Was ist denn los?«

»Meine Freundin Sally ist gestorben«, sagte Gusti.

2

»Sally«, sagte Gusti, »war, glaube ich, eine Französin, oder vielleicht auch aus Irland, denn sie hatte jede Menge Sommersprossen. Ein Faß, mit Mistspritzern übersät. Sie sprach ein Französisch als rollten Kiesel aus ihr, allerdings auch Englisch wie ein Goldwäscher. Was weiß ich. Sie hatte es mit den Sprachen. Beherrschte sogar den bizarren Dialekt, den ich normalerweise spreche. Baselbieterdeutsch. Man hätte sie mit einem Fallschirm über einer Kopfjägerinsel abwerfen können, und sie hätte den anstürmenden Wilden das Kopfjagen in ihrer eigenen Sprache ausgeredet, die sie während der Landung aus dem näherkommenden Palavern gelernt gehabt hätte.«

Esther setzte sich auf ihrem Hocker zurecht. »Hm!« sagte sie.

»Vielleicht ist sie«, sagte Gusti, »mit ihren Flügeln schlagend in den Himmel geflattert.«

»Vielleicht.«

Sie sahen dem Barmann zu, der immer noch auf das Eis einhieb. »Als ich sie kennenlernte«, fuhr Gusti fort, »war ich siebzehn. Ein Bub! Sie vierzig. Das war kurz vor dem Krieg. Ich fragte mich nicht, wieso es eine wie sie in die Schweiz verschlagen hatte, und just in den Häuserhaufen, in dem ich groß geworden bin. Eine Hauptgasse, drei Querstraßen. In jedem Haus ein Restaurant, denn Liestal hat eine Kaserne.«

»Wir haben im Offizierslehrgang eure Armeestruktur behandelt«, sagte Esther, die sich mit allerlei Geschützen auskannte. »Ihr seid unser Vorbild.«

»Ich habe ein halbes Leben in der Armee zugebracht.« Jetzt lachte Gusti. »Dabei bin ich in Bulgarien zur Welt gekommen, in Varna, an den Gestaden des Schwarzen Meers, auch wenn ich heute kein Wort Bulgarisch kann. Als ich elf Jahre alt war, verließen die Eltern ihre Heimat auf der Flucht vor dem letzten Zaren, der eine Meise hatte und fürchtete, von einer Revolution weggefegt zu werden. Das geschah dann auch. Von meinem Zimmer aus sah ich seine Sommerresidenz, durch dünne Birkenstämme hindurch.«

»Wie schön«, sagte Esther. Sie war mit der Wendung versöhnt, die ihr Abend genommen hatte, und trank einen Schluck Limo, die der Barmann ihr hingestellt hatte.

»Ich war ins Bett gegangen, mit meinem Teddy im Arm, der mich schützte«, sagte Gusti. »Als ich aufwachte, lag ich zwischen Kisten eingeklemmt in einem kleinen Boot, das entsetzlich schaukelte. Der Vater trug den Stallanzug, mit dem er immer die Pferde versorgte. Mein Teddy war nicht mitgekommen. Später gingen wir irgendwo an Land. Ich taumelte zwischen zwei Händen, im Gehen schlafend. Nachher schlief ich dann wirklich und wachte in einem Gasthof auf, in dem alle Frauen mit schrillen Stimmen sangen. Richtig wach wurde ich allerdings erst in diesem Liestal, in dem wir landeten, weil da ein Barackenlager für Flüchtlinge war. Lange lebten wir in einem Schlafsaal voller lärmender Menschen – die meisten waren Serben, aber es gab auch schon deutsche Juden und sogar einen alt gewordenen Weißrussen –, und später in einem Zimmer derselben Anlage, das so eng wie ein Wandschrank war. Und darin stand sogar noch die Drehbank, auf der der Vater, bevor er starb, mechanische Spielzeuge hergestellt hatte: Soldaten mit schmerzverzerrten Gesichtern, die sich ans Herz greifen konnten; Männchen mit hohen Zylindern, die eine Schräge hinabstolperten und dabei ein Glied nach dem andern verloren; Paare mit gegenpoligen Magneten im Bauch, von denen man, wenn man sie einander näherte, nie wußte, ob sie sich nun küßten oder schlugen. Alles unverkäuflich. Ich vergaß alles Bulgarische. Wir hießen nicht mehr Šloum, sondern Schlumpf.«

Der Barkeeper hatte das zerkleinerte Eis in Plastikbeutel gefüllt und in der Tiefkühltruhe gestapelt. Er wischte mit einem Lappen auf dem Tresen herum und hörte inzwischen ziemlich unverstellt zu.

»Du wolltest von Sally erzählen«, sagte Esther.

»Ja. Sally. Ich lernte sie in einer Hütte kennen, einem kleinen lottrigen Haus, das hoch über Liestal in den Reben stand und dem Kommandanten der Kaserne gehörte. Er benützte es als Rebhaus, das heißt, sein Sohn, ein schreckliches Arschloch, veranstaltete dort zuweilen Feste. Um jenes schwitzende Biersaufen ein Fest zu nennen! Keine Ahnung, wieso ich eingeladen wurde –

ich war noch ein Bub mit einer hohen Stimme; und auf Flüchtlinge stand der Sohn des Kommandanten nicht –, und wieso ich hinging. Wahrscheinlich war ich einsam. Der Sohn und ich hatten so etwas wie eine geschäftliche Verbindung. Es waren fast nur Männer da, junge Burschen, die dem Sohn ähnlich sahen und bald laute Lieder sangen. Immerhin mit dröhnenden Bässen. Es gab eine einzige Frau, Sally eben, die in einem rot leuchtenden Rock still in einer Ecke saß, ein Gebirge, das nicht dick war, weil es diese Fülle zu brauchen schien. Sally war die Geliebte des Sohns; aber das Gesinge gefiel ihr nicht. Ich setzte mich zu ihr, und wir sprachen von diesen entsetzlichen Liedern und dann von Hitler. Irgendwann auch von den Sicherungsbolzen, die ich auf der vom Vater geerbten Drehbank herstellte und die dann von der Bührle in irgendwelche Maschinenpistolen eingebaut wurden – der Sohn hatte mir den Auftrag vermittelt –, und sie war so verblüfft, daß ich versprechen mußte, ihr einen zu zeigen. Keine Sekunde lang ging uns der Gesprächsstoff aus. Es war dann nur natürlich, daß ich mit Sally den Rebweg hinabging, und nicht der Kommandantensohn, der unseren Aufbruch gar nicht bemerkte, weil die ganze Bande inzwischen von der Wacht am Rhein grölte. Wir taumelten unter einem mondlosen Himmel bergab – Sternschnuppen sprühten wie ein Feuerwerk –, aßen halbreife Trauben, küßten uns bald und dann immer heftiger und versanken schließlich unter der Tür ihres Hauses ineinander, im Eingang eines hohen schwarzen Wohnblocks, hingerissen und gehetzt, weil jederzeit jemand kommen konnte. Ich mit ausgebreiteten Armen diese ungeheuren Hinterbacken umfassend, sie gegen die Hauswand gelehnt. Tatsächlich kam dann jemand, alle Bewohner des Hauses kamen – Sally stieß kleine schrille Schreie aus, und ich tobte wie ein toller Kasper –, in Nachthemden und Lockenwicklern und mit Kindern im Arm und einer mit einem Karabiner mit aufgepflanztem Bajonett, und wir standen jäh im grellsten Licht zwischen Mülltonnen und Briefkästen und sprangen auseinander und zogen die Hosen hoch, von starren Frauen, Männern und Kindern begafft, und das alles, weil Sally sich mit beiden Händen auf alle Klingelknöpfe abgestützt und sie nicht mehr losgelassen hatte.«

Gusti trank sein Bier leer, und der Barmann schob ihm ein neues hin. Er beugte sich so weit vor, daß seine Nase die Gustis berührte. »Meinen Sie, ich bin freiwillig hier?« sagte er viel zu laut, in einem tadellosen Englisch. »Ich habe ein Haus in Hebron! Eine Frau! Wissen Sie was?! Sie spricht nicht mit mir! Kein Wort! Ich bin einer, der sprechen muß! Sprechen!« Er schnaubte Gusti an, als habe er ein Geständnis gemacht, das zu formulieren ihm bis jetzt noch nie gelungen war. Gusti bewegte sich nicht. Endlich zog sich der Barkeeper zurück, griff unter die Theke, holte eine Cognacflasche hervor und goß ein Glas voll. Stürzte es hinunter und schenkte sich nach.

»Aber hier ist es ja noch stiller«, sagte Esther.

»Es war mein erstes Mal«, murmelte Gusti, und es blieb unklar, ob er mit Esther oder mit dem Barmann oder mit beiden sprach. »Jetzt bin ich dem letzten Mal nahe.« Er sah nachdenklich auf einen Ölfleck auf seinem Blaumannlatz. »Übrigens, Sally war nicht beschämt. Sie fand es komisch. Als ich mich von ihr verabschiedete, stammelnd und die Hosen mit beiden Händen haltend, lachte sie. In sich hineinprustend ging sie zwischen den glotzenden Hausbewohnern davon, die eine Gasse bildeten. Ich rief ihr etwas nach – ›Bis morgen!‹ – und merkte, daß ich eine neue Stimme hatte. Einen tiefen Baß.«

Der Barkeeper schaltete den Fernseher ein – er drückte auf alle Knöpfe, aber es gab nur ein Programm –, und sie schauten eine Weile zu, wie israelische Patrouillen zwischen Frauen flanierten, die Kürbisse auf den Köpfen trugen. Dann sprachen der Barmann und Esther plötzlich laut und erregt miteinander – ihm schwollen die Adern an den Schläfen an, und sie kriegte ein Kinn wie eine Schaufel –, und Esther sprang vom Hocker und rannte durch die Tür als sei sie zu einem Einsatz kommandiert worden. Gusti hörte ein paar Minuten lang zu, wie der Barkeeper mit der Nachrichtensprecherin diskutierte, trank sein Bier aus und ging Esther nach. Sie stand an eine aus Beton gegossene korinthische Säule gelehnt und weinte. Er legte einen Arm um ihre Schultern und wollte ihre Wange küssen, traf aber, weil sie sich wegbeugte, ihr Ohr. Über ihnen ein naher Mond.

»Wie oft machst du das?« schluchzte Esther. »Frauen flachlegen in irgendeinem Puff?«

»Ich mache das zum ersten Mal«, sagte Gusti.

»Du lügst.«

»Zum zweiten Mal.«
»Sally mitgezählt?«
»Nein.«

Als habe er die Wahrheit gesagt – er hatte –, wurden ihre Muskeln wieder weich, sie wischte sich die Tränen weg, schneuzte sich, und sie gingen in den Bungalow und schliefen ein.

Am nächsten Morgen fuhren sie in aller Herrgottsfrühe über eine kurvenreiche Straße nach Jerusalem zurück. Esther zeigte Gusti Beduinen, die neben Quellen ohne Wasser hockten und dennoch lebten. Blaue Zelte. Kamele wie Steine. Im Hotel ging sie in einem Anfall trotzigen Stolzes mit Gusti ins Zimmer, zum Abschied, und dann war auch die Zeit für sein Referat gekommen. Obwohl ihm sechzig Sekunden genügt hätten, hörte ihm keiner zu, und die Paläolepidopterologie existierte weiter. Am gleichen Abend noch flog er mit einem Jumbo der Swissair nach Hause und war um Mitternacht in seiner Wohnung. Er setzte sich an den Küchentisch und brach in Tränen aus. Weinte bis er einschlief, zum letzten Mal.

3

Jahre, viele Jahre früher: Am Morgen nach jener Nacht, in der er Sally gegen die Klingeln ihres Hauses gepreßt hatte, stand der verliebte glückselige Gusti so früh auf, daß die Barackenkammer – seine Heimat, und die der Mutter – noch dunkel war. Nebel füllte sie bis in alle Ecken. Er hatte vor Begeisterung kein Auge zugetan. Die Mutter im andern Bett schlief, kaum zu sehen in der Trübnis, obwohl das Zimmer keine drei Schritte breit war. Sie hatte ihrem Sohn – es war sein Geburtstag – einen Kuchen gebacken und ihn auf einen Schemel neben das Bett gestellt. Eine dicke rote Kerze genau in der Mitte. Er brach ein Stück ab, aß es und zog sich an: die Knickerbocker, die er schon am Vorabend getragen hatte, ein Hemd ohne eine besondere Farbe, einen grauen Pullover, den ihm die Mutter noch in Varna gestrickt hatte und der ihm längst viel zu eng war, und eine rote Mütze, deren wulstiger Rand beide Ohren bedeckte. Auf der Drehbank suchte er einen besonders glänzenden Sicherungsbolzen, rieb ihn am Pulloverärmel bis er strahlte und zog leise einen der Fensterflügel auf, weil er nicht durch die Korridore schleichen wollte, deren Dielen entsetzlich knarrten. Während er sich in den Nieselregen hinausschwang, brummte er Töne vor sich hin, die ihm unvertraut waren und ihn an gestern abend erinnerten. Seine Stimme war immer noch ein Baß.

»Шср цукву вшср тщу дщыдф ыььут!« murmelte die Mutter und wälzte sich herum. Gusti erstarrte, die Hände am Fensterrahmen, und spürte, wie sein Hintern, den er in den Regen hinausreckte, naß wurde. Aber die Mutter schlief weiter. Ihr Stupsnäschen schnupperte jetzt zur Zimmerdecke hoch, und ein nackter Fuß ragte unter der Decke hervor als wolle er winken.

Gusti glitt zwischen den Blüten und Dornen eines Rosenspaliers zum Erdboden hinunter und hielt einen riesigen Strauß in den Händen, als er unten war. Die Rosen, an denen er sich festgehalten hatte. Sie tarnten ihn, während er über die Lagermauer stieg – am Tor vorn lauerte der Verwalter, ein grober Mensch –, und sie schützten ihn auch, während er quer durch das Städtchen zu Sallys Haus rannte. Seine Hände waren voller Dornen und bluteten, und er war klatschnaß, als er erneut vor der Haustür stand. Aber diesmal sah er die vermaledeiten Klingeln und merkte, daß er den Nachnamen seiner neuen Freundin nicht wußte. Sally was? Die Hausbewohner hießen Schaub oder Liechti, und so drückte er auf den einzigen Klingelknopf, neben dem nichts stand. Tatsächlich schaute, als er den Daumen einige Minuten lang darauf gehalten hatte, seine verschlafene Geliebte aus der ersten Tür im Parterre, in einem Pyjama und mit wirren Haaren. Mit einem Aufschrei stürzte er sich auf sie und wollte sie mit Küssen bedecken und vom herrlichen Leben sprechen und in ihr Bett und den Rest des Tags mit ihr frühstücken. »Sally!« Aber Sally hielt ihn mit ausgestreckten Armen auf und sagte etwas, was er nicht verstand. »Was??« rief er. Sie bewegte den Mund wieder und deutete auf seinen Kopf.

»Wenn ich die Mütze aufhabe, höre ich nichts«, sagte er und nahm sie ab. »Es hat mich bis heute nie gestört.« Er drückte ihr den Sicherungsbolzen in die linke und den Rosenstrauß in die rechte Hand. »Hier! Die Bolzen sind mit einer Toleranz von einem Zehntelmillimeter gedreht. Die Rosen sind aus dem Lagergarten.«

»Weißt du, wieviel Uhr es ist?« sagte Sally, während sie den Bolzen wie ein mißtrauischer Juwelier beäugte.

»Nein. Wieso?«

»Es ist sechs. Wenn du um neun wiederkommst, machen wir einen Spaziergang zusammen, ja?«

Sie verschwand – mit den Blumen – in ihrer Wohnung und schloß die Tür. Gusti starrte einige Sekunden lang auf das Guckloch, das ihn musterte, setzte sich dann auf die Fußmatte und war bald wieder so sehr mit seinem Schicksal versöhnt – er liebte! wurde geliebt! –, daß er die Zeit nicht mehr fühlte. Während er die Dornen aus seinen Händen zupfte und sein Körper trocknete, schwamm seine Seele in einem herrlich klaren Meer, in dem Delphine sprangen. So war er regelrecht überrascht, als Sally plötzlich über ihm stand, wetterfest ausgerüstet: in kräftigen Schuhen, einem Regenmantel, mit einem Kopftuch, das ihr Gesicht verbarg, und mit einem Fotoapparat vor der Brust.

»Dann mal los«, sagte sie.

Hand in Hand gingen sie die Hügel hinauf, von Nebel verhüllt, über zerfetzte Herbstzeitlosen, bis zu einem Wald, der im Dunst dampfte. Sie wateten im Laub und strotzten bald vor Dreck. Gusti füllte den Herbstwald mit seinem Gesang, und Sally fotografierte ihn: einmal mit einer Astgabel über dem Kopf, als Hirschbock verkleidet; dann auf dem Kopf stehend im Laub, so daß er wie geköpft aussah; oder zwischen Knollenblätterpilzen hockend. Schließlich gerieten sie sogar in eine militärische Übung – rußgeschwärzte Soldaten stürmten schießend, von Maschinengewehrfeuer unterstützt, just die Anhöhe, auf der sie Blumen pflückten –, und sogar jetzt drückte Sally auf den Auslöser ihrer Leica, durch Margeriten und Ginster hindurch, während links und rechts die Erde hochspritzte. Als Gusti es endlich mit der Angst zu tun bekam und sich zu Boden warf, stürzte sie sich über ihn und küßte ihn leidenschaftlich, ohne auf die Schreie des Leutnants zu achten, der mit einem schwarzen Gesicht nähergerannt kam. Zuerst tobte er, und dann entschuldigte er sich, von Sallys Unschuld besiegt. Sie waren in ein Sperrgebiet geraten, aber alles konnten junge Verliebte ja nicht wissen. Schließlich drückte der Leutnant ihnen sogar die Hand, und sie gingen – die Kämpfer winkten – auf dem erlaubten Fußweg bergab und aßen in einem Gasthof Speck und Brot.

Zu Hause wollte Gusti mit in die Wohnung, aber Sally schüttelte den Kopf, und bevor er »Warum?« sagen konnte, sah er durch die offene Tür einen Mann, der am

Ende eines langen Korridors stand, vom Licht der Abendsonne beschienen. Er trug einen crèmefarbenen Anzug, der eher nach Monte Carlo gepaßt hätte, und war kahl. Ein paar Haare, sorgfältig über die Glatze gekämmt. Ein schmaler Schnurrbart. Sie starrten sich an, dann verschwand die Erscheinung in einer Tür. Sally sagte: »Mein Cousin.« Sie war rot geworden und gab Gusti einen Kuß. »Er ist unser Geheimnis, gell?« Sie streichelte seine Wange – schnell, wie ein Lufthauch – und schloß die Tür hinter sich.

Gusti tanzte nach Hause, von Flügeln getragen. Die Straßen waren voller Menschen, die den Trottoirs entlang eilten. Zweimal wollte ihm ein schreiender Junge eine Zeitung verkaufen, aber Gusti lachte ihn aus. Eine Zeitung! Zu Hause stand die Mutter mit ausgebreiteten Armen – sie war einen Kopf kleiner als er und sah wie ein Mädchen aus – und rief: »Фдду ыжрту идушиут ефп гтв тфсре иуш шркук ьгееук!« Er tauchte unter ihr hindurch und setzte sich an die Drehbank, die auf seiner Seite des Zimmers gerade noch Platz fand. Nahm Papier, ein Tintenfaß und eine Feder, legte alles sorgsam auf die Fläche, auf der sonst die Rohlinge lagen, und zog die Mütze ganz tief über die Ohren. In seinem Rücken die Mutter, kaum zu hören, obwohl er ihre Brust an seinem Hals spürte und ihre Hand die Wolle seiner Mütze kraulte. Sie rief etwas. Er schrieb: »Liebste Sally!« und sagte: »Mama! Bitte!«

Sie hörte auf, seine Mütze zu küssen. Setzte sich wohl – Gusti drehte sich nicht um – an ihren Nähtisch auf ihrer

Zimmerseite und vertiefte sich wieder in die Stickerei, an der sie seit ihrer Ankunft in Liestal arbeitete, seit sechs Jahren, einen Wandteppich in der Länge der Front des Sommerpalasts in Varna und für diesen bestimmt, wenn der Zar einst versöhnt war oder tot und Bulgarien frei, genau diesen Palast darstellend und diesen Zaren und dessen Ahnen allesamt bis hin zu Bohuslav dem Ehernen, dem ersten aller bulgarischen Herrscher, und natürlich das Martyrium des Volks der Bulgaren, ihre eigene herrliche Zeit in der Sonne des Schwarzen Meers und ihre schreckliche Flucht. An dieser stickte sie gerade – am sechsten der ungefähr zweihundert Meter, die das Werk messen sollte –, an sich selber, einer schwarzen Frau, verhüllt und mit schützend über den Kopf gelegten Armen, fortgerissen von einem ebenfalls schwarz gewandeten Mann mit einem Zylinder und einer Fahne, der ihr Gatte war. Ein knallrotes Gesicht, das so dicht gestickt war, daß man meinte, er platze gleich am Schlagfluß. Kein Kind, entweder war es noch nicht geboren oder schon wieder tot. Über ihrem Gesicht stand in Goldbuchstaben ZORA, ihr Name. Die Nadel ächzte, wenn sie durch den Stoff drang: manche Geräusche hörte Gusti. Die gestickte Mutter sah doppelt so alt wie die lebende aus, die gerade vierzig Jahre alt geworden war und in einem kurzen Röckchen und mit herabbaumelnden Beinen auf ihrem Gobelinballen saß, so als ob sie sich die Zeit vertriebe, bis sie zum Kinderball abgeholt würde.

»Liebe Sally!« schrieb Gusti mit solchem Schwung,

daß die Tinte sprühte. »Ich liebe dich. Es ist herrlich. Früher war es schrecklich. Ich erinnere mich an jede Einzelheit. Auf der Flucht dachte ich, sie sei eine Reise, mich loszuwerden. In Varna war die Luft so heiß, daß wir uns am Mittag in die Häuser retten mußten. Ich kannte keine Mädchen, nur eins, das Zwetla hieß. Sie war die Tochter des Besitzers des Guts, auf dem wir lebten, weil da der Vater, der tot ist, seine Arbeit hatte. Der Knecht des Herrn. Ich wollte dir das alles sagen heute, wie es war, aber der Tag war so schön. Der Vater war immer im Stall oder in den Wäldern. Er war ein Mann mit einem Bart und saß viele Stunden an der Drehbank, die jetzt meine ist, das heißt, an einer gleichen, denn meine kaufte er hier, um die Spielsachen herzustellen, von denen wir lebten. Er verkaufte nie etwas. Zwetla hatte rotgoldene Haare und blaue Augen. Nie lachte sie. Wir saßen nebeneinander auf einer Mauer, ich zitternd und sie, als habe sie gar nicht bemerkt, daß da noch einer war. Sie stupste mit einem Grashalm einen Käfer herum oder träumte aufs Meer hinaus. Dann rief sie ihr Vater, der wilde Herr, und sie verschwand wie eine Eidechse im Stall. Sie sollte sich nicht mit mir abgeben. Wir waren arm. Ich habe nie gesehen, daß sie etwas arbeitete. Oft war sie mit ihrem Papa, einem Hünen, der die Pferde so liebte, daß er sie eigenhändig tränkte. Gott! Zwetla durfte Ziegen hüten! Schlenderte tagelang barfuß mit ihnen am Ufer des Meers entlang! Ich, der Knechtssohn, hatte keine Spielzeuge! Nur Holzbaukästen oder ein Dreirad! Es waren viele Ziegen, weiße und schwarze, die

Grasbüschel zwischen den Felsen hervorzupften, und natürlich sah Zwetla wie ein Engel aus. Sie durfte auch zerrissene Röcke tragen. Einen Hund hatte sie auch, ein Ungeheuer, das mich bellend von ihr fernhielt. Ich schlich hinter Felsbrocken geduckt der Herde nach, bis mein Vater irgendwo aus den Olivenhainen trat und mich zu sich rief. Immer hatte er ein Gewehr.

Ich weiß nicht, warum wir flohen. Soldaten waren bei uns gewesen. Im Eßzimmer hing ein Gemälde des Zaren, der Boris hieß wie alle Monarchen Bulgariens, außer denen, die sich Peter nannten. Er schielte in der Wirklichkeit und schaute innig auf dem Bild. Ich versuchte damals jene Geschichte zu glauben, die jedes bulgarische Kind glaubte, daß die Kinder Sternschnuppen waren, die von den Frauen, die sich nach einem Kind sehnten, aufgefangen wurden. Von Frauen, die sich sehnten! Der Vater hatte ein unruhiges Herz und fürchtete jede Minute, in der nächsten zu sterben. Ich lachte darüber bis er tot war. Ich schlich ihm nach, wenn er zwischen aufwirbelnden Schmetterlingen durch Blumenwiesen streifte und auf alles ballerte, was sich bewegte – Hasen, Fasane, Krähen –, ohne jede Sorge, er könnte treffen, denn seine Waffen, von denen er tausende im Keller herumliegen hatte, waren uralt. Einmal, glaube ich, zielte er auch auf mich und erwischte mich beinah. Er saß an der Drehbank und schliff sich millimetergroße Ersatzteile zurecht, die auch nicht verhinderten, daß seine Schüsse über die Wiesen irrten.

Ich pfiff den ganzen Tag hektische Melodien. Kauerte

hinter Steinen, als Zwetla im Meer badete. Sie trug ein altmodisches Badekleid, dessen schwarzer Stoff zwischen ihren Pobacken klebte. Sie war allein im Wasser – war zwei drei Jahre älter als ich – und winkte mir, als sie mich entdeckte. Ich ging bis zum Wasser, aber aus irgendeinem Grund badete ich nicht, nie, besaß keine Badehose – der Vater ignorierte alles Nasse – und wartete, bis Zwetla ans Ufer gekrault kam und sich trocken schüttelte. Dann mußte ich mich umdrehen und hörte, wie sie sich auszog, abtrocknete und anzog. ›Fertig!‹ rief sie. Wir tranken Milch, die uns ihr Vater in den Mund molk. Irgendwo in dem lichten Birkengewirr gab es einen Pavillon, in dem wir saßen. Die Blätter rauschten. Zwetla sang mir Lieder vor, die sie in der Schule gelernt hatte, in die ich nicht durfte. Zu mir kam ein pickliger Mann, der mich, glaube ich, züchtigte. Ich erinnere mich deutlich. Einmal hörte sie mitten in einem Lied auf, faßte nach meiner Hand und sah mich an und rannte davon. Ich blieb in diesem Gartenhaus aus hellgrünem Laubsägeholz, schrieb Verse in den Staub des Holztischs und warf Steine nach Vögeln. In Bulgarien gab es noch Leibeigene. Ich war einer. Von Boris, dessen Palast ich von meinem Zimmer aus sah, wußte ich, daß er jeden umbrachte, den er nicht mochte. Der Palast war voller Verliese. Mit einem Kameraden spielte ich die Todesarten. Ich schielte wie Boris, und er gab mir einen so heftigen Fußtritt, daß ich heulend nach Hause rannte. Der richtige Boris hatte einen Keller, in dem er seine Opfer in die Hoden trat. Sie peitschte bis ihm der Arm wehtat. Zusah, wie einer der Geheimpolizisten ihnen ins Gesicht schiß. Dann wurden die blutigen Bündel nebeneinander auf ein schwankendes Brett gestellt, Stricke um die Hälse. Das wußte jeder. Boris ging reitgertenwippend auf und ab und machte Witze – die Opfer mußten mit ihm lachen –, und wenn er mitten in einem Scherz mit den Augen ein Zeichen gab, wurde das Brett weggezogen, und die Verurteilten zappelten in der Luft herum. Er erschoß auch selber. Einmal bespritzte einer, der Innenminister, dem er mit der Mündung seines Revolvers zu nahe gekommen war, mit seinem Blut die blütenweiße Marschalluniform, und weil er schon tot war, erschoß der rasende Boris alle Polizisten im Raum, einen nach dem andern. Obwohl sie mindestens zehn waren, sahen sie ihm bewegungslos zu. Trotzdem erzählte jeder im Land Witze über ihn, die alle mit seinem Schielen zu tun hatten. Etwa, daß er stets einen seiner Jagdaufseher erlegte, wenn er auf einen Hasen zielte. Mit den häßlichsten Frauen schlief, weil er seine Werbung an den Schönen vorbeirichtete, die er eigentlich meinte, und er nahm sie halt, wenn sie schon einmal bereit waren. Sie fanden sich dann, nach einer Nacht voller Schleim und Kot, im Morgennebel auf einer Barke wieder, mit gefesselten Händen und einem Stein um den Hals, und weit draußen im Wasser stießen Polizeibeamte das Bündel ins Wasser und ruderten zurück. Der Zar saß derweilen in einer Sitzbadewanne aus Blech und ließ sich von einem Diener glühendes Wasser auf sein Gemächte schütten. Zuweilen gab er Feste. Ich sah den Schein vom Fenster aus. Ich bin sicher! Feuerwerksgarben. Musik wehte herüber, vermischt mit dem Singen von Nachtigallen. Vielleicht gingen Zwetlas Eltern hin. Einmal lag ich auf meinem Bett und hörte plötzlich im Garten unten kreischendes Gelächter, und als ich ans Fenster stürzte, sah ich den Vater durch einen Korridor grinsender Soldaten rennen, die ihn mit Gladiolen peitschten. Er hatte Geburtstag, die Blumen waren eine Huldigung; es war ein Spaß. Auch der Vater lachte. Erst als er das zweite oder dritte Mal unter mir vorbeirannte, sah ich, daß seine Augen voller Angst waren. In derselben Nacht flohen wir. Niemand hatte mir etwas gesagt. Als ich aufwachte, war ich in einem Schiff und fror zwischen nach Fischen stinkenden Kisten. Der Vater im Bug, wie eine Statue. Wir schaukelten die ganze Nacht. Hie und da kotzte der Vater. An Land schliefen wir in immer neuen Hotelzimmern. In rumpelnden Zügen. Einmal in einer Alphütte. Ich habe keine Ahnung, wieso wir in Liestal landeten. Von hier fuhr der Vater an jedem zweiten Dienstag des Monats nach Bern und traf sich im Hinterzimmer eines Cafés mit andern bulgarischen Emigranten. Natürlich war das verboten. Einmal überraschte ich ihn im Klo der Lagerbaracke, wo er eine Rede übte, lodernd wie ein Prophet. Ich glaube, er hielt diese kaffeeschlürfende Männerrunde für die bulgarische Exilregierung. Aber Boris hatte wohl einen Spitzel unter Papas Schattenministern, oder alle andern waren Spitzel, oder der Papa war der Spitzel, jedenfalls wurde er von einem Kind, das kaum älter war als ich, am Tresen jenes Cafés erschossen, als er gerade einen Zweier Merlot bestellte. Das Kind wurde nach Bulgarien abgeschoben, auf Grund eines psychiatrischen Gutachtens, das besagte, daß sein Verhalten für jenes Land typischer sei als für unsres. Ein paar Wochen lang war der Vater berühmt. In allen Zeitungen das gleiche Foto, ein von einer Wolldecke verhüllter Haufen, aus dem eine seiner Schneegaloschen ragte. Ein anderes Foto, das im Bund erschienen war, zeigte ihn mit einem selbstbewußten Blick, so wie ich ihn zu Hause nie gesehen hatte. Ich kriegte keine Luft mehr. Ich weiß noch jede Einzelheit. Ich liebe dich. Gusti.«

Er steckte den Brief in einen Umschlag, in dem einst Steuerformulare gekommen waren, und wollte aus dem Zimmer gehen. Aber die Mutter rutschte blitzschnell von ihrem Tuchballen herunter und hielt ihre Stickerei zwischen ihn und die Tür. »Вшср!« Sie hatte den Zaren in Angriff genommen, seine Augen, die in einem winzigen Kopf riesengroß geraten waren und ganz gerade schauten. Sie spitzte die Lippen und hüpfte im Türrahmen auf und ab. Gusti schob den Mützenrand hoch. Wollte sie ihn küssen?

»Вшу Джыгтп Вуы кэеыуды шые ифтфд«, sagte sie und sah ihn mit großen Augen an. Ihre Wangen waren rot, und ihr Mund offen.

Er zog die Mütze wieder zurecht, hob die Mutter an den Schultern hoch und setzte sie auf ihre Tücher zurück. Als er zurücksah, schüttelte sie ihre Haare und schlug eine Faust auf jenen Teil der Stoffbahn, auf dem sie mit schnellen Stichen die blaue Bucht von Varna skizziert hatte. Im Hintergrund die Berge. Sie rief etwas und stampfte mit beiden Füßen, die den Boden dennoch nicht erreichten. Draußen fegte ein scharfer Wind durch die Straßen. Gusti rannte. Eine Weile lang folgte ihm bellend ein Hund.

Er wollte den Brief gerade in Sallys Briefkasten stecken – auch auf ihm kein Namensschild –, als ein Jeep herangefahren kam, wie vom Sturm hergeblasen, und hinter einem feldgrauen Chevrolet mit einer Militärnummer hielt. Zwei Soldaten rannten ins Haus. Gusti ging hinter ihnen drein und fand Sallys Wohnung so voller Menschen, daß ihn niemand beachtete. Zerschnittene Kissen, aus denen Daunen wirbelten, und aufgerollte Teppiche. Ein Mann in den hellblauen Arbeitskleidern der Armee hob eine Matratze hoch und schaute darunter. Ein anderer hielt einen lachsfarbenen Unterrock gegen das Licht der Tischlampe als berge er ein Geheimnis. Dicker Qualm, weil alle rauchten. In der Küche räumte ein baumlanger Mensch in Armeenagelschuhen Pfannen aus dem Wandschrank. An einem Tisch beim Fenster saßen zwei Offiziere – ein dicker Major und ein Hauptmann, der einem betrübten Gespenst glich –, denen ein Leutnant so eifrig einen Stoff zeigte als wolle er ihn verkaufen. Sallys Wanderrock von heute nachmittag. Als der Major unwillig schnaufte, richtete sich der Leutnant auf und warf das Tuch, wie ein Kellner seinen Wischlappen, über den angewinkelten Arm. Er schlug die Absätze gegeneinander, machte rechtsumkehrt und starrte Gusti so entgeistert an, daß dieser seine Mütze vom Kopf nahm.

»Gusti!« rief er. »Sie hier?«

Gusti brauchte ein paar Augenblicke, um ihn zu erkennen: der Sohn des Kommandanten. In Uniform glich er seinem Vater. Er war kreideweiß und schwitzte. Machte ein paar schnelle Schritte auf Gusti zu und zischte: »Die da wissen nicht, daß Sally und ich. Verstehen Sie?« Schaute so flehend als dürfe Gusti jetzt keinen Fehler machen. Dann sagte er laut: »Schlumpf! Haben Sie die Gesuchte irgendwo gesehen?«

»Ich wollte ihr einen Brief bringen«, stammelte Gusti.

»Einen Brief?«

»Her damit!« knurrte gleichzeitig der Major, und bevor sich Gusti ihm zuwenden konnte, hatte er den Brief an sich gerissen. »Soso. Sie sind also dieser Schlumpf.« Er glich längst wieder einem trägen Gebirge und überflog Gustis Geständnisse als seien sie das Ödeste, was ihm je unter die Augen gekommen war. Der Hauptmann hatte die Augen geschlossen. Der Tisch war mit Papieren überschwemmt, kleinen Zetteln, auf denen Skizzen von Gebäuden oder Landschaften zu sehen waren, Konstruktionsplänen auf Millimeterpapier und ganzen Stapeln von Luftpostpapierbögen, die mit einer zierlichen Handschrift beschrieben waren, der Sallys vielleicht. Und tatsächlich lagen über einer mit farbigen Signalen bemalten Karte der Landestopographie, Blatt Arlesheim, mehrere Fotos: Gusti in immer neuen Posen, einmal in einem Bunkerloch ein erzürntes Wildschwein nachahmend, auf einem zweiten als Hirschbock verkleidet gegen eine Art Mörser gelehnt – es war unterbelichtet –, und dann mit hochgekrempelten Knickerbockern und nackten Beinen in der Ergolz watend, einem knietiefen Rinnsal, an dessen Ufer, weit hinten, ein flaches Gebäude mit seltsamen Luken stand, das Gusti nie aufgefallen war. Ein unter Tarnnetzen verstecktes Geschütz, an das er sich auch nicht erinnerte. Und endlich der Schädel des so versöhnlichen Leutnants auf dem Hügel oben – im Hintergrund verschwommen seine Sturmtruppen –, weiße Augen in einem schwarzen Gesicht, die verliebt durch die Blüten eines gewaltigen Margeritenstraußes schauten. Auf einem Foto – dem in der Ergolz – trug Gusti die Mütze: sah zum ersten Mal, wie er aussah. Neben all den Fotos leuchtete, in einer kleinen Schachtel auf rosa Watte gebettet, der Sicherungsbolzen.

»Was wollen Sie von Sally?« sagte Gusti und verbarg die Mütze unter seinem Pullover.

»Wir wollen sie verhaften«, brummte der Major, ohne vom Brief hochzusehen.

»Wegen Spionage«, kreischte der Sohn des Kommandanten, der auch an den Tisch getreten war und einem gehetzten Hasen glich, der einen letzten Haken zu schlagen versucht.

»Sie dürfen sich abmelden«, sagte der Major scharf, und der Sohn zuckte zusammen als habe er jetzt den Fangschuß gekriegt. Er knallte die Absätze gegeneinander, sah Gusti nochmals um Gnade bittend an und ging aus dem Zimmer. Zurück blieb eine Stille, die nur durch den rasselnden Atem des Hauptmanns unterbrochen wurde, der eingenickt war und mit geschlossenen Augen und hängendem Kinn dahockte.

»Für die Deutschen?« hauchte Gusti endlich und spürte, daß ihm das Herz aussetzte.

»Für die Franzosen.« Der Major klang nicht so als sei ihm das lieber. »Wir möchten Ihnen ein paar Fragen stellen. Sie kennen den Leutnant?«

»Ja.«

Der Major griff nach den Fotos und sah sie neugierig an. Der Hauptmann wachte auf und griff nach dem Sicherungsbolzen und einer Lupe. Beide schienen viel Zeit zu haben. Gusti glotzte auf eine Zeitung, ein Extrablatt des Landschäftlers. Das grob gerasterte Foto von Panzern in einer zerwühlten Landschaft. Er beugte sich vor, um den Text lesen zu können, als ihm der Major das Foto unter die Nase schob, auf dem er im Unterholz kauerte und eine Astgabel über dem Kopf hielt.

»Was ist das?«

»Das bin ich«, sagte Gusti. »Ich bin ein Hirsch.«

»Ein Hirsch.«

Der Major sah zwischen ihm und dem Foto hin und her und machte endlich eine Notiz auf der Rückseite des Bilds. »Wir haben hier« – sein Kinn wies ins andre Zimmer hinüber, wo eine zerfetzte Matratze gegen die Wand gelehnt stand – »zwei Weingläser gefunden, beide benutzt. Waren Sie das?«

Gusti wollte den Kopf schütteln und spürte, daß er heftig nickte. Der Major nickte ebenfalls und schrieb erneut etwas auf ein Papier. Auch der Hauptmann hob den Kopf und sah ihn zum ersten Mal mit einem Blick an, der so etwas wie Interesse verriet. Ein Gefühl tiefster Freundschaft überschwemmte Gusti, und er beschrieb ihnen immer hingerissener, was er gefühlt hatte, als er neben Sally unter dem Sternenhimmel gegangen war – den riesigen Mond –, und wie sich ihre Hände zum ersten Mal berührt hatten; und wie Sally, im Nachtlicht auf einer Mauer des Rebbergs stehend, Hitler nachgeahmt hatte, so genau gleich wie dieser bellend, daß er Angst vor ihr gekriegt hatte. Daß er sie liebe, und daß Sally ganz gewiß nicht getan habe, was die beiden Offiziere zu vermuten schienen.

»Was ist das denn?« sagte der Hauptmann zum Major und gähnte. Er hielt den Bolzen in der flachen Hand. Der Major schaute das winzige Metallstück müde an.

»Das ist –«, sagte Gusti eifrig.

»Sie antworten, wenn Sie gefragt werden«, sagte der Major mit jener Stimme, die zuvor schon den Leutnant zum Verstummen gebracht hatte, und wandte sich dem Hauptmann zu. »Der Teil einer Waffe. Die Techniker sagen uns das dann schon.« Er sah Gusti so plötzlich an, daß dieser vor Schreck zusammenfuhr. »Eine letzte Frage, junger Mann. Ihre Dame: wie hieß die?«

»Sie heißt Sally.«

»Ich habe hier jede Menge Nachnamen.« Er klopfte auf seine Notizen. »Welcher ist der richtige?«

»Wenn Sie es herausfinden«, sagte Gusti, »sagen Sie es mir. Bitte.«

Der Major sah ihn angewidert an. Das Verhör war beendet. Kein Abschied. Gusti war auf der Stelle so vergessen, daß er noch lange auf die Rücken der beiden Offiziere starrte, die am Fenster standen.

Draußen war es dunkel. Der Wind wirbelte Blätter hoch. Gusti ging einige Schritte und atmete wie einer, der sich damit abgefunden hatte, in einem Wasserfaß zu ertrinken, und nun plötzlich wieder im trockenen Leben stand. Ein Schatten trat hinter einem Baum hervor. Der Sohn des Kommandanten, der inzwischen so aus den Fugen war, daß er kaum mehr sprechen konnte.

»Hat er Sie nach mir gefragt?« krächzte er.

»Ja.«

»Er hat einen Sicherungsbolzen gehabt!« Jetzt japste er so, daß Gusti ihm die Worte von den Lippen ablesen mußte. »Die habe doch nur ich gehabt! Die sind doch völlig geheim! Sie haben doch keine Ahnung, daß die für eine MP 234 sind! Niemand weiß, daß ich mit einem Werkmeister von Bührle halbe-halbe mache! Das weiß ja nicht einmal der Papa! Das würde ich niemals jemandem sagen! Hat der Major Sie nach dem Bolzen gefragt?«

»Ja.«

»Und?« Er schrie beinah.

»Nichts.«

»Nichts?« Er starrte Gusti mit aufgerissenen Augen an. »Einfach nichts?«

»Absolut nichts.«

Er begann zu lachen, lachte so, daß er schließlich die Hände auf den Bauch drücken mußte und ganz krumm stand. »Ein großer Tag!« rief er. »Ein wahrhaft großer Tag! Zuerst der Führer, und jetzt das!« Er breitete beide Arme aus. Gusti lächelte ein bißchen mit. Beide waren stehen geblieben und sahen zum Haus zurück, wo in einem hell erleuchteten Fenster der Major stand und ihnen winkte. Sie sprangen in den Schatten einer Pappel. Wahrscheinlich kratzte sich der Major nur am Kopf. Der Sohn des Kommandanten, immer noch prustend, zog Gusti am Pullover mit sich, die Straße hinunter. Sie rannten so, als ob sie verfolgt würden, und lachten immer lauter.

»Sally hat den Sicherungsbolzen nicht von Ihnen!« juchzte Gusti und setzte über eine niedere Hecke hinweg, die einen Alleebaum umfriedete. »Sie hat ihn von mir gekriegt.«

»Von Ihnen?« Der Sohn des Kommandanten wieherte vor Vergnügen. »Sie sind gemeingefährlich.« Er sprang über eine Pfütze. »Ich hätte einen neuen Auftrag.« Er schnellte über eine hohe Gartenmauer, auf der Blumenurnen einzementiert standen, und ging auf ihr wie ein Seiltänzer. »Rückstoßdämpfer für leichte Maschinengewehre. Dreißigtausend Teile. Interessiert?«

»Ja.«

Er sprang von der Mauer herunter, blieb stehen und sagte viel leiser: »Möchten Sie im Rebhaus wohnen? Zwei Zimmer, eine Küche, ein Schuppen?«

»Natürlich«, flüsterte Gusti. »Natürlich.«

Sie waren in der Stadt angekommen und standen vor den Mauern des mittelalterlichen Tors. Die Straße vor ihnen war menschenleer, nur in der Ferne wurde, von einer Gaslaterne beleuchtet, eine Katze vom Sturm gegen eine Mauer getrieben. Fensterläden klapperten. »Sieg Heil!« rief der Leutnant, haute Gusti auf die Schultern und stürzte quer über die Straße auf das Hotel Bären zu, auf die Tür zur Bar, aus der, während er in ihr verschwand, lautes Singen drang. Gusti ging im Sog des Leutnants zu diesem verkommenen Holzpalast hinüber. Eine handgeschnitzte Absteige. Er stand unschlüssig und bestürzt vor der geschlossenen Tür – das schien sein Schicksal zu werden –, als diese erneut aufging. »Gratis, Mann! Wir sitzen im gleichen Boot! Mein Papa darf das nicht wissen! Klar?« Der Leutnant rülpste, und Gusti nickte. Wieder die Sänger – sie brüllten das Lied vom gelben Wagen und dem Schwager vorn –, und diesmal ging die Tür endgültig zu.

Die Vorhänge vor einem der Fenster, die fast auf der Höhe eines ersten Stocks waren, waren nicht ganz zugezogen. Licht drang durch einen Spalt. Gusti hievte sich an der Außenmauer hoch und sah, an der Fensterbrüstung hängend, viele Flaschen, eine brennende Kerze und einen Tresen, hinter dem eine Frau stand und aus einem Becher ein grünes Getränk in ein Glas goß. Sie hatte jene Art Brüste, von denen er wußte, daß sie zu so einer Bar paßten. Die Sänger blieben unsichtbar. Dafür saß vor der Bar, mit dem Rücken zu ihm – Marmorhaut bis hinunter zum Steißbein –, eine zweite Frau, bewegungslos bis auf immer neue Rauchringe, die über ihrem Kopf zum Himmel schwebten. Goldene Haare. Plötzlich wurde der Sohn des Kommandanten sichtbar, nun nicht mehr bleich, sondern im Gegenteil mit einem roten verschwitzten Gesicht. Er hielt seine Flasche in einer Hand, eine fast leere, und sagte etwas zu der Frau mit den Engelshaaren und dem nackten Rücken. Sie zeigte weiterhin keine Regung; rauchte allenfalls mehr. Der Sohn glotzte sie von der Seite her an, mit aus den Höhlen quellenden Augen, röhrte dann irgend etwas, haute die Faust auf den Tresen und trank. Lachte. Da kam jäh Leben in sie: Sie glitt vom Hocker herab – einen Augenblick lang sah Gusti das Gesicht eines Bauernmädchens – und ging durch eine Tür im Hintergrund, hinter der eine Treppe nach oben führte, eine Leiter beinah. Der Sohn schnappte nach Luft, verharrte einige Augenblicke lang wie ein Sprinter, der den Startschuß noch längst nicht erwartet hatte, und sauste dann hinter ihr her. Die Treppe war so steil, daß der Hintern der Frau, in ein enges Kleid gefaßt, wie ein Bergsturz über ihm schwebte. Dann waren beide verschwunden. Im gleichen Augenblick packte jemand Gusti beim Hosenboden und beförderte ihn aufs Trottoir zurück. Ein Polizist. Er war um Jahrzehnte jenseits des Pensionsalters und schüttelte den Kopf.

»Ich bin auf dem Heimweg«, sagte Gusti.

»Das will ich auch hoffen, Kleiner«, antwortete der Polizist. Er ließ den Gummiknüppel in einer Hand kreisen. Gusti ging, ohne etwas zu sagen. Am Ende der Straße wandte er sich um. Der Polizist hatte sich an der Brüstung hochgezogen und hing mit zappelnden Beinen über dem Trottoir. Sein grauer Kopf leuchtete im Licht der Bar.

Auf dem Heimweg ein Himmel, über den Sternschnuppen rasten. Gusti tänzelte und trällerte vor sich hin. Als er an einem Kruzifix vorbeikam, nahm er die Mütze unter seinem Pullover hervor und legte sie dem Heiland zu Füßen. Zu Hause stürzte er ins Zimmer und rief: »Wir haben ein Haus! Mit Zimmern für jeden!« Aber die Mutter lag im Bett und atmete mit einem kleinen Mund, der die Luft ansog als sei sie eine süße Spezerei. Die Haare zu beiden Seiten des Gesichts. Über sich hatte sie jenen Teil der Stickerei gebreitet, an dem sie den Tag über gearbeitet hatte. Der Zar war fertig geworden und hielt ein grellrotes Szepter in der Hand.

Neben Gustis Bett an der andern Zimmerwand stand immer noch der Kuchenteller, allerdings leer, und auf seinem Kissen lag dasselbe Extrablatt, das er schon auf Sallys Tisch gesehen hatte. Er klaubte die letzten Krümel zusammen und las nun endlich die Schlagzeile. Die deutsche Wehrmacht war in Polen einmarschiert. Es war Krieg. Er leckte den Teller sauber und legte sich hin, an eine Frau denkend, die zuerst der Marmorschönen in der Bar und später Sally glich bis diese sich in einen Traum auflöste, in dem eine Schwimmerin – sie glitt wie ein Schlangenfisch durch weißes Wasser – nach seinen nackten Beinen schnappte, während er schreiend versuchte, den tonnenschweren Geburtstagskuchen vom Boden des schwankenden Bootes hochzuheben, in dem er stand.

4

Als Gusti den letzten der dreißigtausend Rückstoßdämpfer fertig hatte und von der Drehbank aufstand – der Rücken tat ihm weh –, hingen die Reben, auf die er nun durch das Fenster des Schuppens seines Rebhauses sah, längst wieder voller Blätter und trugen überall kleine grüne Trauben. Es war heiß, und Gusti schwitzte. Er schob die letzten Dämpfer, etwa hundert, in eine Schachtel und stellte sie auf einen sorgsam geschichteten Haufen aus ähnlichen Kartons, die alle dieselben auf einen Hundertstelmillimeter genau gedrehten Teile jener Waffe enthielten, deren Aussehen er nicht kannte. Ihn gingen nur die Dämpfer etwas an. Immer wenn er ein paar tausend beisammen hatte, brachte er sie – abends, wenn es dunkel war – dem Sohn des Kommandanten, und der zahlte ihn aus. Wahrscheinlich fuhr er zuweilen mit riesigen Koffern nach Oerlikon, schlich nach Arbeitsschluß durch den Hintereingang der Bührle und mauschelte in einer Hallenecke mit seinem Werkmeister herum, die steigenden Kosten beklagend, während der Meister wortlos die gelieferten Teile prüfte. Alle waren zufrieden. Die Fabrik fabrizierte, der Sohn machte seinen Schnitt, der Werkmeister auch, und Gusti hatte eine Arbeit.

Er öffnete das Fenster und klatschte in die Hände; und Millionen Vögel stoben in den Himmel, der über ihm strahlend blau war, und am Horizont schwarz. Dort zuckten Blitze in die Vogesen und den Schwarzwald. In einem Sonnenstrahlbündel – als zeige der Finger Gottes darauf – leuchteten sehr fern die Häuser und Schornsteine der Stadt Basel. Der Rhein war ein glitzernder Faden, von Bäumen gesäumt. In der hellen Sonne weite Getreidefelder, von einem Wind bewegt, von dem hier oben nichts zu spüren war. Wiesen mit dösenden Kühen. Kirschbäume. Am Fuß des Rebhügels – er mußte den Kopf zum Fenster hinaus recken, um sie zu sehen – die Dächer und Giebel von Liestal. Der Kirchturm, die Zinnen des Stadttors, und wenn er sich auf die Zehen stellte, sah er sogar eine Ecke des Hauses, in dem Sally gewohnt hatte.

Ein neuer Blitz zuckte in die schwarzen Hügelzüge. Aber diesmal folgte ihm ein Getöse, das nichts mit dem aufziehenden Gewitter zu tun hatte. Eine ferne weiße Rauchfahne stieg aus der Ebene auf, da wo sie bereits lichtlos war.

»Der Krieg!« schrie Gusti, warf das Fenster zu und rannte durch den Korridor zum großen Zimmer, in dem jetzt die Mutter wohnte. »Die Deutschen schießen ins Elsaß hinüber!«

Die Mutter, die mit der Stickerei vorankam als gelte es, die Heimat mit der Nadel zurückzuerobern, kniete inmitten der Gobelinbahnen, die wellenschlagend das ganze Zimmer füllten, und hielt in der einen Hand eine

Emailschale voller Wasser, während sie die andre an den Mund legte. »Pssst!« Empfand sie die gestickten Bulgaren als so beseelt, daß man sie in ihrem Glück nicht stören durfte? Soldaten mordeten zwischen weidenden Schafen herum, und irgendwo fuhr ein Raddampfer auf einem Wasser. Die Nadel steckte in einem von etwa hundert schwarzen Bauern, die blumenstreuend ein strahlendes Paar umtanzten: ihr Ebenbild, und den Vater. Dieser stand, kleiner als sie, in das Licht einer Sonne aus goldener Seide getaucht, die über ihrem Haupt strahlte. Ihr Ebenbild hatte beide Hände gehoben, segnend oder um sich schlagend. Die Bauern, die zähnefletschende Tiere an Leinen mit sich führten, hoben die Beine in einem derben Tanz. Lachten mit breiten Mäulern.

Die Mutter stellte das Wasserbecken in ein Wellental dieses Stoffmeers, und nun sah Gusti einen Fuß, der nackt und rot verschmiert auf einer Schlachtszene mit vielen Rittern und tuchbehangenen Pferden lag. Blut überall. Der Fuß – Gusti machte einen Schritt ins Zimmer hinein – gehörte einem jungen Mann, der in den Stoff hineingebettet schlief. Er atmete mit einem runden offenen Mund, war voller Bartstoppeln und völlig verdreckt. Sein Hemd, eins mit feinen blauen Streifen, war zerrissen, und die Schuhe – kräftige Bergstiefel – standen neben seinen zerschundenen Knien. Die rechte Hand, die schwarz war, hielt einen aus Weiden geflochtenen Korb mit Tragriemen, aus dem irgend etwas gurrte, als rufe eine arme Seele um Hilfe.

»Ыщ рэееу шср вшср пукт!« flüsterte die Mutter

und stellte den zerschundeneren der beiden Füße ins Wasser, das sich sofort rot färbte. Der Mann fuhr hoch und starrte zuerst die Mutter, dann Gusti verständnislos an.

»Ich heiße Samuel Rosenbaum«, krächzte er. »Verzeihen Sie die Störung.«

»Ызкшен тгк!« sagte die Mutter, die naß gespritzt worden war, und mit einem Zipfel des Gobelins den Fuß reinigte.

»Ich habe Ihre Adresse von Zwetla.« Er hatte Tränen in den Augen. »Ich bin zu Fuß gekommen. Sagen Sie Sami zu mir.«

Es stellte sich heraus, daß Sami ein österreichischer Ingenieur war, der in Varna ein Gezeitenkraftwerk gebaut hatte oder hätte bauen sollen, denn der Krieg brach aus, als er noch längst in den Uferwellen des Schwarzen Meers stand und Diagramme der Wasserenergien zeichnete. Er hatte jedoch genügend Zeit gehabt, Zwetla, die groß gewordene Tochter des Gutsbesitzers, kennen zu lernen, zu lieben und zu heiraten. Ein Kind hatten sie auch, ein winzigkleines, das Dimitri hieß. »Wir waren glücklich«, flüsterte Sami und ließ seinen Kopf auf ein Stoffstück fallen, auf dem die Hinrichtung von Peter dem Kind mit Stoffkreide skizziert war, einem Zaren aus dem sechzehnten Jahrhundert, der mit elf Jahren an die Macht gekommen war, mit zwölf seine ganze Familie ausgerottet hatte und mit dreizehn von den Burgzinnen in den Bärengraben hinunterspringen mußte. »Wecken Sie mich, wenn ich einschlafe.«

»Шрт цукву шср дшуиут«, sagte die Mutter und sah Sami mit leuchtenden Augen an, obwohl dieser mit Gusti gesprochen hatte.

»Wenn wir in Varna –«, murmelte Sami und schlief wieder, so daß Gusti und die Mutter nicht erfuhren, was dann geschehen wäre.

Jedenfalls, obwohl jeder ihn gewarnt hatte, stürzte Sami, kaum waren die Nazis in seiner Heimat an die Macht gekommen – er haßte sie –, Hals über Kopf nach Graz zurück, seiner Vaterstadt, Zwetla und das Baby im Schlepp. So um die zwei Jahre lebten sie friedlich in der Nähe des Jacominiplatzes. Gingen am Tag mit dem Baby in den Park und liebten sich die Nacht über. Dann wurde Zwetla von der Gestapo verhaftet; auch Dimitri. Sami war just an diesem Morgen vor Sonnenaufgang aufgestanden und auf den Schöckl gestiegen, einen Berg mit einem Aussichtsrestaurant, einer Hütte eher, vor der er dann saß, der erste Gast, und einen Kaffee und einen Schnaps trank und gut gelaunt in das immer noch lichtlose Tal schaute, in dem seine Frau und sein Kind von Schatten, die kein Wort sagten, in ein Auto gestoßen wurden. Zwetla im Nachthemd, mit einem Mantel um die Schultern; das Kind wurde wie ein Paket auf den Rücksitz geworfen.

»Der Schöcklwirt«, murmelte Sami, wieder halbwegs wach, »züchtet Tauben, die nach überallhin fliegen können. Er hat sogar welche für Berlin. Ich half ihm oft. Fünf von den Tauben kannten den Weg nach Varna, und ich war zu ihm hochgestiegen, um sie zu holen. Nach einem

Frühstück packte ich sie in den Korb« – er klopfte auf die Traghutte, aus der ein klagendes Geräusch antwortete – »und rannte mit ihnen die Waldwege hinunter. Ich habe sie dann unterwegs gegessen, bis auf eine. Die beste.«

Als er über den Jacominiplatz schlenderte, sprach ihn eine junge Frau an, die er noch nie gesehen hatte und die ihn nicht ansah. Ein bleiches Gesicht, von einem Kopftuch verborgen. Sie flüsterte, in seinem Hauseingang warteten Männer in langen Mänteln. Er sprang sofort in eine vorbeifahrende Straßenbahn und ging von der Endstation weg zu Fuß – Wanderschuhe hatte er, aber kein Geld – bis zur Schweizer Grenze, die er nach vier Tagen – Geröll, Schnee, Sturm – so erschöpft erreichte, daß er am hellichten Tag geradeaus über eine offene Wiese weiterstolperte. Ein Zauber schützte ihn. Hinter Buchs schlief er in einem Stadel voller Mäuse und aß die zweitletzte Taube, nachdem er sie notdürftig gerupft und über einem Feuer gebraten hatte, das zuerst nicht angegangen war und dann den ganzen Stall eingeäschert hatte, so daß er sich eilig retten mußte, die halbgare Taube im Laufen essend. Die letzten 267 Kilometer ging er ohne innezuhalten. Hätte er es getan, er wäre nicht mehr aufgestanden. Er kannte sein Ziel. Zwetla und die Mutter hatten Briefe gewechselt, in denen sie Gusti nie erwähnten. Gutsherrenklatsch, das Wetter, und Zwetla schrieb vom Zaren, daß er Hitler aus der Hand fresse. Die Mutter klagte über die Unmenschlichkeit des Nordens. Aus Jux hatte Sami einmal nachgeschaut, wo dieses Liestal lag, und also steuerte er nun diesen nächsten Punkt in einem

Land ohne Gestapo an als sei er selber eine Taube. Er lächelte Gusti an – um Verzeihung bittend, aber wofür? – und öffnete den Korb. Eine einzige Taube saß darin, und neben ihr lag ein Hase aus rosa Plüsch, den er auf dem Heimweg vom Schöckl für seinen kleinen Sohn gekauft hatte. Er nahm ihn heraus und schlief erneut ein, diesmal endgültig, denn sein Kopf knallte von einem Stoffballen auf den Boden ohne daß er aufwachte. Vielleicht schützte ihn der Hase in seinem Arm. Gusti schloß das Türchen des Käfigs.

»Шрт куееу шср«, sagte die Mutter, nahm eine Schere, schnitt ein Stück Stoff ab – die ganze Schlacht von Zerowsk, gleißende Helden auf sich bäumenden Pferden, die Türken mit Krummsäbeln erschlugen und umgekehrt – und ging damit in den Schuppen hinüber. Als Gusti auch dort ankam – er schleifte den schlafenden Sami an den Beinen hinter sich her und hatte den Taubenkäfig unter einen Arm geklemmt –, hatte sie bereits ein Lager hergerichtet, mit dem gestickten Schlachtengemälde als Decke. Zusammen wuchteten sie ihren Gast auf das Bett. Er schlief so weiter wie er gelandet war, mit dem Hasen unterm Kinn. Gusti stellte die Taube neben ihn. Die Mutter verschwand in der Küche und klapperte mit Pfannen. Der Himmel war schwarz geworden, und die Blitze schlugen jetzt ganz in der Nähe ein. Die Donnerschläge beruhigten Gusti, obwohl sie lauter als die Geschütze von vorhin waren.

»Zwetla hat oft von Ihnen gesprochen«, sagte Sami plötzlich mit hellwacher Stimme. Er saß aufrecht auf dem Bett und schrieb etwas auf ein kleines Stück Papier, das er auf ein Knie gelegt hatte. »Es sind jetzt fünf Tage, und ich weiß schon nicht mehr, wie ihr Gesicht ausgesehen hat, und das von Dimitri.« Er faltete das Papier, schob es in eine winzige Metallkapsel, holte die Taube aus dem Korb – mit einem Griff, den diese zu kennen schien – und befestigte die Kapsel an einem ihrer Beine. Die Taube gurrte zustimmend wie ein Pilot, der nach einer viel zu langen Wartezeit endlich zu seinem Einsatz kommt.

»Meine Freunde müssen wissen, wo ich bin«, sagte er.

Er öffnete das Fenster – ein Sturzregen brach nieder, Blitze krachten in die Reben – und öffnete die Hand.

»Hau schon ab!«

Die Taube blickte nachdenklich in das Chaos, schüttelte sich und startete. Sofort war sie in der Regenwand verschwunden. Sami schloß das Fenster.

»Hören Sie, Gustav«, sagte er. »Ich brauche hundert Meter Zündschnur, zwanzig Kilo Dynamit und Streichhölzer. Können Sie mir das beschaffen?«

»Ich, ja, ich weiß nicht«, sagte Gusti. »Sowas gibt es nur beim Militär.«

»Sie kommen doch in die Rekrutenschule?«

»Woher wissen Sie das?« Gusti sah ihn mit großen Augen an. »Infanterie, hier in Liestal. Ich wäre lieber zu den Brieftäublern gegangen.«

Im Korridor kamen die Schritte der Mutter näher. Sami ging zum Bett, und als die Mutter mit einem dampfenden Teller in den Händen den Schuppen betrat, lag er vor Müdigkeit blinzelnd auf dem Rücken und sah ihr entgegen.

»Акшыы щвук ыешки«, sagte sie und setzte sich auf den Bettrand. Wollte ihm die Suppe in den Mund löffeln, aber er nahm ihr den Löffel aus der Hand. Aß mit einem Hunger, der gewiß echt war, und sagte »Вфтлу!«, als er fertig war.

»Ишееу«, antwortete die Mutter.

Sie verließ den Schuppen, und als Gusti sich dem neuen Gast erneut zuwandte, war dieser schon wieder eingeschlafen. Er sah glücklich aus. Vielleicht träumte er, daß er mit Zwetla war, oder daß er Dimitri den Hasen gab, der auf den Boden gefallen war und alle vier Beine in die Luft streckte. In der Ferne dröhnte ein zweites Geschütz, heller als das erste.

5

Es war nach Mitternacht, als es so leise an die Tür klopfte, daß es auch ein vom Wind getriebener Rebenast hätte sein können. Gusti hörte das zaghafte Pochen überhaupt nur, weil er direkt neben der Tür vor dem Schuhkasten kauerte und die Wichse suchte: er mußte am nächsten Morgen – in wenigen Stunden – in die Rekrutenschule einrücken, mit blitzblanken Schuhen selbstverständlich, und kurz geschorenen Haaren. Seine Haare hingen immer noch wie ein Wald, und die Schuhe hatte er seit der Wanderung mit Sally nicht mehr angefaßt. Siebzehn Wochen Kaserne. Bei der Musterung, im Sommer irgendwann, hatte er ein Metallklötzchen werfen, über eine Wiese rennen und eine Stange hochklettern müssen, beobachtet von Aushebungsoffizieren, die Stoppuhren drückten; und ein asthmatischer Arzt, der gewiß nicht mehr diensttauglich war, hatte ihm die Rippen abgeklopft, als plane er, ihn zu kaufen, und die Vorhaut seines Schwanzes wie ein Schirmfutteral nach hinten geschoben. Ohne hinzuschauen sofort einen Stempel auf ein Papier gedrückt. Gusti war kerngesund. Es klopfte wieder, und diesmal hörte er ein Kichern und Glucksen, als sei ein so später Besuch ein guter Witz.

Er öffnete. Zwei Männer standen im schwarzen Licht der Korridorlampe, ein junger Hüne und ein älterer, der eher ein Gnom war und seine rechte Hand auf das rechte Ohr gepreßt hielt, als habe er es sich eben abgeschnitten. Beide schienen die letzten Tage in einem Altölfaß verbracht zu haben und grinsten mit weißen Zähnen. Der Hüne hielt Gusti ein kleines verschmiertes Papier hin, in dem dieser sofort Samis Taubenbotschaft erkannte. Und als sei sie nicht Beweis genug, holte der Gnom – umständlich, weil er nur die linke Hand gebrauchen konnte – die Taube selber aus einer Jackentasche. Sie war mager geworden und hatte versengte Federn als hätten die Blitze dutzendweis in sie eingeschlagen; blinzelte aber durchaus munter. Die beiden Männer kicherten erneut und riefen beide gleichzeitig in einem gebrochenen Deutsch, dessen Klang Gusti bis ins Innerste vertraut war: »Herr Gustav?«

Er nickte – war er Herr Gustav? – und trat zur Seite. »Entschuldigen Sie das Durcheinander«, sagte er. »Ich muß morgen früh in den Militärdienst.«

»Wir wissen«, rief der junge Hüne, während er in den engen Korridor trat und die Schützenfestkränze, mit denen dieser vollhing, betrachtete als seien auch sie herrliche Scherze. »Ich Vlado.« Er deutete auf seinen Gefährten. »Er Ivan. Hat schmerzendes Ohr.« Der alte Gnom, der im Licht der Korridorlampe einem in Sturm und Hagel geratenen Marabu glich, nickte. »Ich Pianist«, sagte er betrübt. »Mit Toscanini spielen, und mit Furtwängler. Ja. Was wollen. Vlado, mein Freund, völlig unmusikalisch.« Er kicherte wieder los, und Vlado sah ihn an, als sei er sein mißratener Sohn.

Auch Sami und die Mutter schliefen noch nicht. Sami, der tagsüber von niemandem gesehen werden wollte – zwar sagte ihm die Mutter immer erneut, bulgarische Patrioten hätten in der freien Schweiz nichts zu befürchten, aber Sami lachte dann nur –, machte nachts weite Ausflüge, von denen er meist erst im Morgengrauen heimkam, mit Kartoffeln oder Brennholz beladen. Oft aber fuhrwerkte er auch nur im Haus herum; reparierte alles und jedes. Vor allem aber zeichnete er inzwischen die Entwürfe für das Gobelinpanorama, historische Szenen, die ihm die Mutter zuerst haargenau beschrieb und die er dann immer ungenauer ins Bild setzte. Bald malte er nur noch die drastischen Seiten der bulgarischen Geschichte: mit Marketenderinnen kopulierende Kreuzritter, die die Hosenbleche ihrer Rüstungen nach oben geklappt hatten; und im Hintergrund das leuchtende Jerusalem; oder die Zarin Maria, die mit hochgeworfenen Beinen, zwischen denen der Hofnarr steckte, im Kräutergarten der Sommerresidenz lag. Die Mutter stickte seine Skizzen mit wachsender Begeisterung. Auch jetzt, als Gusti ins Zimmer trat, begutachteten die beiden gerade einen neuen Entwurf. Sami hielt das bemalte Papier – die Rückseite der Verdunkelungsvorschriften – mit skeptisch zurückgelegtem Kopf vor sich hin, und die Mutter stand mit neugierig vorgebeugtem Oberkörper und gespitztem Mund, die Hände über dem Rücken verschränkt. Der Entwurf zeigte einen Traum des jugendlichen Zaren Peter, der zur Zeit der Türkenkriege regiert hatte und dann von ebendiesen Türken massakriert worden war. Man sah ihn in einer grünen Wiese voller Mohnblumen schlafen, und in einer lichten Wolke über ihm schwebte ein Harem voller Feindinnen, die alle rosig hingegossen mit offenen Mündern den noch unsichtbaren Sultan erwarteten, Sultan Peter, dessen meterlanger Penis sich gerade durch die Spalte eines blauen Vorhangs schob. Die Mutter nahm Sami das Papier aus der Hand und nickte heftig.

»Besuch«, sagte Gusti. »Herr Vlado und Herr Ivan.«

Sami schrie auf, und die drei Männer stürzten sich in die Arme. Tanzten wie ein Ungeheuer mit sechs Beinen und zwölf Armen im Zimmer herum – jedenfalls umschlangen sich diese ständig neu – und schrien und lachten; und als sie endlich von einander abließen und erschöpft in die Knie sanken, war der ganze Gobelin voller Schlamm und Dreck. Aber die Mutter schaute in einer Verzückung, die Gusti an ihr nicht kannte. »Ашслут!« Sie war aus Bulgarien vertrieben worden, und jetzt kamen die Bulgaren zu ihr! »Ьшср!« Sie umarmte ihrerseits Vlado und Ivan, die sie beide erst jetzt zu bemerken schienen, und war danach fast so verdreckt wie ihre Gäste. Sah nicht mehr so fremd im eigenen Haus aus. Holte – wie die Taube gurrend, die sich auf die Vorhangstange über dem Fenster gerettet hatte – die Flasche mit dem Schnaps aus der Küche, den Sami aus den heimgebrachten Kartoffeln gebrannt hatte; aus den Schalen eigentlich eher. Er war so stark, daß sie ihn nur trinken konnte, wenn sie den Kopf nach hinten warf und ihn mit einem wilden Ruck schluckte. Ihre Zöpfe standen steil nach oben. Sie gab allen ein Glas, allen außer Gusti. »Оуене ьфсрут цшк ушт Афыы фга!« Auch die Männer keuchten und lachten ungläubig; ließen sich dennoch nachschenken. »Prost!« Während Gusti dann, neben der Haustür auf einer Kiste hockend, seine Schuhe putzte, hörte er Vlado und Ivan, wie sie, einander überbietend, die Abenteuer ihrer Reise erzählten, und dazwischen das begeisterte Lachen der Mutter, und hie und da den zufrieden brummenden Sami, zuweilen deutsch, zuweilen bulgarisch.

Die Taube jedenfalls war, mehr tot als lebendig, an genau dem Tag gegen Vlados Fenster in seinem kleinen Haus mitten in der Altstadt von Varna getaumelt, an dem Bulgarien von den Deutschen ein Riesenstück Rumänien geschenkt bekam und sich in den Hafenbüros stramme Berater mit schnarrenden Stimmen einzurichten begannen. Vlado und Ivan ließen alles stehen und fallen – Vlado den eben angerührten Gips, mit dem er sein Klo verputzen wollte, Ivan das Klavier – und fuhren mit dem letzten unkontrollierten Schiff in die Türkei, mit der Taube, die Ivan in einem weißen Taschentuch mit sich trug wie in einem Krankenbett. In Istanbul kriegten sie ein Schiff nach Marseille, einen eigentlich für die Flußschiffahrt gebauten Kahn, der mit Flüchtlingen überfüllt war. Die meisten wollten nach Amerika. Ein kreideweißer Kapitän steuerte sie über ein spiegelglattes Meer und gestand ihnen, als sie am Château d'If vorbeituckerten, eine Bö der Stärke zwei hätte genügt, sie zum Kentern zu bringen. Sie richteten sich für eine Nacht in einem Hotel am Hafen ein, wo in den Doppelbetten zehn oder zwölf Menschen lagen. Trafen auch den Kapitän wieder, unten in der Bar, krakeelend und mit dem Fahrtgeld aller Passagiere herumfuchtelnd. Die Stammgäste, reglose Apachen in gestreiften Leibchen, nickten ihren Frauen zu, und sofort war der Käptn von kichernden Mädchen mit Herzmündern umgurrt. Sein Schicksal war vorauszusehen, aber Vlado und Ivan warteten seinen Sturz aus den Himmeln nicht ab, sondern gingen schlafen – das heißt, sie versuchten es, zwischen einem stöhnenden Greisen und einer vor sich hinschimpfenden Frau eingeklemmt –, und fuhren am nächsten Morgen mit einem Früchtetransport durch halb Vichy-Frankreich, immer bereit, bei einer Kontrolle von den mit Aprikosen beladenen Kisten in ein Unterholz zu springen, bis in die Nähe von Evian, von wo sie, als es wieder dunkel geworden war, mit einem gestohlenen Boot über den See nach Lausanne ruderten. Da waren sie. Das Öl auf ihren Kleidern war Aprikosenmus.

Als Gusti das nächste Mal durch die offene Tür ins Zimmer schaute – er hatte die geputzten Schuhe neben dem Koffer bereit gestellt und war auf dem Weg ins Bett –, kauerte die Mutter vor dem Ofen und schob bündelweis jenes Holz in ein frisch angefachtes Feuer, das Sami in mondlosen Nächten aus dem Rebberg des Kommandanten holte und tagsüber im Schuppen kleinhackte. Vlado stand neben ihr, ohne ihr zu helfen, mit

Augen, die auf ihren Hinterbacken ruhten. Sie blies ins Ofenloch. Vlado, als erreiche ihn die Hitze jetzt schon, zog langsam seinen Pullover aus, ein farbloses Ungetüm aus dicken Maschen, und stand in einem Hemd da, das aus ursprünglich dreien zusammengesetzt war: das erste grau, das zweite weiß, das dritte mit schottischen Karos. Auch Ivan, der am Tisch saß und immer noch sein Ohr schützte, schien erhitzt – die Mutter schloß die Ofentür und stand auf –, vielleicht weil er gerade dabei war, Sami zu erklären, sein Problem als Pianist sei, daß er zu kleine Hände habe und keine ganze Oktave greifen könne. »Schau, Sami! Katzenpfötchen!« Deshalb habe er ein eingeschränktes Repertoire, Liszt und Tschaikowski seien zum Beispiel nicht drin. Das heißt, er habe sich früh angewöhnt, als Kind eigentlich schon, die unerreichbaren Töne einfach zu singen, was Toscanini später dann nicht gestört habe; Furtwängler allerdings sehr. Ohne aufzustehen zog er sein Jackett aus und rief, seitdem diese Scheißnazis da seien, habe er keinen Ton mehr spielen können. Tue ihm das Ohr weh. »Prost!« Sami beugte sich über ihn und umarmte ihn, auch er schweißgebadet; nahm, da er nun schon einmal vorgebeugt stand, die Flasche, trank und sagte laut, er auch nicht, ja, er habe nämlich einmal Geige gespielt, vor der Zeit mit Zwetla. »Auf dein Wohl!« Ivan nahm die rechte Hand vom rechten Ohr und legte die linke aufs linke. Griff mit der frei gewordenen nach dem Glas und trank es leer. »Schmerz von Ohr schlimm!« rief er Gusti zu, als er dessen Blick sah. »Aber Schmerz von Arm noch schlimmer!

Ich wechseln Arm und Ohr, logisch?« Er lachte. Aber ehe Gusti ihm antworten konnte – er wollte ihm raten, es mit den Füßen zu versuchen –, packte er Sami mit der freien Hand am Kragen, zog ihn zu sich nieder und schrie ihn an, Herr des Himmels, jeder spiele Mozarts *Ah vous dirai-je Maman* wie ein Wiegenlied, wo es doch ein Aufschrei sei! Ein Flehen! Und ohne Samis Kragen loszulassen, spielte er mit der linken Hand, die eigentlich auf dem Ohr hätte liegen müssen, auf der Tischkante vor, was er meinte. Sami nickte dazu im Takt, entweder weil er einverstanden war oder weil Ivans Hand ihn dazu zwang. Als er endlich wieder frei war – Ivan sah ihn von unten her triumphierend an –, schnaufte er wie ein Erretteter und zog seine Wolljacke aus. Er trug eines von Gustis Hemden und rief plötzlich: »Denen zeigen wir es! Denen zeigen wir es!«, so lange, bis Vlado ihn mit einem Schlag in die Rippen zum Schweigen brachte. Die Mutter saß auf dem Sofa und wippte auf und ab, so daß die Federn quietschten. Sie schwieg jetzt und blickte von einem zum andern. Schwitzte. Gusti ging in sein Zimmer. Zog sich aus und legte sich ins Bett. Durch die Wand dröhnte das Lachen der Männer, in das sich das leisere der Mutter mischte.

Als er später aus einem tiefen Schlaf hochfuhr – mit einem Schrecken, wie man ihn nur im Traum erleben kann, war ihm in den Sinn gekommen, daß er ja mit kurzgeschorenen Haaren einrücken mußte –, war es im Zimmer still geworden. Auch das Licht war gedämpft, weil jemand ein Tuch – das dreifarbige Hemd Vlados –

über die Lampe gehängt hatte. Ivan saß ernst und konzentriert am Tisch und spielte auf der Platte etwas offenkundig Schnelles. Seine Finger wirbelten. Auch Sami schien ein Instrument zu bedienen, eine Luftgeige vielleicht, obwohl er mit beiden Armen in der Luft herumruderte. Vlado stand mit nacktem Oberkörper – Muskeln, Haare, ein Medaillon mit dem winzigen Bild einer Frau – bewegungslos an den Tisch gelehnt; wippte nur mit dem rechten Fuß im Takt. Sah dazu die Mutter an. Diese hatte Rock und Bluse ausgezogen und saß in ihrem weißen Unterkleid am alten Platz. Hörte dem stummen Spiel mit gefalteten Händen zu. Der Ofen glühte. Die Flasche war leer. Gerade als Gusti weitergehen wollte – er war barfuß, und der Fußboden im Korridor war eisig –, war das Musikstück fertig. Ivan donnerte einen geräuschlosen Schlußakkord auf den Tisch, und Sami riß die unsichtbare Geige vom Kinn. Die Mutter und Vlado applaudierten, dieser ernst und würdig, ein bißchen zerstreut, jene begeistert auf dem Sofa auf und ab hüpfend. Die beiden Musiker verbeugten sich. Auch Gusti klatschte ein bißchen. Sofort begann zwischen Ivan und Sami eine heftige Diskussion über richtige und falsche Tempi – sie hatten die Kreutzersonate gespielt, und Ivan behauptete, Sami schleppe –, die schließlich darin endete, daß beide beschlossen, nun doch noch das B-Dur-Trio von Schubert zu spielen, und Vlado müsse jetzt auf der Stelle Cello lernen. Vlado war gleich einverstanden. Als Gusti sich endgültig auf den Weg in den Schuppen machte, gab Ivan Vlado mit hochgezogenen Brauen den ersten Einsatz, und Vlado legte los, als habe er zehn Jahre Konservatorium hinter sich. Während Gusti dann an seinen Haaren herumschnippelte, herrschte im Zimmer drüben tiefes Schweigen. Nicht einmal ein Räuspern. Nur die Taube gurrte hie und da. Endlich war er fertig und ging in sein Zimmer zurück. Die drei lautlosen Musiker spielten den dritten Satz, eine lebhaft bewegte Melodie, und die Mutter war so naß, daß der Unterrock an ihr klebte. Jetzt war die Hitze des rotglühend gewordenen Ofens sogar im Korridor zu spüren, und Gusti legte sich auf sein Bett und schlief ein, ohne sich zuzudecken.

Der Wecker klingelte fast sofort danach, mitten in seinen Einschlaftraum hinein. Er zog sich benommen an und taumelte durch den Korridor. Im Zimmer brannte immer noch Licht, jetzt zusätzlich durch die Bluse der Mutter gedämpft. Alle vier lagen nackt auf dem Boden und schliefen. Die Mutter lag mit gespreizten Beinen auf dem Rücken und atmete tief und langsam. Vlado neben ihr, eine Hand auf ihrem Bauch, mit einem Gemächte, das rot war als sei es mit frischer Farbe bemalt. Ivan hatte sich bei ihren Füßen eingerollt, einen ihrer Zehen im Mund. Nur Sami trug ein Kleidungsstück, seine Wolljacke, in die er wie in eine Hose geschlüpft war und die dennoch sein unschuldiges Genital sichtbar ließ. Seine Nase war so in die Hüfte der Mutter gewühlt, daß er durch den Mund atmen mußte, mit heraushängender Zunge. Gusti, dem die Mutter zerbrechlich vorkam, mit Kinderbrüsten, holte eine Wolldecke aus seinem Zimmer. Denn obwohl der Ofen noch immer brannte, kroch doch schon die erste Morgenkälte ins Zimmer. Er ließ die Decke über die Schläfer schweben, und die Mutter murmelte etwas und drehte sich auf die Seite. Ihr Hintern begrub Sami, der nach Atem ringend in die Höhe fuhr, mit aufgerissenen Augen ins Leere starrte, mit dem Kopf auf ein Bündel aus Vlados Hosen und Mutters Rock stürzte und sofort weiterschlief. Auch Ivan, dem die Zehe entglitten war, wühlte sich neu zurecht. Vlados Hand tastete auf der Mutter herum und blieb an eine Brust gelehnt. Dann landete die Decke und deckte alle vier zu. Gusti schloß die Zimmertür, ging durch den Korridor, nahm den Koffer und verließ das Haus.

6

Er stieg den Weg durch den Rebberg bergab, eine steile Schneise aus Steinstufen, die so voller Morgennebel war, daß er seine Füße und sogar den Bauch nicht mehr sah. Der unsichtbare Koffer, schwer wie ein Fels, hing auch irgendwo in dieser weißen Suppe. Von seiner Brust an aufwärts war die Luft allerdings klar. Letzte Sterne, und auf den Drähten, die die Reben aufrecht hielten, Schwalben, die nach Süden aufbrachen. Zuweilen wandte er sich um – fühlte sich von der zu kurzen Nacht verprügelt – und starrte auf den dünnen Rauch, der aus dem Kamin des Hauses stieg. Später allerdings – er war halbwegs, und die hinter dem Ural hochsteigende Sonne rötete die Wolken – begann er eine der Melodien der vergangenen Nacht zu pfeifen. Hatte er sie geträumt? Die Beine trugen ihn besser, und der Koffer wurde leichter. Die Schwalben waren weg, Mäuse sprangen aus dem Bodendunst in den Tag hinaus, und einmal flog gackernd ein Fasan auf. Fast übermütig tanzte er schließlich die Stufen hinunter, gackernd auch er, mit einem Koffer, der schwebte.

Bis er hoch oben ein Geräusch hörte: als stürzten Kegelkugeln zu Tal. Er wandte sich um und sah die Mutter, die so schnell den Abhang herabgerannt kam, daß ihre

Beine wirbelnden Rädern glichen. Die Haare wehten wie ein Feuerbesen hinter ihr her und fegten allen Dunst weg. Sie sprang als habe sie einen Bocksfuß, und als sie, die Füße hoch in den Lüften, über eine Stützmauer flog, sah Gusti, daß sie zwei verschiedene Schuhe trug, einen mit feinen Bändchen und hohem Absatz und einen Männerschuh mit flatternden Schnürsenkeln. Während sie einen in Panik fliehenden Hasen überholte, schwenkte sie beide Arme und rief etwas. Lachte als sei ihr etwas unwiderstehlich Komisches widerfahren. Gusti stellte den Koffer ins Gras und starrte nach oben.

»Шср дфыыу вшср тшсре фддушт!«

Sie stolperte, landete auf dem Hintern und rutschte den Rest des Wegs in einem Fluß aus Kieselsteinen. Saß atemlos kichernd direkt vor Gusti und hielt ihm beide Hände entgegen. Ihr Gesicht war heller als die Sonne, die in diesem Augenblick über dem Hügelrand aufging und sie beide in ihr Licht tauchte.

»Mütter machen keinen Militärdienst«, sagte Gusti und zog sie hoch. »Und wenn, dann in andern Kleidern.«

Sie sah an sich herab. »Лцьье вфы мць Ашслут?« Sie trug ihren Regenmantel, und darunter Vlados Hemd. Keine Strümpfe. Sie kicherte erneut los, wollte ihren Sohn umarmen und wohl auch küssen und gab ihm, als er sich mit einem Sprung in Sicherheit brachte, einen Boxschlag auf den linken Arm als sei sie seine Komplizin.

»Ьфср ьше гты ьше!«

»Die Gäste!« Gustis Stimme flehte. »Du kannst sie doch nicht einfach allein lassen.«

Als die Mutter nicht antwortete – nur leuchtete; jetzt flossen ihre Haare bis zu den Hüften hinunter –, packte er den Koffer und ging mit großen Schritten weiter, Sprüngen fast. Sofort hüpfte die Mutter hinter ihm drein. »Wie du riechst!« rief er und ging noch schneller. Sie lachte. Einmal nahm er, jäh spurtend, eine Abkürzung: Kurz darauf wartete sie mit ausgebreiteten Armen hinter einer Wegbiegung, an jenes Kruzifix gelehnt, das den Fahrtweg säumte. Sie hatte seine Mütze gefunden und aufgesetzt. Diese Haare, wie hatte sie diesen Amazonas bisher in ihren Zöpfen versteckt? Als sie in der Stadt waren, rannten beide und überholten viele langsamere Schatten, die das gleiche Ziel zu haben schienen. Er hatte Tränen in den Augen und keuchte stumm, und sie – ein zwei Meter hinter ihm – plapperte und kicherte ununterbrochen.

Natürlich war er der einzige, der von einer Mutter begleitet wurde – jedenfalls sah er nirgendwo eine zweite –, und so floh er, als sie die Kaserne erreichten, abschiedslos in jenes Areal, das den Männern vorbehalten war, obwohl das Tor weit offen stand. »Тгк шср!«: fern schon. Beim Tor standen die Bräute der andern, unter ihnen die Mutter. Von fern sah Vlados Hemd wie ein Sommerkleid aus. Sie war barfuß und hielt die beiden ungleichen Schuhe in der linken Hand. Mit der rechten schwenkte sie die Mütze. Er hob eine Hand, ein bißchen nur, und stellte sich, feuerrot geworden, neben ein paar Burschen, die alle, wie er auch, millimeterkurze Haare hatten.

Gustis Führer in die neue Welt wurde ein Korporal, ein kleiner ausgemergelter Mann, der irgendwann einmal beschlossen hatte, nur noch ein- und nie mehr auszuatmen. Seither hielt er die winzige Brust nach vorn gewölbt wie einen mittelalterlichen Panzer, und die Arme abgewinkelt, als lasse eine Überfülle an Muskeln nicht zu, sie einfach herunterschlenkern zu lassen. Auch sprach er nicht, sondern brüllte, sogar wenn er direkt vor den sechs Rekruten stand, die ihm gehörten und die er befehligte als dirigiere er die Schlacht von Borodino. Vom Taifun dieser Stimme getrieben, verwandelte sich Gusti fast begeistert in den Rekruten Schlumpf. Nach der ersten Nacht noch hatte er – der Korporal stand unter der Kantonnementstür und wippte auf den Absätzen – seine Beine gemächlich unter den Wolldecken hervorgeschwungen: An allen folgenden Tagen aber schnellte er, wenn die Weckschritte des Korporals näher kamen, schon im Tiefschlaf aus dem Bett und stand aufwachend in einer korrekten Achtungstellung. Rechts und links die andern Rekruten, alle genauso verschlafen wie er und mit Morgenlatten, die Hände auf die Seitennähte der Nachthemden gepreßt. Der Korporal nahm die Parade ab, jeden einzelnen musternd als verberge er subversive Träume. Dann liefen alle im Laufschritt in den Hof, zu langen Trögen, über denen aus löchrigen Rohren Wasser rieselte. Zähneputzen im Takt, Spülen mit einer violetten Flüssigkeit, die die Mundfäule bannte. Die nackten Füße auf dem eiskalten Asphalt. Zum Frühstück marschierten die Rekruten in Zweierkolonnen, martialisch, vom Schlaf noch gelähmt. Es gab entweder Kaffee oder Kakao, aber die hellbraune Flüssigkeit schmeckte stets gleich, wie etwas geheimnisvolles Drittes.

Jeden Tag vor dem Ausrücken hockte er verzweifelt auf dem Klo, und es ging nicht, obwohl es gehen mußte, denn tagsüber gab es keine Zeit dafür. Rechts und links von ihm andere Stöhnende. Schließlich war es wie es war, die andern klapperten mit ihren Nagelschuhen längst über die Holzbohlen der Baracken, und Gusti fädelte die befohlenen Utensilien auf den Gürtel auf, die Patronentaschen, das Bajonett, die Gamelle, und natürlich hatte er, während seine Kameraden sich im Hof schon auf zwei Glieder versammelten, das Schanzwerkzeug vergessen und mußte alles nochmals vom Gürtel streifen und von vorn beginnen. Auch stand seine Zahnbürste nicht jeden Tag nach links gerichtet, und an vielen Abenden, während die andern im Restaurant Sternen Bier tranken – manche auch, vom Heimweh geschüttelt, im Bahnhofbuffet –, räumte Gusti seinen Spind ein und aus und aus und ein, beaufsichtigt von einem Korporal, der ihn doppelt schikanierte, weil er auch nicht Bier trinken durfte. Er fand es aber eigentlich nicht so schlimm. Schließlich standen dann alle zum Morgenappell bereit, auch Gusti, versammelt nach einem uralten Ritual, bei dem alle mit ihren Nagelschuhen hin und her trippelten, um die genaue Ausrichtung nach Mekka oder Bern noch genauer zu machen. Endlich erstarrten sie mit erfrorenen Augen. Der Kompaniekommandant, ein Lehrer aus Sissach, schritt lauernd das Rekrutenspalier ab und sprang jene Rekruten an, deren Kragenknopf oder Gürtelschnalle sich geöffnet oder verschoben hatte. Dann waren auch die zuständigen Leutnants dran; die Korporale sowieso. Einmal wurde der Sohn des Kommandanten vor dem versammelten Zug gerügt und kriegte einen knallroten Kopf. Die ersten Wochen verbrachten sie auf dem Kasernenhof, weil die Zivilbevölkerung einen so beschämend disziplinlosen Haufen nicht zu Gesicht bekommen durfte. Sie lernten Rechtsum und Linksumkehrt. Einer, der immer vor Gusti ging, konnte die Bewegungen seiner Beine nicht mit denen seiner Arme koordinieren, mindestens wenn er unter dem Druck eines Befehls stand, und brachte auch Gusti mit seiner Golem-Art aus dem Takt. Hieß zudem Schwan.

Immer erneut mußten sie Tornister, Gewehr und Gasmaske zu einer Pyramide formen. Meistens aber übten sie den Gewehrgriff. Er war eine Methode, das Gewehr in vier präzisen Griffen vom Boden auf die Schulter zu bringen, und wieder zurück. Die Griffe mußten so kraftvoll sein, daß sie wie Schüsse klangen. Eine gewehrgreifende Gruppe, eine Kompanie gar, mußte *einen* Knall erzeugen, satt und sicher. Stets allerdings klickerten ein paar langsamere Greifer hintendrein, so daß die Kompanie umfallenden Dominosteinen glich. Die tobenden Korporale. Gusti beherrschte dieses komplizierte Gewehrhochschleudern bald sehr gut. Tat es gern.

Oft, wenn er abends in den Ausgang ging, sah er seinen Korporal, nach Luft schnappend vor Empörung, und den Rekruten Schwan, dessen Gewehr auf den Schultern zitterte als seis ein Schilfrohr. Dann riß ihm der Korporal das Gewehr aus der Hand und knallte es hinauf und herunter, und nochmals, und gab es ihm zurück. Schwan konnte es danach nicht besser.

Schießen konnte der arme Schwan auch nicht: war zudem so kurzsichtig, daß er die Scheiben nicht sah. Sie hatten lange das Laden und Entladen mit Holzpatronen geübt, sich hinter Büsche geworfen und den schweren Holzschaft des Karabiners an die Wangen gepreßt. Dann war es soweit. Sie marschierten mit geschulterten Gewehren zum Schießplatz – Schwan wie ein Ertrinkender – und kriegten jeder ein Magazin scharfe Patronen. Fünf Schüsse. Standen im rauhreifweißen Gras und sahen zu den Scheiben hinüber, die fern in einem diesigen Morgenlicht am Waldrand standen. Krähen auf dem Acker dazwischen. Die Sonne so schwach, daß sie die Dunstschwaden kaum mehr vertreiben konnte. Die Schützen, immer zehn gleichzeitig, lagen auf nassen Holzrosten; neben ihnen knieten die Korporale und schoben ihnen die Ellbogen zurecht. Die Schüsse, von so nahe, knallten schmerzhaft laut; aber die Gehörschutzpfropfen, kleine schwarze Gummistöpsel, durften erst beim Schießen in die Ohren gesteckt werden. Als Gusti dran war, waren seine Finger klammgefroren. Er kriegte die Patronen kaum ins Gewehr. Der Korporal, der über ihm kniete, sah ihn triumphierend an. Gusti nahm den

Karabiner an die Wange, zielte und drückte ab. Sofort, bevor die am Waldrand flirrende Scheibe im Erdboden verschwunden war und einer neuen Platz gemacht hatte, wußte er: Schießen konnte er. In der Tat erschien auch gleich jenes rote Fähnchen, das vor der Scheibenmitte hin und herkreiste und an das er sich dann fast gleichmütig gewöhnte. Ein Blattschuß. Der Korporal schaute mit offenem Maul. Alle andern Schützen sahen orange oder weiße Kellen, die Zweier oder Dreier ankündigten, oder jenes verächtliche Schwenken, wenn der Schuß im Wald verschwunden war. Das Gewehr gab Gusti auch keine Ohrfeigen; die andern liefen noch lange mit geschwollenen Wangen herum. Es war ihm vertraut: als habe er immer mit einem Gewehr gelebt.

Nun hatten sie scharfe Patronen in den Ledertaschen am Gürtel. Verließen die Kaserne und verschwanden in den Wäldern, in denen Gusti und Sally gewandert waren. Krochen in die gleichen Bunker und gruben in jenen Hügeln Löcher, die Sally fotografiert hatte. Allerdings gab es jetzt, im Winter, keine Spaziergänger mehr. Frost, Schlamm, Nebel. Lange Nachmittage lang standen sie in nassen Äckern und nahmen die Gewehrschlösser auseinander. Setzten sie wieder zusammen, in einer Minute zuerst, dann in einer halben, schließlich in einer halben mit verbundenen Augen. Der Korporal mit der Stoppuhr. Auch die Schrauben und Scharniere fügten sich in Gustis Händen wie durch ein Wunder zusammen: Die meisten andern hatten, wenn der Korporal sein »Stop!« kreischte, ein lose gefügtes Gewehrschloß in der einen und irgendwelche überflüssig aussehende Bolzen in der andern Hand. Natürlich war Schwan wieder der Ungeschickteste. Sein dicker Nacken kriegte Panikwülste, wenn ihm das falsch zusammengesetzte Puzzle aus der Hand klirrte und er die zwanzig einzelnen Teile zwischen den Schuhen des versteinerten Korporals hervorklauben mußte. Alles dreckverschmiert. Die andern standen lautlos und dankbar, daß einer noch blöder als sie war.

Es gab Märsche, bei denen die mitgeschleppten Maschinengewehre so schwer wurden, daß Gusti sie nur tragen konnte, wenn er auch noch den Karabiner eines mit letzten Kräften dahintaumelnden Kameraden mitschleppte; das machte alles leichter. Rekrut Schwan, der bärenstark war, trug ganze Tornistertürme. Es galten dann auch keine Exerzierregeln mehr, überhaupt keine Regeln; auch die Korporale und Leutnants, obwohl ohne Gepäck, hoben flehend die Augen zum Horizont. Irgendwo, und immer da wo Gusti ihn nicht erwartete, stand der Kommandant der Rekrutenschule, der Vater des Sohns, dick und fleischig, in seiner Oberstenuniform, in einer Hand einen unmilitärischen Alpenstock. Dann marschierte er, ein bißchen im Stil Schwans, einige hundert Meter mit und stieg in ein unter Laub getarntes Auto, das ihn, mit seiner ganzen Gebüschtarnung auf dem Dach, zum nächsten Anstand vorausfuhr.

Gusti wurde stark und konnte Bäume ausreißen. Er genoß die Parforcetouren. Lernte, wie er gehen mußte, damit er beschäftigt aussah, auch wenn er nichts zu tun hatte. Hatte einen Flachmann in der Hosentasche und Zigaretten zwischen den Patronen; rauchte mit der hohlen Hand, unsichtbar. Ging mit immer ausgreifenderen Schritten und grüßte mit einer klaren Handbewegung, wenn ihm ein Offizier entgegenkam. War gesund. Hatte auch das Klo vergessen, die Probleme damit, und saß abends im Sternen zwischen den Kameraden, laut wie sie. Nie im Bahnhofbuffet. Die Bar im Bären war tabu, obwohl es kein ausdrückliches Verbot gab, sie zu betreten; jedoch viele Geschichten, was geschehen war, als doch einmal ein Rekrut hineinging; sich natürlich gleich in der Tür irrte und über den auf einer Dame keuchenden Kommandanten stolperte; oder *er* keuchte, und der Kommandant kam herein. Vor Weihnachten war die Stimmung nahezu ausgelassen, sogar Füsilier Schwan – keiner mehr hieß nun Rekrut – vergaß seine Kuhreigentrauer und grinste still in sich hinein, wenn die andern vor dem Insbettgehen die Übungen des Tages nachstellten, nackt, die Proviantbeutel an die Schwänze gehängt, das Gewehr über der Brust, die Stahlhelme über den Hinterbacken. Gebellte Hitlergrüße. Es gab keine Urlaube, und je länger es keine gab, desto häufiger und genauer erzählten sich alle, wo und wie und wie lange sie ihren Bräuten einst beigewohnt hatten. Zeigten die Glieder herum wie Beweise. Dann saß Gusti auf seinem Bett und tauschte Blicke mit Schwan, der auf seiner Matratze herumwippte. Manchmal sogar Fragen stellte und Antworten bekam. Dann vergaßen alle wieder ihre Freundinnen, weil sie auf kahlen Bergkuppen liegend waagrecht fliegenden Eisnadeln trotzten oder Bergkämme hinaufkeuchten, während die Maschinengewehrschützen über ihre Köpfe hinwegschossen. Immer näher über ihnen die hochspritzenden Steine. Gusti hatte eine Maschinenpistole und schoß blind auf den eingebildeten Feind auf der Anhöhe oben. Warf vor der endgültigen Eroberung eine Handgranate, deren Zündschnur er mit den Zähnen abriß. Viel mehr aber fürchtete er, von Füsilier Schwan erschossen zu werden, der bei solchen Sturmläufen stets sofort zurückblieb und seine ratternde Waffe wie einen Feuerwehrschlauch schwenkte. Wenn die Anhöhe genommen war, lagen alle mit kreischenden Lungen übereinander und waren so erhitzt, daß der Schnee unter ihnen schmolz. Sie marschierten über weite Almen talwärts, auf Saumpfaden abschüssigen Hängen entlang, an verwehten Schafherden vorbei, deren Blöken sie noch tief unten in den winterstillen Tannenwäldern hörten. Störten Rehe auf. Manchmal brach ein Ast und entlud Schneewolken über sie. In der Kaserne waren die Hände und die Füße steifgefroren. Trotzdem standen sie auch an solchen Tagen mit Bürsten im Hof: bis die Gamelle wieder blitzte und in den Ritzen des Taschenmessers kein Staubkorn mehr war. Die Hosen! Sie konnten allein stehen vor lauter Schlamm. Zwischen den Nägeln der Schuhe sollte nicht der Hauch eines Erdkrümels sein. Durch den Gewehrlauf zog Gusti die Putzschnur so oft hindurch, bis auch der Korporal aufgab, obwohl ein Kratzer im spiegelnden Metall blieb. Dieses Putzen gab Gusti zuweilen so den Rest, daß er ohne zu essen ins Bett ging und in einen so todähnlichen Schlaf fiel, daß er einmal nicht aufwachte, als Schwan sich ein bißchen heftig auf seinen Spind aufstützte und die ganze Wand mit allen Gamellen und Tornistern umwarf. Am nächsten Morgen war er ausgeschlafen, als einziger, und freute sich auf den Tag.

7

An jenem Morgen – seit dem Beginn der Rekrutenschule waren Monate vergangen, und es war eisig kalt – mußten sie einen Kuhstall sprengen, eine ewig neu zusammengeflickte Ruine, die schon viele Male in die Luft geflogen war, und also standen alle im hartgefrorenen Gras, hauchten in die Hände und hüpften auf und ab. Die angehängten Schanzwerkzeuge, Helme und Gamellen rasselten als trügen sie Narrenschellen. Der Leutnant und ein uralt aussehender hagerer Instruktor liefen, einen Steinwurf entfernt, zwischen den schon so oft zertrümmerten Trümmern hin und her, wickelten Drähte um angekokelte Stützbalken, zogen sie in düstere Mauerecken und schoben Dynamitstangen unter Steine, die blaßrote Markierungen trugen. Obwohl sich kein Lüftchen regte – im Gegenteil, in dem engen Waldtal, in dem sie standen, schien die Luft erfroren zu sein –, fegten hoch oben schwere Wolken über sie hinweg. Gusti starrte gedankenverloren zu ihnen hinauf, und das war wohl ein Fehler, denn der Leutnant, der Sohn des Kommandanten, rannte plötzlich ein paar Schritte auf ihn zu und brüllte: »Füsilier Schlumpf! Daher!« Er stand wutentbrannt, als habe Gusti etwas verbrochen, und stieß weiße Wolken aus. Gusti rannte also daher und nahm Haltung an. »Ruhn!« Als der Leutnant aber sah, daß sich der Instruktor überhaupt nicht um ihn kümmerte, sondern seinerseits den dahinrasenden Wolken nachblickte und versonnen an einem Schachtelkäse kaute, murmelte er fast flehend: »Ich habe, wir haben keine Absperrbänder. Wir müssen das Gelände sichern. Vorschrift. Lauf ins Magazin hinunter und hol zwei Rollen.« Er gab ihm – als tue er etwas Verbotenes – einen riesengroßen schmiedeisernen Schlüssel, der eher die Katakomben des Vatikans öffnen zu können schien und den Gusti erfolglos in eine Hosentasche zu stecken versuchte. Schließlich hielt er ihn wie einen Bischofsstab in der rechten Hand und meldete sich ab. Ging los, zu einer geschotterten Fahrstraße voller Schlaglöcher hinunter. »Und heute noch!« rief ihm der Sohn des Kommandanten nach, jetzt wieder mit seiner Befehlsstimme, und also begann Gusti zu traben, bis er um eine Wegbiegung verschwunden war.

Die Straße führte der Flanke des Rebbergs entlang – zwar sah er sein Haus nicht, aber immerhin einen schmalen Rauchfaden, der in den Himmel stieg –, auf die Stadt zu, deren Dächer in einer unwirklichen Sonne glänzten. Die Schlafbaracken der Kaserne leuchteten als sehnten sie sich nach einem Feind. Dasselbe Licht ließ auch den Bahnhof erstrahlen, und weiter entfernt einen langen Güterzug, der, von zwei aneinandergekoppelten Lokomotiven gezogen, auf eine hohe Brücke zukroch, die sich in einer Kurve über die Ergolz schwang und die Geleise in einen Tunnel entließ. Das Flußwasser in einer tiefen Schlucht. Gusti jedoch ging nicht in dieser Sonne, im

Gegenteil, bei ihm begann es plötzlich so heftig zu schneien, daß er nicht einmal mehr sah, wie der Zug im Tunnel verschwand. Er hörte nur noch sein fernes Pfeifen, das vom unsichtbar gewordenen Berg verschluckt wurde. Ging in einem weißen Gestöber. Seine Nagelschuhe machten kein Geräusch mehr. Tobende Flokken. Und plötzlich stand er vor der Kaserne, ohne ein einziges Haus gesehen zu haben. Auch die Schildwache – ein Schneehaufen, aus dem ein Karabiner ragte – tat keinen Wank. Kein »Wer da?«. Also ging er in den Hof hinein, der sich in die sibirische Unendlichkeit verwandelt hatte. Die Waschtröge wie Urtiere. Das Magazin allerdings war ein dumpfes Gebäude ohne Fenster geblieben und hatte tatsächlich eine Tür mit dicken Eisenbeschlägen, die sich mit dem Schlüsselmonstrum öffnen ließ. Es quietschte sogar, dieses Burgtor, als Gusti es aufstieß. Aber dann war er in einem hellen Raum voller geheimnisloser Leichtmetallregale, auf denen untadelig ordentlich Gasmasken oder Feldstecher lagen, Tellerminen, Signalraketen, Seile, Schaufeln, Taschenlampen, Karabinermunition, Stahlhelme. Ganz hinten, zwischen Abortbrillen und Asbesthandschuhen, fand er die Absperrseile – offensichtlich war das Ordnungsprinzip der Armee das Abc –, auch sie sorgfältig aufgewickelt und mit der Regalkante bündig gestapelt. Er nahm zwei Rollen. Rannte sofort, als habe er etwas Unerhörtes getan, zum Ausgang und schob bereits das Tor zu – es drohte im frisch gefallenen Schnee festzubacken –, als er auf dem allervordersten Gestell eine zu einer großen

Acht gebundene Zündschnur liegen sah, die von einem breiten roten Band zusammengehalten wurde, auf dem in einer schwarzen Schablonenschrift die Zahl 100 stand. Hundert Meter. Neben ihr lagen ein riesiges Paket mit Dynamitstangen – das mußten zwanzig Kilogramm sein! – und eine Schachtel Streichhölzer. Ohne zu zögern, stopfte er alles vorn in seine Uniform, wuchtete das Tor vollends zu und ging über den Hof. Inzwischen stürzte der Schnee so dicht vom Himmel, daß sich seine Spuren auffüllten noch während er die Füße hob. Er umklammerte seinen Bauch, der so schwer war, daß er ihn nach vorne zu reißen drohte, und der Wachsoldat, der jetzt mitten im Gehweg stand, riß salutierend das Gewehr von der Schulter und stand stramm. Wahrscheinlich hielt er ihn für den Kommandanten. Gusti nickte würdevoll und tauchte in das Schneegestöber weg, in dem er bald nicht mehr wußte, ob er aufwärts oder abwärts ging; als stampfe er durchs All. Trotzdem fand er das Kruzifix, an dem sich die Wege gabelten: Nach links führte – unsichtbar jetzt – die Straße zum Übungsgelände, nach rechts der Weg in den Rebberg. Er versteckte die Beute hinter dem Kreuz, wo seltsamerweise seine Mütze lag. Also legte er sie auf die Zündschnur, das Dynamit und die Streichhölzer und sah zu, wie alles im Schnee verschwand. Dann ging er weiter, da wo er die Straße vermutete. Tastete sich in einer ewigen Stille von einem Markierungspfahl zum andern, ging und ging, bis plötzlich ein ferner, fast zarter Knall den Schneevorhang zerriß, denn durch eine schmale Luke im weißen Gewirbel sah er erneut die Eisenbahnbrücke, noch immer in einem goldenen Licht und ohne einen Zug nun, für ein paar Augenblicke. Dann flog der Schnee wieder waagrecht. Gusti setzte sich erschöpft auf einen Grenzstein. Und fast sofort kamen drei Schatten durch das Gestöber gerannt, zwei stumme und ein gellend schreiender, der der Sohn des Kommandanten war und, ohne ihn zu bemerken, so nah an Gusti vorbeikeuchte, daß dieser seinen Atem spürte. Der Sohn reckte eine Hand in den Himmel als wolle er einen Eid leisten, einen ohne Schwurfinger allerdings, denn aus fünf Stümpfen schoß Blut und spritzte eine rote Spur in den Schnee. Eine der Dynamitstangen war ihm wohl in der Hand explodiert. Auch Gustis Hosen kriegten etwas ab. Hinter dem tobenden Leutnant rannte die ganze Truppe, ohne jede Ordnung, jeder so schnell er konnte. Die Soldaten, von denen manche Gewehre trugen und andere nicht, fielen hin und rappelten sich wieder auf als seien sie auf dem Rückzug zur Beresina hin. Als letzte kamen Füsilier Schwan und sein Korporal. Beide stützten sich gegenseitig und weinten. Auch sie hielten Gusti für ein Stück Natur und wankten an ihm vorbei, ohne ihn zu sehen. Als sie verschwunden waren, warf dieser allen Schnee von sich ab und folgte den Blutspritzern, die den Schnee so tränkten, daß auch die weiterhin strömenden Flocken sie nicht zuzudecken vermochten.

Beim Kruzifix grub er die Mütze, die Zündschnur, das Dynamit und die Streichhölzer aus und stieg die Rebbergtreppe hinauf. Zuerst löste er Schneerutsche aus, regelrechte Lawinen, die ihn zweimal zum Holzkreuz zurückschwemmten; höher oben jedoch wurde die Schneedecke dünner, und auf der Kuppe oben, da wo das Haus stand, hatte der Wind den Boden kahlgefegt. Eis da und dort. Trotzdem stand Ivan wie eine Vogelscheuche gekrümmt bei den Maiskolben, die vom vorspringenden Dach geschützt an der Schuppenwand hingen. Er wandte ihm den Rücken zu und hielt beide Hände auf die Ohren gepreßt. Hatte sich eine Wolldecke um die Schultern gehängt. In einer Kitteltasche steckte ein Maiskolben. Zuweilen flatterte er mit den Armen und kreischte. Dann flogen unzählige Spatzen und Finken zwischen den Kolben hervor. Gusti grüßte ihn, seinen Rücken, aber er hielt sich schon wieder die Ohren warm und starrte gehörlos zu den Vögeln empor, die sich erneut über ihr verbotenes Futter hermachten. Schimpfte vor sich hin. Als Gusti um die Hausecke bog, hockte auch Sami in der Kälte draußen, auf der Bank vor der Tür, den Kopf in die Hände gestützt. Gleichzeitig hörte er aus dem Haus laute Schreie. Es roch nach Eukalyptus. Er räusperte sich, und Sami hob den Kopf. Seine Lippen waren blau, und seine Haare hingen voller Eis. Die Schreie waren jetzt lauter geworden. Schneller.

»Was ist das?« sagte Gusti und hielt sich beide Ohren zu, genau wie Ivan. Zündschnur, Dynamit, Streichhölzer und Mütze fielen in den Schnee.

»Vlado«, sagte Sami, falls Gusti seine Mundbewegungen richtig deutete. Er fügte etwas hinzu, was dieser nicht verstand, und versuchte zu grinsen. Weil seine

Kiefer eingefroren waren, kam eine Grimasse zustande, die ihn wie einen Irren aussehen ließ.

»Aha«, sagte Gusti und ließ die Ohren los.

»Jeden Tag!« Sami schüttelte mißbilligend den Kopf. »Im Haus drin hält das kein Mensch aus! Paß auf! Gleich ists soweit!«

Tatsächlich hörte das Schreien, das ein ununterbrochenes Heulen geworden war, auf seiner schrillsten Höhe auf, wie abgeschnitten. Gusti hörte wieder das Strömen des Schnees. Samis Knochen krachten, als er sich reckte und dehnte, und auch Ivan kam herangeknirscht, die Hände reibend. Als er Gusti sah, machte er mit den Armen heftige Bewegungen, als seien sie die Kolben einer Dampfmaschine.

»Puff puff«, rief er. »Puff!«

»Ich habe euch etwas mitgebracht«, sagte Gusti, hob das Sprengstoffbündel auf und wuchtete es Sami in die Arme. Der taumelte unter dem unerwarteten Gewicht des Geschenks und schaute ohne zu verstehen. Auch Ivan glotzte. Dann begriffen beide und rannten juchzend ins Haus. »Vlado! Endlich! Es kann losgehen!« Vlado kam auch sogleich aus dem Zimmer gestürzt – nackt, naßgeschwitzt, mit einem riesigen Gemächte –, breitete die Arme aus, kam strahlend durch den Schnee gerannt und umarmte Gusti. »Was haben wir auf diesen Tag gewartet!« rief er. »Andrerseits, wir haben uns die Zeit vertrieben wie es ging!« Er küßte Gusti von oben bis unten und hüpfte, inzwischen blau gefroren, ins Haus zurück. Eis hing an seinem Schwanz. Gusti starrte durch die offengebliebene Tür in den leeren Korridor – auch Sami und Ivan waren verschwunden – und ging dann weg. Vögel flogen auf. Der Eukalyptusduft verfolgte ihn auch hier, ein Lachen?, aber als er sich umwandte – da wo der Weg in den Abgrund stürzte –, stand das Haus in einer Unschuld als habe es sich aus einem Märchen in den wirklichen Winter verirrt.

Der Weg abwärts strengte ihn an, und beim Bahnhof war er so erschöpft, daß er ins Buffet taumelte und auf den erstbesten Stuhl fiel, mitten unter jene seiner Kameraden, die die Flucht durch den Schnee geschafft hatten. Er landete neben Schwan, der, um von seinem Emmental nach Liestal zu kommen, zum ersten Mal in seinem Leben Eisenbahn gefahren war; vorher hatte er nur auf Ochsen gehockt. Er war der Kopf dieser Soldatenrunde. Das Fräulein brachte Bier um Bier. Gusti fühlte sich sofort ganz emmentalisch und schwieg noch mehr als die andern. Beim Bezahlen, als die Serviererin sich über den Tisch beugte, um die vielen Striche auf den Bierdeckeln zu zählen, hatte Schwan tatsächlich eine Hand auf ihren Hinterbacken. Strahlte dazu so glücklich, daß sie sie erst als sie fertig kassiert hatte mit der Langsamkeit weghob, die zu diesem Tisch gehörte. Stumm gingen alle hinaus, und sie schwiegen nicht nur, weil gerade ein Zug vorbeirollte, der kein Geräusch machte. Die Räder schwebten über den Geleisen, und die Lokomotive hatte nicht einmal die blauen Verdunklungsscheinwerfer eingeschaltet. Eine unglaubliche Reihe von schwarzen Güterwagen vor einem Vollmondhimmel. Silhouetten von

Geschützrohren, die unter Planen hervorlugten. Alle standen mit offenen Mäulern und starrten dem geheimnisvollen Transport nach, wie er lautlos in der Nacht verschwand.

»Kanonen, Panzer, Munition«, flüsterte Schwan endlich. Er stand mit gefalteten Händen da und blinzelte. »Darum müssen wir alle um zehn ins Bett! Darum muß jeder die schwarzen Vorhänge ziehen! Damit wir das nicht sehen!«

»Aber wer braucht das alles?« hauchte Gusti und stand auch wie betend. »Wir –«

Da zerriß eine gewaltige Explosion die Stille, eine Stichflamme fuhr in den Himmel – dort, wo das Viadukt war –, und gleich darauf fegte ein so heftiger Sturm über den Bahnsteig, daß sie alle den Geleisen entlang gewirbelt wurden. Ihre Mützen flogen irgendwo über ihnen, Holzkisten, Signalkellen, Schlußlichtlaternen, Papierkörbe, Bierflaschen. Die leeren Blechbüchsen, in denen der Bahnhofsvorstand im Sommer Blumen auf den Bahnsteig stellte, schepperten neben ihnen her. Eisnadeln. Ziegel fielen vom Dach. Sie krachten gegen die Holzwand eines Schuppens und saßen benommen im Schnee. Eine letzte Büchse schlug neben Gustis Kopf ein, dann war es wieder still. Nur ein roter Schein leuchtete weit weg.

»Herrgott«, sagte Gusti.

Sie halfen einander auf die Beine und gingen langsam in die Kaserne zurück, wo der Kommandant gerade dabei war, seine Soldaten auf dem Hof zu versammeln. Der erste echte Alarm. Er lief schreiend hin und her, von ein paar trüben Lampen beleuchtet, die hoch oben an Drähten schwankten, und hatte die Knöpfe seiner Uniformjacke offen. Sein Gesicht war puterrot. Auch die Soldaten trugen die Patronengürtel über Pyjamajacken oder hatten die Bajonette verkehrt herum aufgefädelt. Banden im Laufen die Schuhe. Gusti und seine neuen Freunde stellten sich in Reih und Glied als kämen sie auch gerade aus den Betten. Dann marschierten sie zum Viadukt hinüber, das in völliger Dunkelheit dalag – ein fürchterlich stinkender Rauch allerdings –, so daß sie sich, weil der Kommandant die Scheinwerfer vergessen hatte, blind in die schwarze Schlucht hinabtasten mußten, auf allen vieren kriechend, auf Eisplatten ausgleitend, in Wurzeln schräger Erlen verkrallt. Tief unten im Wasser der Ergolz die Schatten der zertrümmerten Waggons. Übereinandergetürmte Panzer, über die die Gischt schäumte. Stundenlang rüttelten sie, hie und da ein Streichholz anreibend, an unbewegbaren Eisenteilen herum, während die Offiziere brüllten. Die Kreuze! Wieso trugen die Geschütze Eiserne Kreuze? Endlich ging die Sonne auf, und sie sahen hoch über sich die Geleise im Himmel hängen. Ein Stück Brücke war verschwunden und lag neben ihnen im reißenden Wasser. An den Geschützrohren, die schräg nach oben zielten, waren Eisbärte gewachsen, und Möwen saßen auf den Rädern der Waggons, die auf dem Dach lagen. Sie hatten den Befehl, aufzuräumen, und also räumten sie auf. Aber wie sollten sie die ineinander verkeilten Trümmer aus der Schlucht hochkriegen mit ihren Kinderschaufeln? Gusti, mit gespreizten Beinen auf Felsblöcken stehend, zwischen denen der Bach schäumte, begann zu lachen. Lachte und lachte, ohne zu wissen, warum.

8

Viele Jahre später saß er in einem Lokal in Basel, das Brazil Bar hieß, obwohl es nichts Weltläufiges an sich hatte. Im Gegenteil. Ein Schlauch voll Rauch. Er erzählte, er habe, nach diesem Besuch im Rebhaus, immer wieder diesen einen Traum gehabt: Er sitze in einem Amphitheater mit steilen Zuschauerrängen, so wie sie im Mittelalter die Hörsäle hatten, wenn Ärzte Leichen sezierten, und starre auf eine Frau, die schön und jung und mit einem seltsam grünen Gesicht unter ihm in weißem Sand saß. Neben ihr hingegossen und ebenso bewegungslos ein Junge in einer Uniform voller Hakenkreuze, die grau und weiß war und Hosen mit schottischen Karos hatte. Auf dem Kopf trug er die vertraute Wollmütze. Der weiße Schnee verlief gegen einen Horizont, an dem Pinien standen, südliche Steinsäulen, und eine Frauenstatue, deren Haare in Flammen loderten. Irgendwo war auch ein Sarg, es war das Begräbnis seines Teddybären, oder eher ein Opfer, so wie einst Sarah ihren Isaac zum Altar geschleppt und ihm die Kehle durchgeschnitten hatte. »Keine Ahnung warum«, sagte Gusti und lachte, als sei dieser Traum komisch. »Als die Rekrutenschule zu Ende war und ich, bevor ich die Ausbildung als Unteroffizier begann, ein paar Tage oder Wochen Urlaub hatte, ging ich nicht ins Rebhaus hinauf, sondern ins Bahnhofbuffet. Obwohl ich kein Heimweh hatte. Es war wie ein Befehl. Das Lokal war ja leer – es kamen keine Züge mehr, und die Soldaten waren weg –, und ich fühlte mich immer mehr zu Hause. Schlief auf einer Bank und putzte die Zähne im Klo, mit Papierservietten. Zum Frühstück gab es Milchkaffee, während die Stühle auf den Tischen standen und die Geliebte Schwans, Iris, den Boden wischte. Sie wurde allmählich meine, jedenfalls, als ich dann bezahlte, weil ich wieder in die Kaserne mußte, ruhte meine Hand ganz selbstverständlich auf ihr.« Er war weiß geworden, der alte Gusti – nun ja, *so* alt war er auch wieder nicht –, hatte einen struppigen Schnurrbart und steckte in einem farblosen Blaumann. Trug ein Unterhemd aus der Epa, auf das er mit selbstgebastelten Schablonenbuchstaben *Fuck the army!* geschrieben hatte. Allerdings verdeckte der Blaumannlatz den größten Teil der Schrift, nur das F und das Ausrufezeichen nicht. Er saß auf dem Hocker am Ende des Tresens, gegen die Mauer gelehnt, unter einem schwungvoll signierten Foto Juliette Grécos, die sich einmal nach einem Récital im Stadtcasino in dieses Lokal verirrt hatte. Trank kein Bier mehr, sondern Veltliner.

»Später war ich dann Korporal, oder sollte es werden«, sagte er und schenkte denen, die in seiner Nähe saßen, die Gläser voll. »Ich hatte einen gelben Haken auf dem linken Uniformärmel, und alles ging von vorn los. Nun weckte *ich* die Rekruten, und die standen da mit ihren Ständern. Nun befahl *ich* den Sturm auf die Anhöhe, und irgend ein anderer Idiot blieb zurück und schoß uns in den Rücken. Und einmal« – er trank einen so großen Schluck, daß sein Hals sich blähte wie der eines Froschs – »waren wir alle als Bäume getarnt, und ich ging rückwärts, um meine Männer trotz ihren Verkleidungen nicht aus den Augen zu verlieren, und stolperte über die Tochter des Bäckers, die hinter einer Eiche lag und sich so schämte, daß sie sich überhaupt nicht verbarg. Zwischen ihren Schenkeln ein Jüngling mit einem käsigen Hintern. Es war jetzt wieder warm. Ich starrte die Liebenden an als sei ich unsichtbar und rappelte mich nur hoch, weil ich meine Männer johlen hörte. Rannte hinter ihnen drein und johlte auch.« Er hielt inne und lauschte dieser Erinnerung nach, oder einer andern, und seine Zuhörer warteten mit ihm, ernst und heiter gleichermaßen, als seien sie alle auch einmal Gusti gewesen, oder die Bäckerstochter, oder der Jüngling.

»Mit dem Schießen war es wie zuvor«, fuhr er endlich fort. »Ich nahm den Karabiner und ließ ihn machen. Er war für mich kein Gewehr, sondern ein Körperteil. Vermutlich deshalb schloß mich mein Instruktor ins Herz, jener hagere Pfadfinder, den ich schon beim Sprengen des Kuhstalls gesehen hatte.« Er sah in die Runde, und alle nickten, auch die, die von diesem Lebensteil noch nie etwas gehört hatten. »Er stand mit einem roten Gesicht hinter mir, wenn ich schoß, und einmal, als ich eine Panzerattrappe mit einem einzigen Schuß ins Lüftungsloch lahmgelegt hatte, legte er mir eine Hand auf die Schulter und murmelte etwas, was wie ein Glückwunsch oder ein Flehen klang. Sofort allerdings stopfte er sich einen Schachtelkäse in den Mund« – Gusti lachte – »von denen er immer ein paar Dutzend in seinen Uniformtaschen trug, wie andere Zigaretten. Er hieß Krähenbühl und kam aus Aarau. Ja. Seine Leidenschaft war das Gehen. Nie stieg er in etwas, was fuhr. Er tat es einfach nicht. Als wir in die Verlegung mußten – in die Berge des Berner Oberlands, wo auch Kanonen und Minenwerfer schießen durften –, brach er am Vorabend zu Fuß auf. Ich sah ihn mit einem riesigen Rucksack davon wandern, der aber nicht sein Militärtornister war. Später lernte ich, daß er Ziegelsteine darin hatte.«

Er nahm eine Bierbrezel von einem hölzernen Gestell, das neben der Zuckerschale auf dem Tresen stand, und biß hinein. »An allen Sonntagen lief Krähenbühl Waffenläufe«, sagte er mit vollem Mund. »Oder, wenn es nirgendwo einen gab, Orientierungsläufe« – er schluckte – »bei denen er in feldgrauen Turnhosen mit einer Karte in der Hand von Posten zu Posten hetzte. Er versuchte auch mich zum Laufen zu bekehren – es gab Mannschaftsläufe –, und tatsächlich bestritt ich einmal mit ihm zusammen einen Wettkampf in der Nähe von Schangnau, irgendwo zwischen Hügeln. Krähenbühl, obwohl um die sechzig, lief vorneweg und wandte sich immer wieder nach mir um. Ich keuchte und japste. Auf den letzten Kilometern fluchte er ganz ungebremst. Wir wurden fünfzehnte, von sechsundzwanzig Mannschaften, nicht schlecht eigentlich, aber Krähenbühl, der immer unter den ersten fünf war und nie Alkohol trank, brauchte vier Oranginas, um sich zu beruhigen, im Bahnhofbuffet von Burgdorf: wo die Versöhnung so gut gelang – bei mir waren es acht oder zehn Biere geworden –, daß wir Arm in Arm zum Zug wankten, den dann natürlich nur ich bestieg, weil Krähenbühl ja zu Fuß ging. Als der Zug aus dem Bahnhof rollte, rannte er auf einem Feldweg nebenher. Überholte – fast so schnell wie der Zug – einen Traktor, der einen Jauchewagen zog und eine lange Staubfahne aufwirbelte. Als ich am nächsten Morgen aus dem Bett taumelte und mich mit Zahnbürste und Glas in den Kasernenhof hinausschleppte – jeder Muskel tat mir einzeln weh –, stand er rosig und vor Energie berstend da und paßte auf, ob ich korrekt gurgelte.«

»Du in einer Uniform«, sagte die Wirtin hinter dem Tresen hervor. »Das kann ich mir nicht einmal vorstellen.«

»Wieso nicht?« Gusti reckte sein Kinn vor. »Ich war topfit.«

»Solange du es nicht hier bist«, sagte die Wirtin und zündete sich eine Zigarette an.

»Einmal«, Gusti wedelte den Rauch weg, »begannen mich beide Füße so zu schmerzen, daß schon der Gedanke an einen Schuh mich zum Jaulen brachte. Geschweige denn ein wirklicher Schuh.«

»Einmal, einmal«, sagte die Wirtin so scharf, daß Gusti erstaunt den Kopf hob. »Wenn du erzählst, schrumpfen die Jahre zu Tagen, und die Tage blähen sich zu Jahren.«

»Das war am 4. Juni 1941«, rief Gusti triumphierend. »Das weiß ich nun wirklich!«

Die Wirtin, ohne Groll über ihre Niederlage, hob ihr Glas. »Da war ich noch nicht auf der Welt.«

»Aber ich. Es war glühend heiß. Ich ging auf den Händen zum Arzt und hatte eine Sehnenscheidenentzündung, die man nur kriegt, wenn man mitten im Winter stundenlang in einem Bergbach steht. Eine Stunde später saß ich mit eingebundenen Füßen und Aspirin im Bauch im Büro, an einem Holzpult, das mich an die Schule erinnerte und wohl tatsächlich aus einer Schule stammte. Jedenfalls waren zwei vertrocknete Tintenfässer in das Holz eingelassen, und die Maserung war voller Rillen, denen ich mit der Spitze eines Bleistifts nachfuhr als seien sie Eisenbahngeleise, während ich dahockte und mich langweilte und auf das ferne Viadukt sah, das mit einer Holzkonstruktion notdürftig repariert worden war. Auf einer Birke direkt vor dem Fenster zwitscherten Spatzen und Finken. Es war schön.

Plötzlich knallte die Tür auf, und ein Leutnant kam hereingefegt: der Sohn des Kommandanten, lärmig und heiter und mit einer Hand, die statt Finger fünf verkrustete Stümpfe hatte.«

»Wow«, sagte die Wirtin.

»Jetzt unterbrich ihn nicht ständig!« sagte einer der Stammgäste, ein Maler mit einem weinglühenden Gesicht, der neben Gusti am Tresen saß und als einziger aus der Flasche trank.

»Ich rede wann ich rede«, sagte die Wirtin.

»Danke«, sagte Gusti so an beiden vorbei, daß unklar blieb, wen er meinte. »Er warf sich auf einen Stuhl, der Sohn. Legte die Beine auf den Tisch und zündete sich, äußerst geschickt mit der verstümmelten Hand hantierend, eine Zigarette an. Sie steckte in einem schwarzen Halter mit Goldringen. Während blaue Heiligenscheine über seinem Kopf zu schweben begannen, summte er vor sich hin, irgendeinen lüpfigen Ländler, trommelte mit seinen fünf gesunden Fingern auf einem braunen Kartonmäppchen voller Papiere herum und sah mich belustigt an, als habe er unser Zusammentreffen hier im Kompaniebüro von langer Hand geplant. Ich lächelte zurück, bolzgerade auf meinem Stuhl hockend. Na ja. Endlich schnippte der Sohn die zu Ende gerauchte Zigarette durchs offene Fenster und sagte: ›Krupp, du kennst doch den alten Krupp?‹

›Den mit den Kanonen?‹

›Ein Onkel von mir.‹ Er hob das Kinn und sah mich an. ›Meine Mutter ist eine Krupp.‹

›Nein?!‹ sagte ich.

›Eine Flick. Das ist das gleiche. Der alte Krupp hat mir die Führung seiner schweizerischen Niederlassungen angetragen. Ich weiß nicht. Was würdest du mir raten?‹

›Hat Krupp Niederlassungen in der Schweiz?‹

›Jede Menge.‹ Der Sohn kratzte sich mit den Fingerstummeln an der Nase. ›Er macht das natürlich diskret, aber mir hat er alles offengelegt. Die Eterna gehört ihm. Dann hat er eine Mehrheitsbeteiligung an den Flugzeugwerken in Emmen. Sogar in Ems ist er dabei, er kann unsern Sprit gebrauchen, wenn die Wehrmacht dann bei uns ist.‹ Er lachte so heftig, daß seine Schuhe auf dem Tisch tanzten. ›Es wäre eine große Aufgabe.‹ Er hauchte auf seine Stummel als trockne er einen Nagellack.

›Andrerseits interessiert mich das nicht besonders‹, fuhr er fort. ›Meine Leidenschaft ist die Musik. Furtwängler ist mein Patenonkel. Ewig wird er es auch nicht mehr machen.‹

›Ah?‹

›Wir haben uns oft über Musik unterhalten. Wagner! Jetzt ist er natürlich immer in Wien oder Berlin. Da sehen wir uns seltener.‹

›Seltener?‹

›Nie.‹

Wir sahen uns stumm an. ›Du bist eine fähige Schreibkraft!‹ rief er plötzlich und warf das braune Mäppchen auf den Tisch. ›Abschreiben! Drei Kopien!‹ Weg war er, ohne die Tür zu schließen.

Ich spannte die Papiere in die Schreibmaschine, ein schwarzes mit Öl geputztes Ungetüm der Marke Continental, und begann die Dokumente des Leutnants abzuschreiben, viele Namen, Ziffern und Kürzel. Zuweilen ein Hinweis auf eine Stadt oder ein Dorf, oder ein Datum. Ich ratterte alles herunter – Křenek, Levi am 12. 5. 41, Hlawenka –, bis ich plötzlich auf Vlados

Namen stieß, und gleich danach auf Ivans. Mein Herz schlug wie verrückt, und meine Hände zitterten. Nun vertippte ich mich dauernd. Aber ich wurde fertig – drei Papierbündel mit ein paar hundert Namen – und schob gerade die Maschine in ihr Regal, kniend, weil ich nicht stehen konnte und es so tief unten war, als der Sohn hereingefegt kam. Er hob beide Arme als müsse er den Applaus einer riesigen Menschenmenge abwehren und warf mir ein Päckchen Zigaretten zu. ›Für dich.‹ Parisiennes, eine offene Packung, in der zwei oder drei Zigaretten fehlten.

›Was sind das für Namen?‹ sagte ich und rutschte zu den Zigaretten hin.

›Balkanpack‹, sagte er. ›Illegal über die Grenze gekommen. Schlaue Burschen, aber wir schnappen trotzdem einen nach dem andern.‹

›Wer, wir?‹

›Ach, weißt du, irgendwer muß unsrer politischen Polizei die Tips geben.‹ Er schlug mit den Lederfingern auf den Tisch. ›So ganz auf sich allein gestellt sind die ziemlich hilflos.‹

Ich nickte als verstünde ich. ›Die da zum Beispiel‹, sagte ich, rappelte mich auf und wies auf Vlados und Ivans Namen. ›Was geschieht mit denen?‹

›Sie haben den Munitionszug gesprengt.‹ Der Sohn seufzte. ›Das heißt, nachweisen konnten wir es ihnen nicht. Wie sind sie an das Material herangekommen? Sprengstoff von uns! Sogar unsre Streichhölzer! Ins Magazin kamen damals nur ich und Krähenbühl.‹ Er sah mich an, ja, und ich, natürlich, begann zu schwitzen. ›Sind jüdische Kommunisten aus dem Osten. Wir haben sie nach Hause geschickt. Da kommen sie in gute Hände.‹ Er hob einen Arm, als schnitte er sich den Hals ab.

›Herrgott!‹ sagte ich so sofort, daß meine Stimme nicht zittern konnte. Sie klang trotzdem wie ein Echo. Meine Knie versagten anstelle der Stimme, und ich saß platt auf dem Boden. Jetzt taten mir die Füße weh. Als das Zittern meinen ganzen Körper erfaßte, steckte ich eine Zigarette in den Mund und hustete, obwohl sie nicht brannte.

›Du solltest rauchen lernen‹, sagte der Sohn.

›Wieso‹ – durchs Husten hindurch – ›sprengen die *unsre* Züge?‹

Der Sohn runzelte die Stirn. ›Jetzt tu nicht so! All das Material, das aus dem Reich nach Süden muß. Das meiste brauchen sie ja jetzt im Balkan unten. In Griechenland.‹ Er nahm die Papiere vom Tisch und ging zur Tür. Drehte sich um. ›Die haben hier irgendwo Unterschlupf gefunden. Einer hatte ein Winterhilfeabzeichen in der Tasche, und der andre einen Maiskolben. Wenn wir die erwischen, die ihnen geholfen haben! Schweizer! Die hängen *wir* auf!‹ Er verschwand, wiehernd und ohne eine Antwort abzuwarten. Ließ die Tür wieder offen.

Sofort zog ich die Schuhe an und ging, als sei dies die einfachste Sache der Welt, über den Hof zum Ausgang. Grüßte mit heiterem Schneid den Kommandanten, der just jetzt aus seinem Büro kam, den Alpenstock schwingend. Auch die Schildwache sah gelangweilt durch mich hindurch. Schon im Städtchen schmerzten mich die Füße so entsetzlich, daß ich sichtbar lahmte, und den Rebberg hinauf schleppte ich mich nur noch auf allen vieren. Aber nun war es dunkel. Trotzdem sah ich ständig nach rechts und links und hinter mich, bereit, zwischen den Rebstöcken zu verschwinden. Tat es auch mehr als einmal, als Vögel aufflogen oder ein Fasan schrie. Schwitzte trotz der Kälte. Aber alles ging gut, außer mit meinen Füßen, und bis auf Sami, der, als ich mich endlich aufs Haus zuquälte, zur Tür herausgerannt kam und, vom Licht im Korridor beleuchtet und mit sich selber redend wie ein Irrer, mit einer leeren Emailschüssel zum Brunnen rannte. Sie füllte bis zum Rand. Ich, taub vor Weh, verstand ihn nicht. Er seinerseits schien blind geworden zu sein und schubste mich beiseite, obwohl ich mich direkt in den Lichtkegel gestellt hatte. Er verschwand im Laufschritt im Korridor. Ich schrie so laut ich konnte: ›Vlado ist tot! Ivan auch!‹

Fast sofort tauchte er wieder auf, ohne die Schüssel jetzt, dafür mich hochgekrempelten Ärmeln und blutigen Händen. Schrie auch etwas, was nur?, verwarf die Arme wie in einem großen Unglück oder Glück und verschwand erneut.

›Der Sohn des Kommandanten‹, heulte ich, ›hat so Listen. Er weiß, wo du dich versteckst!‹

Ich stand im Korridor und glotzte auf einen Lorbeerkranz, an dem eine vergilbte Schleife hing, rotweiß mit Goldlettern, die an ein Schützenfest in Mettenbach/BE erinnerten, 1934. Noch immer hörte ich keinen Laut aus dem Zimmer nebenan, obwohl ich nicht atmete, und endlich wurde der Schmerz der Füße so groß, daß ich ins Freie sprang. Hinter mir krachten Schützenkränze und Zinnteller zu Boden. Diesmal rannte ich am Fenster des Zimmers vorbei, so schnell allerdings, daß ich, obwohl drinnen die Lampe brannte, nur sekundenschnell den bewegungslosen Sami sah, der, mit einem Rucksack auf dem Rücken, zwischen den turmhohen Wellen des Gobelinstoffs stand und eine Hand erhoben hielt, just aus dem Lichtschein heraus, so daß ich in ihr nicht viel mehr als ein zappelndes Etwas sah. Ich dachte, es sei die Taube! Sowieso hatte ich viel zu viel Schwung, um umkehren zu können, und stürzte ungebremst den Abhang hinab.«

»Mit dem Sohn des Kommandanten hast du das ja machen können«, sagte die Wirtin und stellte sich mit ihrer Geldtasche vor Gusti hin. »Aber mir kann niemand erzählen, daß du so blöd gewesen bist.«

»Doch«, sagte Gusti. »Ich.«

Mitternacht war längst vorüber, und die Wirtin schob den Metallrolladen, der die Tür der Bar verschloß, rasselnd in die Höhe. Die Gäste trollten sich nach draußen. Gusti verschwand in einer schmalen Gasse, laut singend plötzlich. Er hatte einen nackten Oberkörper und schwenkte sein T-Shirt über dem Kopf, ein himmelblaues, auf dem nun *Mmm! Thomy-Senf!* stand.

9

Dann war der letzte Tag seiner Ausbildung da. Die Korporale saßen alle in der Eßbaracke, und der Kommandant gab jedem seine Qualifikation. Die Gustis war mittelmäßig, aber wieder wurde sein Schießen gelobt. Er wurde für eine Offiziersausbildung vorgeschlagen. Am Abend saß er, endlich wieder in normalen Hosen und einem farbigen Hemd, im Bahnhofbuffet, mit seinen Kameraden, die ihre Noten berieten. Die, die auf dem Unteroffiziersrang sitzengeblieben waren, waren zuerst die stillsten und später die lautesten.

Plötzlich ging die Tür auf, und Krähenbühl, der gehbegeisterte Instruktor, kam herein; er, der das Bahnhofbuffet noch nie betreten hatte; kaum je ein anderes öffentliches Lokal. Er schien noch hagerer geworden zu sein und glich einem Gespenst. Setzte sich an einen Nebentisch – alle Korporale waren verstummt und staunten zu ihm hinüber – und bestellte ein Bier. Ein großes! Trank, wischte sich den weißen Schaumschnurrbart weg, trank erneut. Noch immer schwiegen alle. Nach dem dritten Schluck wandte er sich mit einem jähen Ruck um, deutete auf Gusti und sagte: »Sie!« Gusti stand zögernd auf und ging zu ihm hinüber. »Setzen Sie sich!« Er zeigte auf einen Stuhl – Gusti ließ sich auf der

Kante nieder – und bestellte tatsächlich nochmals zwei Biere. Wartete schweigend, bis Iris sie gebracht hatte – sie wetzte als sei sie Zeuge einer himmlischen Erscheinung – und prostete Gusti feierlich zu. Dann räusperte er sich – am Nebentisch schwatzten die Korporale wieder drauflos – und murmelte, öh, Gusti sei ja nun als Offiziersanwärter vorgeschlagen worden; ja, er dürfe ihm aber verraten, daß das nicht ohne Diskussionen hinter den Kulissen vor sich gegangen sei; wirklich nicht; daß sein Vorschlag an einem Faden gehangen habe; jawohl. Irgendwie habe Gusti etwas Ziviles und wirke für Führungsaufgaben unglaubwürdig. Gell. Eigentlich erst sein – oder ausschließlich sein, Krähenbühls – Votum habe ihn gerettet. Wegen dem Schießen, nicht wahr. Und er habe beim Kommandanten einen Stein im Brett, um es Stein zu nennen, und Brett. Nun aber – und tatsächlich: Krähenbühl trank sein Bier mit einem Ruck leer und orderte schon wieder ein neues – habe er sich die Sache durch den Kopf gehen lassen. Hm. Er finde, um es kurz zu machen, Gusti müsse Instruktor werden. Instruktor, nicht Offizier. Wenn einer so schieße wie er, müsse er ausbilden. »Leutnants gibt es wie Sand am Meer! Oberste! Nicht einmal ich schieße wie Sie!«

»Ich weiß nicht«, sagte Gusti, während Krähenbühl in allen Taschen herumwühlte und endlich einen völlig zerquetschten Schachtelkäse fand, von dem er das Stanniolpapier wegzupuhlen begann. »Ich dachte eigentlich nie an eine militärische Laufbahn. Im Gegenteil.«

»Es ist Krieg. So oder so müssen Sie Dienst leisten.«

Krähenbühl hatte seinen Käse freigelegt und stopfte ihn in den Mund. »Ich zum Beispiel habe sechshundertzehn Franken im Monat!« Er hatte dicke Backen wie ein Hamster. »Sie wohnen in der Kaserne. Einzelzimmer. Heute nacht noch, wenn Sie wollen.«

Gusti nickte, als habe Krähenbühl ein unwiderstehliches Argument vorgebracht, und dieser drückte ihm, puterrot geworden, die Hand. Ließ ihn nicht mehr los. Stand auf und riß ihn mit einem so heftigen Ruck vom Stuhl hoch, daß er mit waagrecht fliegenden Beinen der Tür entgegensauste. Rückwärts schauend sah er sein Bierglas, die Kameraden, die herzlich leuchtende Zigarettenreklame über dem Tresen und seine Iris, die ihm mit weit aufgerissenen Augen nachsah. Sie war gerade dabei, einen Humpen zu füllen, und das Bier strömte über den Glasrand und ihre Hände, ohne daß sie den Zapfhahn zudrehte. Dann fielen die schwarzen Vorhänge zu, die vor der Ausgangstür hingen, und Gusti fand sich, mit hastigen Schritten rennend jetzt, in der schwarzen Nacht wieder, unter einem Himmel ohne Sterne.

Hand in Hand eilten sie durch das verdunkelte Liestal, als flögen sie im Firmament. Nirgendwo der geringste Lichtschein. Kein Laut, nur Krähenbühls Keuchen. Aber der kannte die Flugroute so genau, daß er den unsichtbaren Laternenpfählen auswich und Gusti vor Rinnsteinen warnte, die keiner sah. Einmal, ganz nah, ein hüpfender Glutpunkt, der wohl die Zigarette eines Passanten war. Dann standen sie plötzlich in grellem

Licht, im Korridor vor dem Büro des Kommandanten, in dem auch heute eine einzige Glühbirne brannte. Krähenbühl ließ Gustis Hand los, sah ihn an, zweifelnd plötzlich – es war inzwischen fast elf Uhr nachts –, schlug jäh die Faust gegen die Tür und wuchtete sie auf, ohne eine Antwort abzuwarten.

»Herr Kommandant!« brüllte er. »Instruktor Krähenbühl, mit Instruktoranwärter Schlumpf!«

Der Kommandant saß mit einer offenen Uniformjacke an seinem Schreibtisch, auf dem einsam der Ceinturon und die Armeepistole lagen. Er goß sich gerade aus einer zerbeulten Feldflasche einen noch zerbeulteren Blechbecher voll und fuhr so erschrocken in die Höhe, daß der Wein durch den ganzen Raum sprühte. »Ruhn!« sagte er, als er sich gefaßt hatte, setzte sich wieder und stellte Flasche und Becher in eine offene Schublade, die er mit einem Fuß zuschob. Sein sonst rotes Gesicht war violett geworden. Er roch nach dem, was er trank. Krähenbühl, der auch ein paar Spritzer abbekommen hatte und sich mit der Zunge die Oberlippe leckte, zog seine Jacke und einen feldgrauen Pullover aus, mit dem er auf dem nassen Tisch herumzufuhrwerken begann. Der Kommandant sah ihm aus zusammengekniffenen Augen zu und schloß über der gewölbtesten Stelle des Bauchs einen Knopf seiner Jacke. Das graue Netzhemd, das er darunter trug, blieb dennoch sichtbar.

»Schlumpf!« schnaufte er endlich. »Instruktor wollen Sie werden? Wie stellen Sie sich das vor??«

»Instruktor Krähenbühl stellt sich das vor«, sagte Gusti und legte, obwohl er zivile Kleider trug, die flachen Hände an die Hosennähte. »Nicht ich.«

»Ich weiß«, sagte der Kommandant. Er sprach eher zu sich selbst als zu Gusti und seufzte. »Machen Sie mal etwas nicht, was er will.«

Krähenbühl, der hinter dem Schreibtisch kauernd den Boden sauberwischte, hob den Kopf, und eine kurze Sekunde lang sah es so aus als wolle er die Hand des Kommandanten küssen. Jedenfalls hatte er den Mund gespitzt: pfiff dann leise vor sich hin. Der Kommandant öffnete, wieder mit einem Fuß, die Schublade, die er gerade eben zugeschoben hatte. Holte ohne hinzusehen die Feldflasche heraus und trank sie leer, immer steiler in den Himmel blickend.

»So!« brummte Krähenbühl, rappelte sich hoch und nahm ächzend Stellung an. »Den Pullover kann ich wegschmeißen.«

»Wenn Sie ihn waschen«, sagte der Kommandant in die über ihm schwebende leere Flasche hinein, so daß seine Worte wie aus einer andern Welt kommend klangen, »ist er wie neu.« Der Pullover war ein trauriges nasses Wollknäuel geworden. Der Kommandant wandte sich Gusti zu, der immer noch in einer Art Habachtstellung in der Mitte des Raums stand: »Wohnen Sie eigentlich immer noch in den Flüchtlingsbaracken?«

»Ich weiß nicht«, antwortete Gusti und begann zu schwitzen. »Ich meine: Natürlich. Ja. Wo sonst.«

»Mein Sohn sagt mir immer alles«, sagte der Kommandant. »Wissen Sie, ich hab doch das Rebhaus. Das wäre was für Sie!«

»Schlumpf!« knurrte Krähenbühl und legte seine freie Hand auf eine Schulter des Kommandanten. »Das hat er mir vor fünfzehn Jahren angeboten, und seither niemandem mehr.«

»Sie halten den Mund«, sagte der Kommandant und schlug mit der Flasche so schnell nach der Hand auf seiner Schulter, daß er tatsächlich traf. Der Schlag tat beiden weh. Der Kommandant hatte Tränen in den Augen und blinzelte Gusti an: »Na?«

»Ich«, sagte Gusti. »Ich würde mich in der Kaserne wohler fühlen.«

»Wie Sie meinen.« Der Kommandant nahm ein Papier aus einer Schublade und unterschrieb es. »Sie haben 480 Franken Grundgehalt. Fangen morgen früh an. Sie können sich abmelden, Instruktor Schlumpf.«

Als sie die Tür hinter sich zuzogen, Krähenbühl und Gusti, hielt der Kommandant die Feldflasche wieder über sich und blinzelte in ihren Hals hinein. Aber auch so kam kein Tropfen mehr aus ihr. Gusti erfuhr nicht, ob er über irgendwelche Getränkereserven verfügte, denn Krähenbühl schleppte ihn erneut durch die Finsternis – als rennten sie mit zugebundenen Augen eine steile Treppe hinunter – und wollte nochmals ins Bahnhofbuffet. »Das müssen wir feiern!« Dort saßen alle wie zuvor. Die Korporale waren immer noch laut, die Zigarettenreklame leuchtete, und Iris drehte gerade den Bierhahn zu. Sie setzten sich an ihre alten Plätze – auch die Gläser waren noch da –, und bald erinnerte sich keiner mehr daran, daß sie weggewesen waren. Auch sie selber nicht.

Als Iris die Stühle auf die Tische zu stellen begann, hatten alle so viel getrunken, daß sie gleichzeitig sprachen oder sangen. Inzwischen waren auch zwei Polizisten da. Sie standen am Tresen und tranken mit bedächtigen Schlucken Bier. Gusti stand vor ihnen auf einem Stuhl und sagte die Tenuevorschriften für Instruktionsoffiziere auf als seien sie ein Gedicht von Schiller. Krähenbühl hatte die Hand eines Tischnachbarn zu streicheln begonnen, eines bäuerischen Burschen aus Grindelwald, der wie ein Bergschratt aussah und auch einer war und mit einer so fisteligen Stimme sprach, daß alles, was er sagte, wie Elfengesang klang. Nie hatte jemals einer sein Fiepen verstanden, und er durfte deshalb auch nicht Offizier werden. Auch Krähenbühl kümmerte sich nicht weiter um die Geräusche aus seinem Mund – streichelte verbissen, als sei dies eine Arbeit –, bis er plötzlich auf dem Fußboden lag, den Kopf zwischen Zigarettenkippen und Bierdeckeln, und auf ihm hockte der Schratt und verprügelte ihn mit urweltlicher Wut. Die ratlosen Korporale um die beiden herum. Sehr langsam kamen die beiden Polizisten näher – Gusti hatte seine Rezitation abgebrochen und stand stumm auf seinem Stuhl –, schauten noch ein bißchen zu, wie die Schläge hagelten, und tippten dann dem Gnom auf die Schultern. »Na!« Das genügte, ihn auf die Beine zu bringen. Auch Krähenbühl rappelte sich hoch, aus der Nase blutend, und klopfte seine Uniform sauber. Er schaute niemanden an. Keiner rührte sich, keiner außer Krähenbühl, der umständlich seinen Gürtel mit der Pistole umband, das Käppi vom Tisch nahm, dem Ausgang zuwankte und endlich zwischen den Tüchern der Lichtschleuse verschwand. Alle begannen wieder zu atmen, aber fast sofort tauchte Krähenbühl wieder auf, die Augen immer noch gesenkt, kramte seinen Pullover hinter dem Schirmständer hervor und zog ihn über die Uniformjacke an. Er war immer noch naß und stank. Als sei das nun wirklich zu viel, begannen alle zu lachen – Krähenbühl hob um Gnade flehend die Augen – und lachten und lachten. Am lautesten der Schratt, der ständig etwas Schrilles rief. Krähenbühl stand da, beide Fäuste in die nasse Wolle verkrampft, bis ihn Iris an einem Arm nahm, zur Tür führte und hinausschubste. Auch sie lachte, als sie zurückkam, und warf Gusti eine Kußhand zu, während dieser vorsichtig von seinem Stuhl stieg.

10

Plötzlich war der Krieg zu Ende. Gusti hatte ihn zum größten Teil in der Gotthardfestung verbracht, Sprengstoffe testend. Dort gab es keine Zeit. Die Nachricht erreichte ihn eher zufällig, eigentlich nur, weil er aus seinem einsamen Höhlenteil nach Göschenen gegangen war, um Draht zu kaufen. Alle Leute tanzten auf den Straßen. Er tanzte mit und fragte, warum. Dann nahm er seine Demobilisation selbst in die Hand und fuhr nach Bern zur Abschiedsparade. Aus irgendeinem Grund gingen die Instruktionsoffiziere hinter dem Spiel; Gusti hinter einem dicken Paukisten, der vom neuen Frieden so begeistert war, daß er mit den ersten Schlägen das Kalbfell zerfetzte und die übrigen dann simulieren mußte. Aber die Musik der vereinigten Regimentsspiele war so donnernd, daß das keine Rolle spielte, und Gusti geriet mit jedem Marschtritt mehr in Trance, ging und ging in einem sich steigernden Jubel, die Monster sind tot!, die Monster sind tot. Fast hätte er den General übersehen, der auf seinem Pferd vor dem Bundeshaus stand, in einem Wald von Flaggen und Standarten. Der Paukist hieb auf den Paukenrand, daß es dröhnte.

Als Gusti genau vor dem General war, sah ihn dieser an, mit einem kurzen stechenden Blick, der alles wußte.

Sein Pferd hatte dieselben Augen. Dann stand Gusti auf dem Platz vor dem Bundeshaus, zusammen mit der ganzen Armee, und hörte den General zum ersten und letzten Mal. Er verstand nicht, was er sagte – der Wind verwehte seine Worte –, aber der Sinn war klar, der General dankte den Soldaten und Gott und grüßte die Standarten und trat ins Glied zurück.

Gusti stieg den Rebenweg hoch, zwischen gaukelnden Schmetterlingen und Eidechsen, die über die heißen Steine flitzten. Bienen summten. Schwalben flogen in einem blauen Himmel, und als er auf der Höhe oben ankam, wandte er sich um und sah in die weite Ebene hinunter. Wartete, daß sein Atem wieder langsam wurde. Überall im Frühlingsgrün emsige Bauern, die dahin und dorthin eilten. Hunde. Kühe, von galoppierenden Stieren über die Weide gehetzt. Dachdecker, die rotleuchtende Ziegel steile Leitern hochtrugen. Ferne Stimmen sangen. Weit unten, fast noch beim Bahnhof, ging jemand den gleichen Weg wie er, mit einem Bündel auf den Schultern. Er winkte, sinnlos, nur weil er so guter Laune war, und ging auf das Haus zu. Es stand wie immer, höchstens, daß es noch stiller als sonst war. Kein Rauch. Auch die Schwalben mieden es. Nur eine Hornisse dröhnte vor ihm her als wolle sie ihm den Weg weisen. Er ging dem Schuppen entlang zur Tür und öffnete sie.

Ein kleines Mädchen kam ihm entgegen. Es war drei oder vier Jahre alt und trug den roten Hasen im Arm, den einst Sami mitgebracht hatte.

»Meine Mutter ist tot«, sagte es.

Es lief ins Zimmer zurück, aus dem es gekommen war. Gusti hintendrein. Die Mutter lag mit einem wächsernen Gesicht und offenen Augen auf dem Bett, in Vlados Hemd und barfuß, auf dem Rücken. Ihr Mund schien etwas sagen zu wollen. Die Haare, wirr, waren voller Staub.

»Das ist meine Mutter«, sagte Gusti.

»Meine«, sagte das Kind.

Beide standen eine Weile lang vor der toten Frau. Ihre Gobelinstickerei war inzwischen so verdreckt, daß Gusti, als er gegen eine Tuchfalte trat, eine Staubwolke hochwirbelte. Eine Szene aus der Urgeschichte Bulgariens kam zum Vorschein, aus jenen Tagen, da die toten Ur-Zaren noch einbalsamiert und in Gräber eingemauert wurden, die die Mutter pyramidenförmig gestickt hatte. Eine Inschrift in kyrillischen Buchstaben sagte – merkwürdigerweise auf deutsch –, daß dies das Begräbnis Bohumils des Ursprünglichen sei. Er wurde von kaffeebraunen Frauen, die im Profil schauten, obwohl ihre Brüste von vorn sichtbar waren, in schmale Tuchstreifen eingewickelt, auf denen wiederum Schriftzeichen zu lesen waren, winzige lateinische Buchstaben, deren Sinn Gusti verschlossen blieb, weil die Sprache irgendein antikes Bulgarisch war. Heilige Katzen strichen um die Todesszene herum, und in einer Ecke kauerte ein blonder Knabe, der dann der Nachfolger Bohumils wurde und das Reich um das Zehnfache vergrößerte. Es kam Gusti so vor als röche er die Spezereien, die in weiße Tücher gehüllte Diener auf flachen Tellern trugen.

»Bist du mein Vater?« sagte das kleine Mädchen und sah Gusti von unten her an. Es hatte blaue Augen und ein rundes Gesicht, das voller Tränen war.

»Ich?« schrie Gusti.

Das kleine Mädchen schüttelte fragend den Kopf und wandte sich wieder der Mutter zu, die jetzt uralt aussah, schrecklich. Gusti packte den Stoff und warf ihn über die Tote. Große gestickte Augen einer mythischen Eule, die überlebensgroß in einer Art Wappen hockte, kamen auf ihr Gesicht zu liegen. Er machte einen schnellen Schritt und schloß, durch das Tuch hindurch, die Augen darunter. Drehte sich nach dem Mädchen um, das so sehr zwischen den Tuchwellen verschwand, daß nur sein Kopf über sie hinwegragte.

»Wie heißt du?« sagte er.

»Olga. Und du?«

»Gusti.«

Es klopfte, draußen an der Haustür. Schritte kamen durch den Korridor, und eine Frau erschien unter der Zimmertür, dick und mit einem fragenden Gesicht, und war Sally. Sie trug ein Kind im Arm, ein Mädchen, das ein bißchen älter als Olga war und, den Kopf auf ihrer Schulter, schlief. Lange schwarze Zöpfe. Gusti schrie auf – Sally legte das schlafende Mädchen sanft auf einen Stoffhaufen – und stürzte in ihre Arme. Hustete und hustete, weil er eine so dicke Staubwolke aufgewirbelt hatte, daß sie den ganzen Raum wie Nebel füllte.

Später saßen sie zwischen den gestickten Tüchern, die das Zimmer wie die Wellen eines im Sturm erstarrten

Sees füllten, schnitten sie in dünne Streifen und umwikkelten mit diesen die Tote. Während Sally den Kopf verschwinden ließ, hüllte Gusti einen Fuß ein; ein Bein. Die Geschichte Bulgariens fügte sich wie von selber neu: Schlächtereien zwischen Rittern vermischten sich mit den Küssen jugendlicher Zaren, die sich so sehr für Bauerndirnen erhitzten, daß das Heu, in dem sie ihrer habhaft zu werden versuchten, in Flammen geriet. Wieviele Feuer hatte die Mutter gestickt! Den Brand Varnas nach dem Beben von 1443! Die Treibjagden der Herren, bei denen die Hasen vor dem flammenden Steppengras den Mündungen der Gewehre entgegenflohen! Die Explosion des Munitionsturms von Philippopoli! Nun züngelten die Flammen die Beine hoch, und der Kopf verschwand mehr und mehr unter dem Blut der Völker. Sally saß auf einem nur halbwegs bestickten Ballen – die Mutter hatte ihr Ziel nicht erreicht – und biß sich auf die Unterlippe, während sie die Tuchstreifen so straff band, daß sich keine Falten bildeten. Auch Gusti schwieg, hielt das steife Bein auf seinem Schoß und wickelte Runde um Runde. Olga hatte in einer Tuchmulde eine Höhle gebaut – mit jenem Teil des Panoramas, das das Leben der Bären in den Bergen des Hochlands zeigte – und spielte mit dem roten Hasen. Das heißt, dieser schlief. Wach waren dafür zwei aus dem Holz eines Rebenstocks geschnitzte Gnome mit riesigen Augen, die sie Dipp und Depp nannte und von denen der eine, Depp nämlich, durch die Nase sprach, fast unverständlich, während Dipp, der vielleicht klügere, ihre normale Stimme hatte, nur viel höher. Das Mädchen mit den schwarzen Zöpfen schlief, einen Daumen im Mund, eingerollt wie ein Murmeltier.

»Ich hatte keine Ahnung, daß wir zwei Mädchen haben«, sagte Sally, zerriß ein Tuchstreifenende und verknotete es über der Nase der Mutter. Es glich einem gaukelnden Schmetterling, der sich für einen Augenblick ausruhte, die blauen Flügel flugbereit.

»Ich habe meines geerbt«, antwortete Gusti. »Woher hast du deins?«

Just in diesem Augenblick begannen Dipp und Depp einen gewaltigen Streit: brüllten und brummten, wie das nur Gnome können, wenn die Urwut ihres ewigen Lebens in ihnen hochsteigt. Olga hielt in jeder Hand einen Gnom und stampfte mit dem, der gerade tobte, auf den Tüchern herum. Es ging um die Frage, welcher der beiden Gnome Olga lieber habe. Jeder wollte es sein. Olga mischte sich nicht ein, und die liebenden Gnome sahen auch nicht so aus, als hörten sie auf jemanden. Endlich waren sie still – ihre Auseinandersetzung hatte mit einem Unentschieden geendet –, und Olga beruhigte den roten Hasen, der aufgewacht war. Das schwarze Mädchen schlief weiter. Sally überwickelte stumm den weit offnen Mund – eine Delle blieb –, und Gusti band die in Streifen geschnittene Krönung Piotrs des Elenden um das Knie, eine Goldflut von byzantinischer Pracht. Wieviele Goldfäden hatte sie verstickt! Haupt und Bein glänzten wie bei einer Heiligen aus dem alten Rußland! Zerstückelte Engel in glühenden Himmeln, dazwischen hie und da Bruchstücke der irdischeren Entwürfe Samis. Hochgereckte Hintern von Nonnen, hinter denen sich Mönche abrackerten.

»Hast du«, sagte Gusti endlich, ohne vom Bein hochzusehen, »wirklich bei uns spioniert?«

»Stört es dich?« Sally wartete bis er den Kopf hob. »Ich ging zuerst nach Paris. Dann, als die Deutschen kamen, in den Süden. Es wäre ja immerhin möglich gewesen, daß die Gestapo es von euch erfahren hätte.« Sie hielt inne, fuhr aber, als Gusti nichts sagte, sondern umso heftiger das andere Bein zu umwickeln begann, nach einer Weile fort. »Ich lebte in den Seealpen, auf jenen kahlen Höhen, wo es immer windet, zwischen weißen Felsen und Lavendeln. Zikaden. Man sah das Meer nicht, aber ich roch es. Unser Stützpunkt war ein kleines Dorf, aus den Steinen der Felsen ringsum gebaut; da kam dann auch meine Tochter zur Welt. Sie lernte, was wir konnten. In der Nacht wach sein, schweigen, und rennen. Ich hielt die Verbindung mit der Hauptstadt aufrecht. Da konnte ich sie nicht mitnehmen, und das ganze Dorf wurde Vater und Mutter. Ein berühmter Bildhauer mochte mich sehr. Ihn, der eine Villa am Meer unten hatte und mehrere Autos, mochten wiederum die Deutschen, weil er für sie aus Seealpensteinen schreitende Jünglinge und stramme Weiber haute, die sie dann geschmeichelt in den Parks von Paris aufstellten. Ich fuhr mit ihm als seine Gehilfin, in einem mit Marmor vollgepackten Lieferwagen. Wenn wir in eine Kontrolle kamen, salutierten die Häscher, so beliebt war er. Das heißt, einmal nicht – irgendwer hatte mich denunziert –, und sie rissen mich in der Nähe von Valence aus dem Auto. All sein Geschrei half nichts. Im Gegenteil. Ich hörte später, er sei nur mit Glück wieder heil in sein luxuriöses Haus gekommen. Ich wurde in ein Büro gebracht und kriegte während des Verhörs – Franzosen, wie Schäferhunde! – einen fürchterlichen Durchfall und durfte aufs Klo und sprang durchs Fenster. Rannte wie noch nie im Leben. Ein Metzger rettete mich, obwohl ich völlig verschissen war, er warf mir eine Schürze über und spritzte mich mit Blut voll. Da stand ich mit einem Hackebeil. Die Schergen sahen in den Laden hinein und rannten weiter. Der Lärm der Schritte! Ich wartete die Nacht ab und fuhr zwischen Schweinehälften nach Paris. Keiner meiner Freunde kannte diesen Metzger. Er wurde bald darauf verhaftet, weil er Kalbskoteletts verkauft hatte, die von Armeepferden stammten.«

Sie hatte den Kopf fertig bandagiert und machte sich an den Oberkörper. Hob die Tote jedesmal hoch, wenn sie das Stoffband unter ihr hindurchziehen mußte. Langsam verschwanden die gräßlichen Karos von Vlados Hemd unter den zarten Stickereien, und der bandagierte Teil der Mutter zwischen den Tüchern, in denen sie lag. Gusti atmete kaum. Olgas Gnome waren müde geworden und kriegten eine gemurmelte Gutenachtgeschichte erzählt. Sprach Olga Bulgarisch? Das andre Kind schlief.

»Dann trieb die SS die Frauen und Kinder des Dorfs vor einem der Häuser zusammen«, sagte Sally. »Wir kamen aus den Bergen herab und sahen zu, hinter Felsen verborgen. Meine Tochter stand an eine der Frauen gedrängt. Ringsum unbewegt die schwarzen Männer. Wir schossen, aber die Nazis auch. Drei von den Frauen waren tot, auch die, bei der meine Tochter Schutz gesucht hatte. Wir flohen noch in derselben Nacht. Natürlich wurde das Dorf niedergebrannt. Später einmal – diesmal kauerte das Kind zwischen uns – waren wir auf einem ähnlichen Felsen hoch über einem andern Dorf, vor dessen Kirche zwei Männer und eine Frau an Pfähle gebunden standen, und jeder von uns hatte einen von den Exekutionssoldaten im Visier. Sie hoben die Gewehre. Diesmal schüttelte unser Chef den Kopf. Die Frau, die dann mit verrenktem Kopf an dem Pfosten hing, war meine Freundin gewesen.«

»Ja«, sagte Gusti. Er schnürte das zweite Bein ein. Olga gähnte und rollte sich neben ihren Gnomen und dem Hasen ein. Sallys Tochter hatte den Daumen in den Mund genommen und schlief jetzt auf dem Rücken. Es war dunkel geworden, und Sally zündete mit einem Feuerzeug, dessen Flamme steil in die Höhe schoß, die Petrollampe an, die das einzige Licht dieses Rebhauses geblieben war. Es beleuchtete sie flackernd.

»Als wir nicht mehr einfach durch die Berge ziehen und auf Patrouillen schießen konnten«, fuhr sie fort und stellte die Lampe so, daß die Tote im hellsten Licht lag, »ging ich nach England, zu de Gaulle. Wir brauchten Hilfe. Auf dem festen Land sah ich wie eine Bäuerin aus, auf dem Wasser des Kanals dann wie eine Seefahrerin.

Ölzeug und Sturmlaterne. Tatsächlich behandelte mich de Gaulle wie ein Fischweib. Irgendwie war es ihm gelungen, sich auch in London ein kleines Versailles einzurichten, auch wenn er nur zwei Zimmer in einer vergammelten Villa in Hampstead bewohnte. Da sein Schloß keine Heizung hatte, trug er einen Militärkaput und feldgraue Handschuhe. Hielt den Kopf wie Louis XIV. An einem Abend aber sagte er plötzlich, er habe einen furchtbaren Kohldampf, ob ich ihn zum Essen begleitete, und wir zogen los, zu Fuß, weil keine U-Bahn fuhr, und bestellten in einem kleinen Lokal fish and chips, die wir in genau dem Augenblick kriegten, als die Lichter ausgingen, alle Sirenen losheulten und die V2 niederzustürzen begannen. Im Nu war das Lokal leer. Der Wirt in einer Luke verschwunden. Nur wir saßen an einem winzigen Tischchen, weil wir einen vollen Teller vor uns hatten, und auch, weil de Gaulle der Befreier Frankreichs war und ich eine aus seinem Volk, das keine Furcht kannte. So waren wir gnadenlos mutig, aßen und holten uns Bier hinter der Theke, auch als die Mauern wackelten und Gips von der Decke rieselte. Da sah auch de Gaulle weiß aus; jedenfalls im Schein des Hauses jenseits der Straße, das brannte. Wir leerten etwas hastig die letzte Flasche, legten Geld auf die Theke und gingen durch menschenleere Straßen nach Versailles zurück, wo ich auf dem Sofa im Thronsaal schlief. De Gaulle schlich zuweilen in einem gestreiften Pyjama aufs Klo, das auf dem Korridor draußen war. Er hatte schon damals seine Prostata. So gewöhnte er sich an mich, oder ich mich an ihn, und als er in Paris einzog, lud er mich zu seinem Triumph ein. Er hatte von Westen her einen freien Weg, aber ich war wieder in den Seealpen und nach wie vor im Krieg. Mein Weg in die Hauptstadt war voller Wehrmachtsoldaten, die die Panik gefährlich machte. Sie gingen in Gruppen, wie Igel, das entsicherte Gewehr unterm Arm, nach allen Seiten lugend. Der hinterste rückwärts. Ich überholte zu Fuß Meldefahrer auf Motorrädern, die sich nicht um die nächste Ecke trauten. Andere brannten sich mit Flammenwerfern ihren Rückweg in die Heimat frei. Gepanzerte Limousinen mit starren Offizieren im Fond fuhren vorbei. Pferde schleppten sich nordwärts, an deren Schwänzen sich Erschöpfte festgekrallt hatten. Gesichter, aus denen Augen starrten, die nichts mehr sahen. Überall Tote: an den Wegrändern, aus den Luken verkohlter Panzer hängend. Bäuerinnen trieben waffenlose Soldaten mit schwarzen Gesichtern aus Heustadeln. Lappen um die Füße statt Schuhe. Ich brauchte zehn Tage bis Paris und kam gerade recht zur Siegesparade. Es war heiß wie heute, August. Ein strahlendblauer Himmel. Wir tanzten die Champs-Elysées hinunter, Trikolorefähnchen schwingend, die in irgendwelchen Kellern auf diesen Tag gewartet hatten. Ich war in der fünfzehnten oder sechzehnten Reihe, zwischen Bürgermeistern, die Widerstandskämpfer versteckt, und Frauen, die von Dächern herunter Ziegelsteine auf die Nazis geworfen hatten. Ganz vorn de Gaulle, ein Leuchtturm mit einer Mütze. Nachher, allein, gegen Abend, ging ich auf Füßen voller Blasen quer durch die Stadt zum Haus meiner Eltern, das in einer kleinen Straße hinter der Place d'Italie stand, und fand zwei Familien aus Algerien darin, Frauen mit Kopftüchern und Männer in Unterhemden, und Kinder mit schwarzen Augen. Unsre Möbel. Eins der Kinder hatte den Teddy der Tochter meiner Schwester im Arm. Auch das Sofa und das Buffet standen wie immer. Nur der Vater und die Mutter und die Schwester und das Kind waren verschwunden. Ich saß eine halbe Stunde auf dem Sofa, auf Mamas Platz, und trank eine Limonade. Stöberte dann in ein paar Schubladen. Briefe vom Vater, die Nähsachen der Mutter. Dann ging ich. Sie hatten zu denen gehört, die im Morgengrauen abgeholt worden waren. Wurden in eine Ebene gefahren, kamen an einen Waldrand, mußten sich ausziehen, standen am Rand einer jener Gruben, in der schon andere lagen, übereinandergeworfen. Auch die Kinder verstanden. Sie wurden als erste erschossen, damit sie still waren. Wenn die Grube voll war mit Eltern und Kindern, Kalk drüber, Erde. Inzwischen wächst Gras.«

Sally hatte den Oberkörper fertiggewickelt und verhüllte jetzt den Bauch. Gusti war immer noch mit dem zweiten Bein beschäftigt. Die Mutter wurde in dem mit Tüchern gefüllten Raum immer unsichtbarer. Die Lampe flackerte, so daß ihre Schatten an den Wänden tanzten. Das leise Blaffen des brennenden Öls.

»Das Kind war dann ins Bergdorf zurückgekehrt und hauste in den Brandruinen«, sagte Sally. »Die Mutter der erschossenen Freundin sorgte für sie, eine Frau, die nie ein Wort sprach. Als der Krieg vorbei war, stieg ich vom Tal zum Dorf hoch und hatte ständig das Gefühl, mich hinter einen Felsen werfen zu müssen. Ich konnte noch nicht aufrecht gehen. Im Dorf oben spielte meine Tochter mit zwei andern Mädchen am Brunnen. Sie rissen Kresse aus und stopften sie Kaninchen ins Maul, die überall herumhoppelten. Als sie sich umdrehte und mich sah, war es, als habe die Erde aufgehört sich zu drehen. Ich trug sie ins Haus – sie war schwer geworden! –, und um mir zu zeigen, daß sie auch ohne mich auskam, rannte sie gleich wieder zu den Kaninchen. Später dann saß sie auf meinem Schoß bis ich ganz platt war und hielt mich mit beiden Händen fest. Und du?«

»Ich?« sagte Gusti. »Ich habe nichts erlebt.«

Sie lachten. Die Mutter war fertiggewickelt, verwandelt in eine goldleuchtende Puppe, die steif dalag, mit an den Körper gepreßten Armen, dicken weißen Beinen, ohne Gesicht. Die Stickereien bildeten ein Muster, das an nichts mehr erinnerte. Ein Paket, das auch aufrecht stehen konnte, ganz allein, als Sally den Schädel packte und es auf die Füße stellte. Sie starrten das Ungetüm an und trugen es dann durch den Korridor ins Freie. Jetzt lagen ein paar Schützenkränze darauf, die sie von den Wänden gewischt hatten. Es war dunkel, eine sternenlose Nacht, in der Hunde bellten. Wind rauschte. Sie fachten den riesigen Rebenholzhaufen an, den Sami für viele kommende Winter gesammelt hatte, und härteten im immer höher lodernden Feuer Tonziegel, die sie mit einem Spaten aus dem Lehmboden nahe der Schuppenwand stachen. Bauten eine pyramidenförmige Kammer, in die sie ihre eingemullte Last schoben. Als Gusti die Kammeröffnung zuzumauern begann, flog ein Nachtfalter hinein und setzte sich neben seinen Kollegen aus dem blauleuchtenden Stoff. Im Schein des draußen lodernden Feuers sahen beide riesig aus. Der Falter schlug die Flügel, als wolle er den andern herausfordern, und Gusti schob den letzten Ziegel zwischen sich und ihn. Sofort warfen sie mit dem Spaten und einer Heugabel lodernde Äste über die Tonziegelpyramide, die sich nun erhitzte und härtete. Flammen bis zu den Wolken. Ihre Hitze trieb sie ins Haus zurück, dessen Inneres leuchtete als brenne es. Sie luden sich ihre Kinder auf die Schultern – und Gusti vergaß weder den Hasen noch Dipp noch Depp – und gingen fort, ohne sich nochmals umzudrehen. Ihre langen Schatten schwankten vor ihnen her, während in ihren Rücken das Prasseln der brennenden Äste leiser wurde. In einer umso tieferen Finsternis tasteten sie sich den Rebweg hinunter. Unten, beim Bahnhof, sahen sie zum ersten Mal zurück. Der Berg hatte sich in einen Vulkan verwandelt und spie Feuer. Aber als habe er nur auf diesen Abschiedsblick gewartet, spuckte er noch einmal besonders heftig – eine Sekunde lang brannte der ganze Himmel – und erlosch. Schwarze Nacht nun auch dort oben. Sie gingen durch die leeren Straßen – es war spät geworden, gewiß schon Mitternacht – und standen bald vor dem Hotel Bären, dessen bizarre Holzgiebel und Wasserspeier es wie ein Mississippischiff aussehen ließen und das sie, weil alle anderen Türen verschlossen waren, durch die Bar betraten. Sie war diesmal leer. Runde Holztischchen vor Sitzbänken aus uraltem rotem Plüsch, und da und dort leere Flaschen und Gläser. Aber hinter dem Tresen stand die gleiche Frau mit den gleichen Brüsten. Sie starrte die späten Gäste so entgeistert an, daß diese ihrem hin und herwandernden Blick folgten und sich gegenseitig musterten. Sie waren von oben bis unten mit Lehm verschmiert! Dreck, Dreck, Dreck. Wahrscheinlich waren es die schlafenden Kinder, die die Frau dazu bewogen zu nicken, als Sally fragte, ob sie ein Zimmer haben könnten, für eine Nacht. Sie stieg vor ihnen jene steile Treppe hinauf. Das Zimmer hatte ein hohes Ehebett, und in einer Ecke stand eine Liege, in die sie die Kinder legten; sie schliefen friedlich ineinander geknäuelt weiter. Die Frau verschwand, ohne eine gute Nacht zu wünschen, und Gusti und Sally waren zu erschöpft, nach dem Bad zu suchen, und sanken wortlos ins Bett. Sofort fing das Zimmer zu beben an als stürze das Haus ein. Ein Waschkrug tanzte auf der Marmorplatte eines gewaltigen Möbels; ein in Gold gerahmter Stich, der Liestal zu einer Zeit zeigte, da die Damen Reifröcke trugen, schwang wie ein Uhrpendel; und im Getäfer, uraltem Holz, bildeten sich krachend Risse. Sie waren nicht allein im Hotel. Setzten sich auf und schauten dem immer bedrohlicher schwankenden Kronleuchter zu, der die Kinder zu erschlagen drohte. Tatsächlich wachten diese auf und begannen zu weinen. Um irgend etwas zu tun – Sally tröstete die Mädchen, neben ihrer Liege kauernd –, öffnete Gusti eine Tür, vor der eine Wäschehänge stand, und blickte in ein anderes Zimmer. Es war leer. Also trugen sie die erneut eingeschlafenen Kinder durch einen Orkan, als gehe das ganze Hotelschiff unter, in die geschenkten Betten hinüber, und legten sich dann in ihres zurück. Sofort wurde das Hotel still – war es gekentert? –, und also waren sie dran.

Eine Kuckucksuhr, die irgendwo im Korridor hing, schrie ununterbrochen. Die Glühbirnen flackerten. Der Stich gab auf und zerklirrte am Boden. Dieser schwankte, quietschte und knarrte. Während Gusti immer entschlossener seinem Ziel zustrebte, kam es ihm vor, als stehe direkt vor seiner Nase ein dicker Mann, der zwei kleine Mädchen an den Händen hielt. Er bewegte den Mund, dieser Dickwanst, und den Mädchen, die weit aufgerissene Augen hatten, rollten Tränen die Wangen hinunter. Gusti betrachtete die seltsame Erscheinung mit einem abstrakten Interesse – er gehorchte einem Gesetz, das sich nicht um Sterbliches kümmerte –, auch dann noch, als der Mann ihn an den Haaren packte und zu sich hochzuziehen versuchte. Denn gerade in diesem Augenblick explodierte er und wurde von solchen Glücksschmerzen durchschüttelt, daß er die Haarbüschel, die die Erscheinung ihm ausreißen mochte, gar nicht spürte. Er sah nur noch farbige Blitze und hörte, als einziges, seine Sally, die den Himmel mit ihm zusammen betrat und heulte, als liege sie auf glühender Lava. Lange schwangen ihre Körper dann aus – Sally hatte ihre Beine über dem Rücken Gustis verklammert gehabt –, und sie atmeten und atmeten. Dann endlich hörte Gusti wieder, und er fühlte, und wie, denn er wurde von einer kräftigen Hand an den Ohren hochgehoben, und eine tiefe Stimme brüllte: »Sind Sie taub, Mann?!« Die Stimme gehörte dem Kommandanten, der, seine Schützenabzeichen wie russische Orden auf der Brust, in vollem Wichs vor ihm stand, mit einem tiefroten Gesicht. Er schwankte hin und her und hielt an seiner linken Hand Olga, an seiner rechten das Mädchen mit den schwarzen Zöpfen. Beide starrten ihre Ernährer an als erkennten sie sie nicht. Das tat im übrigen auch der Kommandant nicht, und als er einmal ein paar Schritte mehr als zuvor zur Seite taumelte und den Blick in einen stockfleckigen Spiegel freigab, verstand Gusti auch, warum. Sein Gesicht war unter einer dicken Lehmschicht verborgen; die Hände als trüge er Handschuhe; die übrige Haut aber leuchtete weiß wie die einer gerupften Gans. Sally, die sich auf den Bauch gedreht hatte und den tobenden Kommandanten neugierig betrachtete, sah genau so aus. Eine Afrikanerin mit einem weißen Rücken und einem blütenreinen Hintern; jedoch mit schwarzen Händen und Socken aus Dreck. Offenbar war sie barfuß gegangen.

»Sind das Ihre Kinder?« röhrte der Kommandant, und jetzt roch Gusti den Wein, den er verströmte.

»Jawohl, Herr Kommandant«, sagte er und nahm, weiterhin auf dem Bett kauernd, Haltung an.

»Stehen im Korridor und weinen«, sagte der Kommandant. »Haben die Herrschaften kein Herz? Denken die Herrschaften nur ans Vögeln?«

»Ja, Herr Kommandant«, sagte Gusti.

»Nein«, sagte Sally. »Er meint: Nein.«

»Verstehe, Madame!« rief der Kommandant, griff an die Mütze, die er nicht aufhatte, und schwankte rückwärts zur Tür hin. »Weitermachen!«

Noch lange hörten sie sein sich entferndendes Lachen. Sie sangen ihre Kinder ein drittes Mal in den Schlaf, diesmal wieder auf der Liege, und legten sich dann selber ins Bett. Sally schlief sofort ein. Gusti dagegen lag bis zum Morgengrauen wach und dachte an so vieles, daß es wie nichts war. Als er aufwachte, schien eine helle Sonne. Sallys Bett war leer. Auch das schwarze Kind war weg. Er wusch sich hastig mit dem Wasser aus dem Krug und hob Olga von ihrer Liege hoch. Sie gähnte zuerst und war dann wach und wollte ein Frühstück. Hand in Hand kletterten sie in die Bar hinunter, wo die Frau, die jetzt weder ein Abendkleid noch Brüste hatte, neben einem Eisschrank kauerte und mit einem Schraubenzieher in einer Steckdose herumstocherte. Ja, die Dame mit dem Kind sei abgereist. Das Zimmer sei nicht bezahlt, nein. Und im übrigen sei ihr Haus kein Puff. Das sei ja wirklich die Höhe, sowas.

Gusti bezahlte und ging mit Olga zum Sternen hinüber, wo sie Kakao tranken. Olga aß eine Bierbrezel. Dann schlenderten sie zur Kaserne, und Gusti zeigte seiner neuen Schwester, wo in Zukunft ihr Platz war, und wo der von Dipp und von Depp und vom roten Hasen.

11

Olga kriegte eine Ecke mit einem Bett und einem Spind. Sie gewöhnte sich daran, zwischen Karabinern herumzukrabbeln – in einer Art Kindertarnanzug, den ihr Gusti geschneidert hatte – und ihr Frühstück, auf den Knien ihres Bruders sitzend, mit den kahlgeschorenen Soldaten zu essen. Oft kümmerte sich Krähenbühl um sie, der aus irgendeinem Grund nur noch die Hälfte der Zeit arbeitete. Sein Problem war – deshalb wohl hatte er seine Sonderrechte –, daß sein Herz nur noch normal schlug, wenn es extremen Belastungen ausgesetzt war. Ruhte er, tat es wie verrückt. Also benützte er jede freie Minute, im Laufschritt zur Ergolz hinunter zu laufen, oder auf den Seltisberg. Seinen Instruktionsunterricht gab er, während er mit waagrecht vor sich hingestreckten Armen tiefe Kniebeugen machte. Er gewann, obwohl er der Vater der Organisatoren und der Großvater der Teilnehmer hätte sein können, einen Orientierungslauf nach dem andern und genoß bei den Siegerehrungen sein ruhig gewordenes Herz, während er seine Rivalen auf dem Siegertreppchen abküßte. Erst wenn er im Bett lag, wurde er wieder nervös. Dann lief er, mit wehenden weißen Haaren, im Traum die ganze Strecke nochmals. Olga hatte ihn gern und lehrte ihn die Sprache der

Gnome. Ja, Krähenbühl lernte sie so perfekt, daß er zuweilen seine Befehle wie Dipp gab oder einen besonders blöden Offiziersanwärter mit der Stimme Depps anbrüllte. »Wirds bald?!« Die Anwärter schauten verwirrt, aber Krähenbühl hatte inzwischen einen so soliden Ruf als Sonderling, daß seine neue Gnomenart nicht allzu sehr auffiel. Für Olga kochte er oft Spaghetti – in einer Gamelle, deren Wasser er mit dem Tauchsieder erhitzte – und brachte sie dann ins Bett. Auch ihr Nachthemdchen war feldgrau. Er erzählte ihr Geschichten, die immer von zwei Hunden handelten, die Hundi und Handi hießen und so tolle Abenteuer erlebten, daß Gusti dachte, die seinen – seine Helden waren zwei Hasen – seien ziemlich blöd. Ins Haus auf dem Rebberg gingen sie nie mehr.

Einmal, an einem Nachmittag im Hochsommer, erläuterte Gusti einigen Oberstkorpskommandanten und Divisionären – obwohl sie nicht mehr als ein Dutzend waren, glänzte der Raum vor lauter Gold – das Funktionieren jener Atombombe, die ein paar Tage zuvor über Hiroshima explodiert war. Die hohen Offiziere waren von Bern und Bulle und Zürich angereist und blickten stirnrunzelnd auf eine Wandtafel, auf die Gusti das Prinzip der kontrollierten Kernfusion gezeichnet hatte. Jeder hatte eine Tasse Kaffee vor sich, und Gusti erklärte gerade, warum ein gespaltener Atomkern nicht notwendig alle andern zur Spaltung bringen müsse, als Olga schluchzend unter der Tür erschien. Ihr Tarnanzug war tropfnaß. Sie sprudelte eine lange Geschichte aus sich heraus, von der Gusti kein Wort verstand, es auch gar nicht versuchte, denn er wollte sie zur Tür hinausschubsen und sagte immer nur, später, sie sehe doch, er sei mit den Höchsten von den Hohen und habe jetzt wirklich keine Zeit. Aber Olga heulte immer heftiger, und schließlich kam heraus, daß sie und Krähenbühl an einem Bach Gnomenwettschwimmen gespielt hatten. Dipp und Depp standen auf einem Brett über dem Rinnsal, und Olga schubste beide gleichzeitig in die Fluten. Sie schwammen nebeneinander her, durch Stromschnellen und unter Brunnenkressewucherungen hindurch, bis zum nächsten Brückchen, auf dem Krähenbühl kauerte, mit vorschriftswidrig nach oben gekrempelten Jackenärmeln, und die beiden auffischte, den Sieger zuerst und nach ihm den Verlierer. Dieser war immer Dipp. Wahrscheinlich bremste ihn das schwerere Hirn. Olga rannte neben den Konkurrenten her und schrie die Zwischenresultate dem lauernden Krähenbühl zu. Jetzt aber – inzwischen hockte der ganze Generalstab besorgt um Olga herum – war nur Dipp ins Ziel gelangt, zum ersten Mal Sieger: Depp war verschwunden. Krähenbühl, die sofort verzweifelt heulende Olga an der Hand, suchte jeden ins Wasser hängenden Grasbüschel ab und griff in alle Strudel. Nichts. Vermutlich schwamm Depp längst in der Ergolz und strebte dem Rhein zu, der ihn in die Nordsee spülen würde.

Endlich stand auch Krähenbühl im Instruktionsraum, blau vor Scham, als er sich der ganzen Armeeführung gegenüber sah. Er hatte nasse Hosenbeine, Algen an den Ärmeln und war barfuß. Als er Olga packte und ins Freie zerren wollte: Todesbrüllen. Erst die gemeinsame Versicherung Gustis, Krähenbühls und aller Kommandeure, daß Depp ganz ganz sicher zurückkommen werde, ließ Olga ruhiger werden. Sie salutierte plötzlich und rannte so schnell davon, daß Krähenbühl ihr kaum folgen konnte. Die Regiments- und Bataillonskommandeure setzten sich wieder in ihre Schulbänke, und Gusti spekulierte über die zukünftigen Möglichkeiten der Waffe. *Little Boy*! Niemand wußte, was genau in Hiroshima geschehen war. Aber Gusti konnte es sich ausrechnen, und er rechnete es auch aus, vor allen Offizieren. Dennoch machte sich keiner ein Bild davon, wie 250 000 Tote aussahen, und wie eine verglühte Stadt. Sie hatten den in die Mauer eingebrannten Schatten des Manns noch nicht gesehen. Diskutierten statt dessen die Frage, ob und wie solche Waffensysteme auch für ihr Land sinnvoll sein konnten. Bald standen alle um die Wandtafel herum und redeten gleichzeitig. Schrien sich in die Ohren, was sie anrichten könnten, hätten sie auch so etwas, eine bierfaßgroße Kapsel mit einer Handvoll Uran drin.

Das Problem mit Depp wurde dann so gelöst: Gusti schnitzte aus einem Tannenscheit einen neuen Gnom, der dem alten natürlich nur von fern glich, auch wenn er ihn genau gleich anzumalen versuchte. Also einigten sich alle darauf, daß Depp eine tolle Reise gemacht und unterwegs so viel gegessen habe, daß er jetzt viel dicker sei. Olga verzieh ihrem neuen alten Depp sein jähes Verschwinden. Er war ja wiedergekommen! Er war ja so lange weggewesen und wiedergekommen!

Es war wohl eher in einem Frühling, dem nächsten oder einem späteren, daß Gusti in einer bienensummenden Wiese stand – ein herrlicher Tag jedenfalls, grünes Gras, Schlüsselblumen überall – und acht oder zehn Offiziersaspiranten überwachte, die auf dem Bauch lagen und ihre zerlegten Karabiner zusammenschraubten, als habe das vor ihnen noch nie jemand getan. Sie hantierten mit ihren Läufen und Schäften herum, bis Gusti sie kaum mehr sah. Später, als er von diesem Morgen erzählte – »Gott hat mich mit einem Hammer geweckt!« –, sagte er, vielleicht auch seien überhaupt keine anderen Menschen mit ihm gewesen. Er sei sich allein auf einem hohen Berg vorgekommen. Er sah – ähnlich verwirrt wie einst Moses, als der kilometerlange Finger des Herrn aus den Wolken herab just auf ihn deutete – einen Wald, den er noch nie gesehen hatte: so jedenfalls noch nie. Fern am Horizont faltete er sich blauleuchtend auf. Schwebte wie ein flaches v unter dem Himmel. Wollte er wegfliegen? Die Flügelenden jedenfalls, da wo die ferne Waldlinie hinter näheren Bäumen verschwand, hoben und senkten sich, als befreie er sich gerade jetzt von den Wurzeln, die ihn zu lange schon am Boden festgehalten hatten. Gusti starrte auf den bebenden Horizont und schloß, als sein Abflugpumpen zu gewaltig wurde, die Augen. Der wirklich fliegende Wald hätte ihn getötet. Er hörte ein fernes Schreien, das von Sauriern herrühren mochte. Sekundenschnell sah er sie, ihre Hälse, und fletschende Zähne. Das wurde ihm auch zuviel, und so schlug er die Augen wieder auf, so vorsichtig, daß er nur die nächste Nähe wahrnehmen mußte. Seine klobigen Schuhe zwischen zertretenen Maiglöckchen. Die Soldaten waren wie zuvor mit ihren Gewehren beschäftigt. Hinter ihnen lag eine Talsenke, in der ein Bach floß, der sogar noch ein Mühlrad antrieb, langsam, als seien Rad und Wasser am Einschlafen. Müde Weiden überall. Wiesen mit blühenden Kirschbäumen. Alles war so normal, daß er die Augen vorsichtig weiter hob: Der Horizont hatte sich zu einem gradlinigen Meer beruhigt, blau auch dieses, über seinen Wassern Vögel. Und fast sofort verwandelte es sich in den Horizont von immer, an den er sich jetzt auch wieder erinnerte, einen Wald mit einem Aussichtsturm – fern, wie ein Spielzeug – über einer Senke, die nun auch wieder ruhig dalag.

Das Karabinergeklapper um ihn herum hatte aufgehört. Die Soldaten waren fertig und sahen ihn mit großen Augen an. Das heißt, einer, ein dicker mit einem viereckigen Kopf, hielt anklagend eine millimeterkurze Feder in der Hand, die er gleich zu Beginn hätte einbauen sollen. Gusti packte seinen Karabiner mit einer neuartigen Wut, die einem Glück glich, demontierte ihn mit zwei drei Handkantenschlägen, setzte die Feder zwischen ihre Bolzen und fügte die Teile wieder zusammen. »Herrgott! Mann!« Er legte sich neben den Quadratschädel, der ihn beleidigt ansah, lud den Karabiner und zielte auf eine der Scheiben, die am gegenüberliegenden Abhang warteten. »Gott weckte mich mit zwei

Hämmern!« sagte er später an dieser Stelle. Denn er sah wohl die Kimme, nicht aber das Korn, und schon gar nicht die Scheibe, sondern ein riesiges Ungetüm dicht vor seinen Augen, das ihm so gewaltig den Horizont verdunkelte, daß er mit einem Schrei aufsprang – auch der Soldat erschrak – und das Gewehr fallen ließ. Ein mottenkleiner Falter hob vom Schaft des Gewehrs ab und torkelte davon. Bald gaukelte er weit weg über Anemonen. Aber Gusti stand wie verzaubert, hob als träume er den Karabiner auf und schoß viermal, bis er überhaupt nur die Scheibe traf. Auch da wars nur ein Streifschuß. Als sei er von etwas Unbekanntem erlöst, gab er übers ganze Gesicht strahlend dem Soldaten seine Waffe zurück und befahl den Heimmarsch, obwohl sie gerade erst gekommen waren. Er ging verträumt in sich hineinlächelnd neben der Gruppe her, die im freien Schritt die Waldwege hinabtrottete. Überall wirbelten Kohlweißlinge. Obwohl noch längst Vormittag war, befahl Gusti das Reinigen der Ausrüstung – übersah dann die dicksten Dreckbrocken –, und entließ seine Männer, als die Sonne gerade im Zenith stand. Sie rannten davon, bevor er es sich anders überlegen konnte. Verschwanden in den Kneipen.

Gusti ging zur Ergolz hinunter und hockte lange am Ufer; und holte dann in einem plötzlichen Entschluß Olga vom Sandhaufen, wo sie mit Krähenbühl Kuchen buk und Mehl siebte. Sie gingen in eine Buchhandlung, einen Papierwarenladen eher, und Gusti kaufte für Olga ein Buch voller Entlein und für sich eins, das *Die*

Schmetterlinge unsrer Heimat hieß. Eine schmale Broschüre mit einem Kartondeckel und Hochglanzfotos, deren Farben beim Druck so verrutscht waren, daß alle Falter auf ihrer rechten Seite rote Ränder hatten. Dann spielten sie Verstecken – Olga hockte stets völlig sichtbar hinter irgendwelchen Birkenstämmchen –, und dann war Abend, und Gusti legte sie ins Bett. Sie schlief inzwischen in einer eigenen Kammer, in der jahrelang alte Gasmasken und Verdunkelungsrollos aufbewahrt worden waren, und bestand immer noch auf den Geschichten mit den Hasen. An diesem Abend flogen sie auf dem Rücken eines riesengroßen Schmetterlings bis zum Ozean, dessen Weite sie sprachlos machte. Olga saß aufgeregt im Bett und gab ihren Freunden Ratschläge, wie sie selber fliegen konnten, ohne Hilfe, nämlich indem sie mit ihren Löffelohren flatterten. Schließlich landeten sie, tatsächlich aus eigener Kraft, in einem Hain voller Leuchtkäfer, in dem sie ausnahmsweise die Nacht verbrachten, Seite an Seite, die braven Pfötchen über großen Sauerampferblättern statt über den gewohnten Federbetten.

Endlich konnte Gusti in die Kantine hinüber gehen – von ihr aus sah er Olgas Kammer –, eine so trostlose Baracke, daß sie an den Abenden, an denen die Soldaten Ausgang hatten, stets völlig leer war. Auch jetzt war nur die Wirtin da, die einmal eidgenössische Schwingerkönigin gewesen war – jedenfalls hatte sie diesen Ruf – und gerade, die muskulösen Arme ins Wasser getaucht, hinter der Theke Gläser wusch. Im Radio lief das Wunschkonzert, die Ouvertüre zu Wilhelm Tell; später sangen die Bambini ticinesi. Gusti trank Bier und blätterte in seinem Buch. Es erregte ihn schon während er den Umschlag betrachtete, auf dem ein orangeroter Falter auf einer Silberdistel saß, vor einem unscharfen Hintergrund aus Schneebergen. Jede Seite war aufregender als die vorangehende. Gusti lernte die Weißlinge und die Pfauenaugen kennen; Diamantfalter und die kleinen und großen Totenköpfe; daß Motten auch Schmetterlinge waren. Manche Bilder erhitzten ihn so, daß er über sie hinweg in eine Weite starrte, die jenseits der Barakkenwand lag; als sähe er das Meer, oder heiße Steine. Er machte jedenfalls einen so entrückten Eindruck, daß sich die Wirtin zu ihm setzte und seinen Arm – den, der das Bierglas nicht hielt – tröstend zu streicheln begann bis er Elle und Speiche knirschen hörte. Er bezahlte und ging. Im Kasernenhof fragte er sich, ob er mit den Armen flattern sollte, und tat es nicht. Am nächsten Morgen kam Olga in sein Zimmer – es war sechs Uhr früh, und er war erschöpft wie noch nie – und rief »Da bin ich!«: als seien, wenn sie wach war, alle wach.

Von da an spähte er, während seine Soldaten feindliche Maschinengewehrnester stürmten oder fiktive Blindgänger entschärften, nach Schmetterlingen aus. Sah er einen – er sah ständig welche –, prägte er sich seine Zeichnung ein und las am Abend in seinem Buch über ihn. Natürlich genügte es ihm bald nicht mehr, ganz abgesehen davon, daß er eines Tages alle heimischen Schmetterlingsarten kannte. An einem Samstagnachmittag zog er also Olga das hübscheste Kleid an – es war eins aus Militärhemdstoff mit weißen Schleifchen auf den Schultern – und fuhr mit ihr nach Basel. Es war das erste Mal! In diesem Basel, einer Großstadt, fand gerade eine Leistungsschau des Handwerks und der Industrie statt, und alle Straßenbahnen waren beflaggt. Gusti und Olga fuhren in einem offenen Waggon, einer dunkelgrünen Wanne ohne Dach, die schwankte wie ein Schiff auf See. Am Rhein spazierten sie zwischen vielen Menschen und wurden zweimal beinah von Autos überfahren. In einer Buchhandlung, in der die Bücher auf zwei Stockwerke verteilt standen, kaufte Gusti ein gewaltig dickes Fachbuch der Lepidopterologie, dessen Seiten mit Statistiken und Mikroskopschnitten gefüllt waren. Er begann gleich neben der Kasse den historischen Abriß über das Werden der Falter zu lesen, aber Olga zerrte und zerrte ihn am Jackenärmel, bis sie in einem Restaurant landeten, auf einer Terrasse hoch über dem Rhein, von der aus sie auf vorbeituckernde Schiffe blickten, auf grünes strömendes Wasser, Eis löffelnd, und Olga sagte später, das sei der schönste Tag ihres Lebens gewesen. Noch am selben Abend bastelte Gusti aus Wollfäden und Draht ein Schmetterlingsnetz, das er – zuerst unter seiner Uniformjacke verborgen, dann offen – überallhin mitnahm. Während seine Männer mit Flammenwerfern Bunkerhöhlen ausräucherten, stürzte er sich auf alles Flatternde. Verschwand im Gras oder zwischen Malven und oft auch in Brennesseln und tauchte zerstochen und zerkratzt wieder auf, mit einem

Apollo oder einem Seidenspinner in den Netzmaschen. Beim ersten seiner Sprünge lachten seine Soldaten; um den dreißigsten kümmerten sie sich nicht mehr; und nach seinem hundertsten wußten sie ebenso viel über Zitronenfalter wie über Handgranaten.

Aber im Winter dann flogen keine Schmetterlinge. Jetzt waren die Abhänge weiß, alle Wasser gefroren; das Mühlrad stand. Die Weiden wie Greisenköpfe. Gusti knirschte mit den Soldaten im Schnee herum und lief bei den Sturmläufen mit, um nicht zu erfrieren. Als er einmal keuchend auf einem Baumstrunk saß und ziellos in die Ferne starrte, sah er erneut – durch die Atemwolken seiner Soldaten hindurch – den fernen Wald: das Faltrige an ihm. Der Schnee glich jenem Flügelstaub, ohne den die Schmetterlinge verloren sind. Er beobachtete, stehend nun, den Horizont mit einer geradezu wissenschaftlichen Ruhe – er kam ihm wie ein kilometerlanger Alpenseidenspinner vor –, rannte plötzlich, ohne sich von seinen Untergebenen zu verabschieden, in die Kaserne zurück und weckte Krähenbühl, der sich angewöhnt hatte, bis zehn oder elf zu schlafen. Das heißt, er lag in Gustis Bett, in das er sogleich nach dessen Tagwacht gekrochen war, und schnarchte, während Olga, auf die er aufpassen sollte, seinen Revolver in tausend Teile zerlegte. Gusti ging erregt sprechend auf und ab, während Krähenbühl, der den Anfang von Gustis Rede verschlafen hatte, gähnend auf dem Bettrand saß und die Sockenhalter festband. Es ging darum, daß er mit dem Kommandanten sprechen sollte, weil dieser ihm aus der

Hand fraß und einen Bruder hatte, der noch dicker als er und ein Bauunternehmer mit einer ganzen Flotte aus Baggern und Kranen war. Wenn sie diese für eine Woche oder zwei geliehen bekamen, war der ferne Wald freigelegt, und man sah dann ja, ob darunter das Chitin eines archaischen Riesenschmetterlings oder doch nur Juragranit war.

»Die Erdgeschichte muß neu geschrieben werden!« rief Gusti. »Die Geologie! Die Astronomie!«

»Logisch!« Krähenbühl sprang auf. »Ich habe mich zwar nie um diese Flattervögel gekümmert, aber ganz sicher haben sie Flügel aus Granit!«

Er packte Olga, setzte sie sich auf die Schultern und rannte über den Kasernenhof davon, wild galoppierend. Die Hosenträger wehten hinter ihm drein.

»Wart doch!« rief Gusti.

»Tu ich ja!« brüllte Krähenbühl, längst am andern Ende des Hofs angekommen.

»Hü!« krähte Olga, und ihr Pferd tat einen heftigen Satz. Reittier und Reiterin verschwanden hinter dem Magazin.

Gusti sah die beiden erst Stunden später wieder. Krähenbühl trug Olga im Arm und weinte und fragte sie, während er über den Hof stolperte: »Ja was soll ich jetzt machen? Was soll ich denn tun?« Olga schien es auch nicht zu wissen – schaute verdutzt auf die rinnenden Tränen –, und auch Gusti konnte ihm nicht helfen, weil er inzwischen im Theoriesaal stand und vor einem Haufen frischgebackener Kompaniekommandanten seinen

Einführungskurs über die sich gegenseitig bedingenden Abhängigkeiten der verschiedenen Waffensysteme der Schweizer Armee hielt. Er tat dies nun schon zum dritten oder vierten Mal – immer bevor eine neue Rekrutenschule begann – und sprach so innig, daß die Offiziere Beifall klatschten, als er seine Schautafeln zusammenräumte. Just in diesem Augenblick betrat der Kommandant den Raum und blickte verdutzt, weil so etwas nicht üblich war. Er schien Gusti etwas Wichtiges sagen zu wollen – vielleicht, daß er die Baggerflotte kriege? –, keuchte aber so atemlos, daß Gusti ihn nicht verstand. Nur, Krähenbühl sei verschwunden. Gusti dachte, zu einem Orientierungslauf, und suchte Olga, die allein im Sand hockte. Im Bahnhofbuffet aßen sie zusammen Bratwürste und Nudeln. Als sie dann schlief, setzte er sich in die Kantine und schrieb – auf dienstliches Papier – seine ersten Gedanken zur Schmetterlingshaftigkeit der Welt und schickte sie, ohne sie nochmals durchzulesen, zusammen mit einem kurzen Brief an einen Lepidopterologen namens Charles Bonalumi, den er wählte, weil er keinen andern kannte. Bonalumi war der Autor des Buchs, das er in Basel gekauft hatte, und hatte zudem – sein Name war der in der Bibliographie bei weitem am häufigsten zitierte – ein weiteres Werk verfaßt, das den Titel *The archaic butterfly* trug. Gusti bat ihn um eine ungeschminkte Meinung zu seiner These. Er adressierte den Brief an den Verlag der deutschen Ausgabe – die Druckerei Huber in Thalwil/ZH – und bekam nahezu postwendend einen englischen Antwortbrief aus Los

Angeles, USA, in dem Charles Bonalumi schrieb – sein Briefkopf füllte die Vorderseite des Bogens zu Dreivierteln –, Gustis These habe ihn sehr interessiert, gefesselt geradezu, und er sei bereit, sie im *Journal of Lepidopterological Studies*, das in L. A. erscheine und dessen Herausgeber er sei, zu veröffentlichen, unter der Voraussetzung natürlich, daß Gusti eine englische Fassung herstelle und die Kosten übernehme. Er selber könne kein Deutsch und habe sich den Inhalt von einer Mitarbeiterin referieren lassen, derselben, die auch die deutsche Fassung von *The First Approach to Butterflies*, die Gusti offenkundig kenne, zu verantworten habe. Gusti übersetzte sein Werk also mit Hilfe eines Rekruten, der im dritten Semester Englisch studierte. Schickte es – in der neuen Sprache sah es noch viel großartiger aus – mit einem Begleitschreiben nach Los Angeles, in dem er wie nebenbei einige lepidopterologische Fachausdrücke verwendete.

Über all dem war Gusti nicht aufgefallen, daß Krähenbühl verschwunden blieb. Es kam ja oft vor, daß er ein paar Tage lang über Alpengrate stürmte, und er hatte tatsächlich auch vorgehabt, an einem Marathon rings um das Schlachtfeld von Marignano teilzunehmen. Aber Olga vermißte ihren Spielkameraden so, daß Gusti schließlich zum Kommandanten ging. Diesmal verstand er ihn besser, obwohl er sofort rot anlief und schnaufte und schrie. Es stellte sich heraus, daß er Krähenbühl an jenem glückseligen Tag entlassen hatte, fristlos und unehrenhaft und mit drastisch gekürzten Pensionsansprüchen. Der Grund war sein unsoldatisches Verludern. Er könne das nicht länger dulden, das sei doch kein Saustall hier, und sein Sohn, der ihn gestern nach langen Wochen zum ersten Mal aufgesucht habe, habe das auch gesagt. Er schrie als sei Gusti der Entlassene.

»Er war unser bester Instruktor«, sagte Gusti.

»Ich will Ihnen mal was sagen!« japste der Kommandant und schwoll noch mehr an. »Einmal hat er in einem Lokal hier in Liestal die Gäste – Rekruten, die ihre Ernennung zum Füsilier feierten – und alle Serviertöchter gezwungen, sich nackt auszuziehen, und dann hat er sie –«

Er stierte Gusti mit aus den Höhlen quellenden Augen an, blau im Gesicht. Verzweifelt. Ruderte mit den Armen und ging graziös aber ziellos im Zimmer herum, bis er über ein Feldbett stürzte, so daß er mit dem Kopf auf dem Boden und den Beinen über der Wolldecke liegen blieb. Sein Mund war offen, und pfeifende Töne kamen heraus. Seine Augen sahen an Gusti vorbei zur Tür hin. Dieser schüttelte ihn – »Herr Kommandant! Herr Kommandant!« – und rannte in den Kasernenhof hinaus, wo einige Sanitätssoldaten das korrekte Aufbahren eines im Kampf Verwundeten übten. Alle rannten hinter Gusti drein und diagnostizierten gemeinsam mit ihrem Korporal, der auch kein Arzt war, einen Schlaganfall. Hievten den armen Kommandanten auf die eben gebastelte Bahre, mit der sie im Laufschritt zum zivilen Spital rannten. Als sie dort ankamen, war er tot. Er war ihnen zweimal von der Bahre gefallen und über und über zerkratzt, aber die Todesursache blieb ein plötzliches Herzversagen.

Es gab ein Begräbnis mit allen militärischen Ehren. Der Sarg wurde von sechs Soldaten in langen Mänteln und Stahlhelmen getragen, zu den langsamen Klängen des Regimentsspiels. Am Grab – Blumen überall, Fahnen, der ganze Friedhof ein Meer aus Feldgrau und Gold – sprachen ein Geistlicher und ein Divisionär. Der Geistliche war in Zivil und begann seine Predigt mit einem Witz, nämlich, Gott habe ein goldenes Herz in einer feldgrauen Schale zu sich genommen. Gusti stand am Rand der Grube und hielt Olga an der Hand, die auf schwarzen Kleidern bestanden hatte und sogar an den Zöpfen Trauerschleifen trug. Als der Pfarrer fertig war, trat der Divisionär vor und gab die Sicht auf einen Oberstleutnant frei, der Gusti mit stechenden Augen ansah. Der Sohn. Er war die militärische Karriereleiter im Eiltempo hochgeklettert und hatte einen solchen Bauch bekommen, daß er wie sein Vater aussah. Sogar dessen Gesicht war in dem seinen sichtbar geworden, nur daß es diffuser war, und noch nicht so farbig. Vermutlich trank er weniger als der Alte. Gusti senkte den Blick, und der Divisionär begann zu sprechen. Er war ein Romand und erinnerte – auf deutsch – an die Schwere der vergangenen Jahre. Gusti hätte wohl die ganze Rede über in die bodenlose Grube vor seinen Augen gestarrt, hätte ihn nicht plötzlich Olga am Ärmel gezupft.

»Dort!« wisperte sie und deutete am Divisionär vorbei. »Schau doch!« Über einer hohen Buchsbaumhecke schwebte Krähenbühls Kopf. Große blaue Augen, von weißen Haaren umlodert. Gusti und Olga drängten sich durch die Trauergäste und rannten durch eine kleine Pforte auf die andere Seite der Gebüschhecke. Inzwischen steckte Krähenbühl in den Blättern und lugte wohl auf der andern Seite hinaus. Als Olga ihre kleine Hand auf seinen Hintern schlug, kam er mit einem Gesicht, das fast so rot wie das des Kommandanten war, aus seinem Versteck hervorgeschossen, stieß einen Jubelschrei aus und hob Olga hoch in die Lüfte. Er trug einen Blaumann, auf dem *Giovanoli Vini e Liquori* stand, und stank wie ein Weinfaß.

»Wie siehst du aus?« rief Gusti. »Und wie riechst du?«

»Wie soll ich schon riechen?« knurrte Krähenbühl. »Ich bin Zivilist. Was soll ich mich da waschen? Und wo?«

Er war in seinem ersten Schrecken einfach losgelaufen, und als er zur Besinnung kam, war er in Lugano. An den Weg konnte er sich nicht erinnern. War er durch den Tunnel gespurtet, den Gotthardexpreß im Nacken, oder über den Paß? In Lugano schlief er zuerst unter Palmen und Bougainvillea und später, als die Nächte kalt wurden, im Christlichen Verein Junger Männer. Aber ein junger Mann war er ja nun eigentlich nicht, ein Christ noch weniger, und er langweilte sich in dieser *dolce-farniente*-Gegend, und so zog er durch karge Bergtäler und über einsame Pässe weiter, immer mehr von seiner militärischen Ausrüstung verlierend. Als er – an einem trüben Abend – in Chur ankam, hatte er nur noch das

Taschenmesser. Er verdingte sich bei einem Weinhändler, eben jenem Giovanoli, und reinigte die Tanks, in denen der Veltliner gereift war, indem er mit einem Seil am Bein hineinkroch und sie mit einem Schlauch sauberspritzte. Das Seil sollte ihn retten, falls er einmal von den Alkoholdünsten ohnmächtig wurde. Er wurde aber nur betrunken und roch von oben bis unten nach Stägafäßli. In den Wirtschaften, in denen er seinen Feierabend verbrachte, stellten ihm die Serviertöchter ungefragt einen Zweier Veltliner hin, obwohl ihm oft ein Bier lieber gewesen wäre. Er trank inzwischen! Er hatte auch eine Art Liebesaffäre, denn eine Frau, die alle das Holmenkollen-Grosi nannten, verliebte sich in ihn; drang jedenfalls ständig in die Kellereien ein und einmal sogar in einen der Tanks. Es war das einzige Mal, daß er am Seil gerettet werden mußte. Sie hieß nach jener berühmten nordischen Sportstätte, weil sie im Winter, obwohl eine reife Frau, mit alten Holzskis über die von den Buben gebauten Schanzen fegte und, wenn sie im Calanca-Stübchen saß und einige Gläser getrunken hatte, allen Gästen erklärte, jetzt sei sie dann soweit, jetzt haue sie es dann einmal über eine richtige Schanze, am besten gleich über den Holmenkollen.

In den wärmeren Monaten vertrieb sie sich die Zeit mit Männern wie Krähenbühl einer war. Dieser vermied es, den Ausgang ihres Eroberungsfeldzugs genau zu schildern, aber Gusti bekam das Gefühl, sie habe ihr Ziel erreicht, vielleicht gleich jenes erste Mal im Tank drin, und Krähenbühl wisse nun, wozu eine Frau fähig ist, und es habe ihm gar nicht so schlecht gefallen. In den folgenden Monaten brach Krähenbühl jedenfalls ein paar Mal wortlos auf und kam als ein anderer Mensch zurück. Erst als Schnee fiel, ließ er es sein, entweder weil die Wege unpassierbar wurden oder weil seine Geliebte wieder vom Backen fegte.

12

Am selben Abend noch begleiteten Gusti und Olga ihren Freund zum Rebhaus hinauf. Wen sollte es stören, wenn er darin wohnte, jetzt, wo der Kommandant tot war? Trotzdem schlichen sie zwischen den Reben und kauerten unter Blättern, wenn sich fern ein Bauer trollte. Am Rand der Gipfelebene blieben Gusti und Olga stehen und sahen Krähenbühl nach, wie er zum Haus hinüberschlurfte als schleppe er eine Last. Dabei war sein einziges Gepäck eine Schachtel Gerberkäse, die er unterwegs gekauft und halbwegs gegessen hatte. Die Sonne ging eben unter, und er warf einen langen Schatten, der ihn ins Haus hineinzuziehen schien. Als er bei den Maiskolben war – sie hingen kahlgefressen an ihren Schnüren –, faßte Gusti nach Olgas Hand und zog sie mit sich. »Warum nur Onkel Kräh?« rief sie, während sie den Weg hinabgingen. »Wieso nicht wir?« Gusti machte immer größere Schritte, bis er tatsächlich so atemlos war, daß er nicht mehr antworten konnte. In der Stadt unten – die Sonne war untergegangen – schwieg auch Olga, und kurz vor dem Tor der Kaserne fiel sie um und war eingeschlafen. Gusti hob sie hoch und trug sie. Sie war schwer geworden und hing wie ein Sack über seinen Schultern.

Auch der Wachsoldat war eingenickt und fuhr mit großem Gepolter aus seinen Träumen. Japste völlig aus den Fugen, Gusti müsse sofort ins Büro des Kommandanten, jetzt gleich, er habe den Befehl zu sagen, das sei ein Befehl. Er sprach so laut, daß Olga aufwachte und zu weinen begann.

»Ins Büro des Kommandanten?« sagte Gusti. »Haben wir denn einen?«

»Er hat die Wachstube durchsucht und alle Zigaretten konfisziert«, sagte der Soldat. »Morgen muß ich strafexerzieren. Dabei bin ich Nichtraucher.«

Gusti ging, die schnüffelnde Olga über einer Achsel, zum Hauptgebäude hinüber. Tatsächlich brannte Licht im Büro. Im Sand des Hofs sein Widerschein, und darin, hin und her schwankend, der Umriß eines gewaltigen Schädels. Aber obwohl sich Gusti auf die Zehen stellte: Der wirkliche Kommandantenkopf blieb ihm verborgen. Am Himmel die Milchstraße von Horizont zu Horizont. Auf welchem dieser Sternpunkte mochte es auch einen Gusti geben, der, mit seiner Schwester am Hals, gerade jetzt ebenfalls zu seinem Kommandanten ging und auf der Suche nach Trost in den Himmel sah? Gusti betrat das Gebäude, klopfte ohne zu zögern an die bekannte Tür und trat ein. Hinter dem Schreibtisch saß, die Beine auf der Heizung, der Sohn des toten Kommandanten. Er hatte eine Zigarette im Mund und zwinkerte, weil der Rauch seine Augen reizte.

»Weiß Gott«, sagte Gusti. »Das ist für einmal eine gelungene Überraschung.«

»Schließen Sie die Tür!« bellte der Sohn und nahm die Beine von der Heizung. »Können Sie nicht korrekt grüßen?«

Gusti nahm, soweit Olga dies zuließ, Haltung an und wartete wortlos. Olga glitt zu Boden und stand bolzgerade da, fast so groß wie ihr Bruder. Sie blinzelte. Der neue Kommandant war über Nacht eine weitere Stufe der Karriereleiter hochgerutscht und trug nun die Uniform eines Obersten. Vielleicht war es die seines Vaters. Er balancierte einen Bleistift auf dem Rücken seiner Stummelhand und strahlte als wolle er die ruppige Begrüßung ungeschehen machen.

»Ich weiß, was ich an dir habe, Schlumpf!« sagte er. »Ich will hier nur Nägel mit Köpfen machen. Natürlich weht jetzt ein neuer Wind. Wer sich nicht korrekt verhält, wird bei mir nicht alt.«

»Damit meinen Sie vermutlich nicht mich«, sagte Gusti. Olga, gleichzeitig, mit den Zöpfen wippend: »Was, nicht alt?! Ich darf bald schon ins Kino!«

Der neue Kommandant wandte sich ihr zu als bemerke er sie erst jetzt: »Aber klar, mein Kind!« Sofort aber starrte er wieder Gusti an und fragte: »Wie geht es Sally?« Und ohne eine Antwort abzuwarten: »Sie hat Glück gehabt. Wenn sie gefaßt worden wäre, wir hätten sie erschossen. Hast du eine Ahnung, wer sie gewarnt hat?« Er beachtete Gustis Kopfschütteln nicht. »Einen Krähenbühl hätte ich keine Sekunde lang geduldet. Aber der Alte! Deine Schmetterlinge hat er auch nie bemerkt. Sammelst du sie immer noch?« Er unterbrach Gusti, bevor sich der für ein Ja oder ein Nein entscheiden konnte. »Im übrigen, damit eins klar ist. Eine Kaserne ist kein Kinderheim. Wenn ich das Mädchen noch einmal sehe, ist sie bei der Fürsorge.«

Gusti erstarrte wieder in jener Stellung, aus der er sich gerade eben zu lösen begonnen hatte. Olga, die nichts verstanden hatte – oder doch? –, spitzte den Mund als ob sie pfeifen wolle. Draußen schrie ein Nachtvogel. Ein Falter war aufgewacht und taumelte um die Schreibtischlampe herum, ein zerzauster Eulenschmetterling. Der Kommandant starrte auf seine wehe Hand, und Olga begann tatsächlich zu pfeifen, das alte Lied von Flandern, das in Not ist.

»Hör auf!« sagte Gusti, und Olga hörte auf.

»Aber wer schießt denn wie du!« murmelte der Kommandant endlich und hob den Kopf. »Zwei oder drei im ganzen Instruktionskorps, wenn überhaupt. Was die Waffen betrifft, sind deine Qualifikationen erstklassig. Ich habe dich deshalb für eine besondere Aufgabe ausgewählt. Du kannst es als eine Auszeichnung sehen.«

»Zu Befehl, Herr Oberst.«

»Na also.« Der Kommandant lächelte. »Die amerikanische Armee ermöglicht uns, uns mit Waffensystemen vertraut zu machen, die noch nirgendwo eingeführt sind. Die Technologie bleibt nicht stehen, wem sage ich das. Das Camp ist in Nevada und heißt Fort Indian Springs. Sie fahren morgen früh.«

»Komm, wir gehen«, sagte Olga und drehte sich um.

»Das kann ich nicht«, sagte Gusti und wies mit dem

Kopf auf seine Schwester, die die Tür geöffnet hatte und abwartend zurückblickte.

»Übrigens«, sagte der neue Kommandant. »Die, die die Eisenbahnbrücke in die Luft sprengten, damals.« Er sah Gusti an als beginne nun doch noch das Verhör. »Wir wissen, wo sie sich versteckt hatten. Ziemlich genau. Ist dir nie einer von denen aufgefallen?«

Gusti schüttelte den Kopf. »Ich dachte, wir sind ein neutrales Land. Wieso darf einer wie ich nach Amerika?«

»Möchtest du lieber in die Sowjetunion?« Der Kommandant hielt inne und wartete, bis Gusti nochmals den Kopf bewegte. »Im übrigen wirst du dich jeder politischen Äußerung enthalten. Abfahrt ist morgen früh, null sieben Uhr zehn. Sie dürfen sich abmelden, Instruktor Schlumpf.«

Gusti salutierte. Auch Olga schlug ihre Absätze gegeneinander und griff an ihre Schläfe. Während Gusti zur Tür ging, rief der Kommandant in seinen Rücken hinein: »Fort Indian Springs liegt im Herzen einer Wüste. Skorpione und Sand. Und Klapperschlangen.« Er lachte los, als habe er nun endlich den Witz gemacht, der ihm den ganzen Abend über schon auf der Zunge gelegen hatte. Gusti war so wütend, daß er die Tür völlig geräuschlos ins Schloß schnappen ließ. Im Zimmer drüben packte er Olgas Sachen in einen Rucksack; auch die Gnome und den roten Hasen, der ein Leck hatte, aus dem Sägespäne rieselten. Olga sah ihm zu, ohne ein Wort zu sagen. Dann gingen beide erneut den Berg hinauf –

nun schien der Mond – und blieben am selben Ort wie zuvor stehen. Das Haus stand schwarz. »Krähenbühl!« rief Gusti. »Aufwachen!« Seine Stimme hallte so, daß alle Hunde der umliegenden Bauernhöfe zu heulen begannen. »Besuch!« Endlich trat Krähenbühl in einem weißen Nachthemd ins Mondlicht hinaus, und Gusti gab seiner Olga einen Schubs. Sie stolperte zu ihrem Freund hinüber, der einen Arm um ihre Schultern legte und sie ins Haus führte. Gusti stand atemlos und merkte erst nach Minuten oder Stunden – jedenfalls rang er nach Luft –, daß er den Rucksack in den Händen hielt. Er stellte ihn auf den Weg und rannte bergab, von Sternschnuppen beschossen, die ihn um Haaresbreite verfehlten.

Am nächsten Morgen fuhr er mit einem Zug, der nach Putzmitteln roch und über Notgeleise rumpelte, nach Frankfurt am Main, wo er zuerst zu den glaslosen Stahlgerüsten des Bahnhofdachs hinaufstarrte und dann zwischen einstöckigen Hüttchen und Fassaden von Gründerzeithäusern umherirrte, hinter denen Brennnesseln auf Schuttbergen wuchsen. Endlich fand er das Büro der Air Force und übergab seine Papiere einem Mann in Khakiuniform, dessen Kinn einer halboffenen Schublade glich; so wie er das erwartet hatte. Er wurde in einem Jeep auf die Rhine Main Base gebracht und in einen olivgrün getünchten Raum mit einem vergitterten Fenster gesperrt, vor dem zwei mit Tarnflecken bemalte Flugzeuge standen. Gegen Abend, als er sicher war, daß sie ihn in diesem Loch vergessen hatten, wurde ein weiterer Gast der amerikanischen Armee durch die Tür geschubst, ein rothaariger Däne mit einer Stupsnase voller Sommersprossen, der, falls er ihn richtig verstand, in Grönland Dienst gemacht hatte und dort von einer Eskimofrau geliebt oder verlassen worden war; jedenfalls war er jetzt todunglücklich und kämpfte mit den Tränen. Er war ein Spezialist für Waffentechniken in der Nähe des absoluten Nullpunkts. Für anderes interessierte er sich nicht. Gusti wollte ihm von Sally erzählen, und daß die Karabiner seiner Armee bei minus zwanzig zu streiken begannen, aber da ging die Tür auf, und ein Soldat, der wie ein Ballettänzer trippelte, winkte sie zu einer der beiden Transportmaschinen, in der ein Panzer mit so riesigen Antriebsketten stand, daß er das ganze Flugzeug füllte. Sie krochen also unter diese bedrohlichen Eisenraupen und dösten und plauderten, und als sie – nach Zwischenlandungen in Shannon und Gander – in der Nähe von Los Angeles in eine grelle Sonne hinaustaumelten, merkte Gusti, daß der Däne ihn für einen Ägypter hielt, oder für einen Bengalen. Er rief »Switzerland! Switzerland!«, aber der Däne, den das Glück, diesen Flug überlebt zu haben, vielleicht verrückt gemacht hatte, sah ihn so verständnislos an, daß er sich zu fragen begann, ob er nicht doch ein Ire sei. Das hätte sein farbiges Englisch erklärt, und daß er sich ununterbrochen nach einem Bier sehnte.

Sie wurden in einen Kleinlaster mit schmalen Sichtluken verladen, dessen Metallteile sogar innen glühten. Am Steuer, hinter einer ähnlichen Luke, saß ein Schwarzer, der sang als sei heute ein besonders lauer Frühlingstag und dennoch Bäche schwitzte. Die Straße war so schlecht, daß Gusti und der dänische Ire nicht sitzen konnten – die Radkästen, auf die sie hätten hocken können, zerprügelten ihnen die Hintern –, sondern an die Gitterstäbe der Luke gekrallt standen, nebeneinander, die Hände mit Putzfäden umwickelt und die Beine in einem beständigen Tanz, um das Toben des Bodens auszugleichen. Draußen hüpften Steine und Kakteen. Rote Felskämme unter einem tiefblauen Himmel. Aasgeier. Hie und da ein panischer Strauß. Als der Wagen endlich hielt, der Fahrer die Tür aufriegelte und sie mit einer schwungvollen Armbewegung ins Freie bat – wie ein Hotelmanager, der seinen Gästen die Königssuite zeigt –, hatten sie kaum noch die Kraft, hinauszuklettern. Unter einem Dach aus Bananenblättern schütteten sie drei oder vier Colas in sich hinein – es gab einen Automaten, aus dem die eiskalten Büchsen polterten – und nahmen erst dann Fort Indian Springs wahr: flache Baracken, wüstenbraun bemalt, ein paar Jeeps, an einem Mast eine leblose Flagge. Nirgendwo ein Mensch, wenn sie vom Schwarzen absahen, der, an einer Colabüchse nuckelnd, über einen staubigen Platz davonschlurfte. Dann verschwand auch er. Weit hinten in einem ansteigenden Gelände ein hoher Drahtzaun von Horizont zu Horizont.

Sie wurden in einer der Baracken untergebracht, zusammen mit etwa zwanzig andern Angehörigen befreundeter Armeen, die alle schon seit Tagen oder

Wochen da waren. Jeden Morgen saßen sie in einem Theoriesaal, der dem von Liestal glich – nur das Licht vor den Fenstern war anders –, und hörten sich Vorträge über die Aufgaben und Grenzen einer Armee in einer Demokratie oder die Befreiung des amerikanischen Westens von der Unterdrückung durch die indianischen Ureinwohner oder die Gefährdung der freien Welt durch totalitäre Systeme an. Eigentlich aber ging es um Atomwaffen. Fort Indian Springs lag in jener Wüste, in der – vor Hiroshima und Nagasaki – die ersten Bomben gezündet worden waren; erst später dann benutzten die Amerikaner fernere Atolle. Nach einigen Wochen schienen die fremden Gäste ihren Ausbildern reif genug, den Ort der allerersten Explosion besichtigen zu dürfen. Einen riesigen Trichter mit steilen Wänden aus Sand. Steine. In der Nähe des Zentrums einige verbogene Eisenstäbe. Ein Captain erläuterte, daß hier, an dieser Stelle, wo jetzt nichts sei, eine schwere Betonkonstruktion gestanden habe, ein gewaltiger Bunker nur für diese kleine Bombe: und nicht einmal Spuren von ihm habe man danach gefunden. Zweihundert Tonnen Beton seien im Himmel verschwunden. Alle schauten nach oben, in ein unschuldiges Blau. Danach wurden sie auf den Hügel geführt, von dem aus, ein paar Kilometer vom Explosionsherd entfernt, ausgesuchte Armeemitglieder den Versuch durch getönte Brillen beobachtet hatten. Ein kleiner, dicker Mann, der damals dabei gewesen und jetzt Garagist in San Diego war, erzählte, strotzend vor Gesundheit und Energie, immer erneut vom Feuerball und der Pilzwolke. Dem Sturm, der den Sand wie Peitschenschläge über sie hinweggefegt habe. Dem Hopser, den der Boden unter ihren Füßen getan habe, als hüpfe die ganze Erde mit vor Freude über den gelungenen Knall. In einem unterirdischen Stollen sahen sie die Schwester der Hiroshima-Bombe, *Little Girl*, die nie zum Einsatz gekommen war und nun, ohne Zünder, dalag wie ein Baby. Gusti fröstelte. Als sie aber alle in die Hitze des Wüstennachmittags hinaustraten, schoß auch ihm wieder der Schweiß aus den Poren. Dann saßen die Kursteilnehmer unter dem Blätterdach und tranken Bier. Alle schwiegen. Nur der Däne, der gewiß ein Ire war, hatte quer über den Tisch die Hand eines Oberleutnants aus Palermo gefaßt und sprach, weinend fast, auf ihn ein. Den Fetzen des Gesprächs, die an sein Ohr drangen, entnahm Gusti, daß es nicht um Tod und Zerstörung ging, sondern um Frauen, um eine Frau vermutlich, die untreue oder verliebte Eskimo, die nun weit weg in einem Iglu lag und sich nach ihrem Geliebten sehnte oder nicht sehnte. Der Sizilianer nickte immer wieder und versuchte, seine Hand unter der Pratze des Iren mit der sommersprossigen Stupsnase freizubekommen.

Sonst hockte Gusti gern – man durfte die *restricted area* nicht verlassen – an einer Barackenwand und sah zu den Felsbergen hinauf, die am Morgen blau waren, fast violett, und am Abend glutrot. Tagsüber waren sie stumpf, diffus braun, aber das sah Gusti kaum, weil er sich dann selber wie tot fühlte. Immerhin begann ihm diese Landschaft vertraut zu werden, er sah, daß sie schön war; nahm endlich die Sägenzacken der Berge und die bizarren Felsfinger wahr. Nun gab es auch Tiere, kleine Eidechsen aus den Urzeiten, Kaninchen, die in Erdlöchern verschwanden, Schlangen und Vögel, die nicht alle Geier waren. Und einmal sogar eine Waschbärenfamilie, die hinter der Küche an den Isolationen der Klimaanlage tätig war. Der Koch verjagte sie und erzählte Gusti, diese Waschbären äßen am liebsten die Telefonleitungen und die Bremskabel der Autos. Sie seien so weit heruntergekommen, daß sie ihre Nahrung nicht einmal mehr wüschen.

Gusti grinste und sah plötzlich, immer noch grinsend, über die Schultern des nun auch grinsenden Kochs hinweg, daß natürlich auch diese Höhenzüge, die Mulden und Senken zu Schmetterlingen gehörten. Nur zu viel größeren, zu amerikanischen. Er hatte bisher seine europäischen Maßstäbe gebraucht. Mitten in einem Satz des Kochs rannte er zur Kantine hinüber, wo der schwarze Fahrer, mit dem ihn inzwischen eine Freundschaft verband, mit dem Zündschlüssel des Jeeps auf seinem nackten Bauch auf einer Bank schlief. Gusti nahm den Schlüssel und fuhr, obwohl er bisher immer nur Krähenbühl zugeschaut hatte, wie der seinen Armee-VW steuerte, auf einem Karrenweg voller Schlaglöcher zum Krater jener ersten Atombombenexplosion, der einige Kilometer entfernt in der Wüste lag. Es ging ganz gut, nur daß er zwei, drei Male den Motor abwürgte und einmal ein Warnschild – DANGER! NUCLEAR AREA! – umfuhr. Wie eine Skifahrer rutschte er zum Kraterzentrum hinunter. Grub mit beiden Händen. Scharrte. Aber immer wieder rieselte der Sand ins Trichterloch zurück. So wühlte er schließlich die Arme in den Sand, tiefer und tiefer, und spürte sie plötzlich: die glatte Kälte des Chitinpanzers. Es war herrlich. Gerade rechtzeitig zog er endlich seine Hände zurück, denn zwischen ihnen, direkt unter seiner Nase, krümmte sich der Schwanz eines gewaltigen Skorpions. Mit einem Sprung rettete er sich. Der neue Kommandant hatte ihm diese mörderischen Tiere ja versprochen. Während er die Trichterwand hochkletterte – ein Sisyphos, dessen Stein er selber war –, dachte er einige panische Augenblicke lang, er gelange nie wieder zur flachen Erde hinauf. Aber dann hockte er schweißüberströmt und glücklich im Jeep und fuhr zurück wie ein Formel-1-Pilot. Er wollte den Schlüssel wieder auf den Bauch des schlafenden Fahrers legen, aber der war inzwischen wach und tobte zwischen den Baracken herum, weil er irgendein hohes Tier vom Rollfeld abholen mußte und sich und den andern nicht erklären konnte, wo der Jeep war. Er war regelrecht bleich, soweit ihm das möglich war, und nahe daran, Gusti zu verprügeln; aber der lächelte weiterhin glücklich. So sprang er mit einem wilden Satz hinters Steuer, knallte den Gang rein und donnerte schlingernd und staubend davon. An seinem Gürtel, schräg im Fahrtwind, sah Gusti eine zusammenklappbare Schaufel baumeln. Die wollte er sich am nächsten Tag ausborgen. Er trank ein paar Büchsen Bier, scheußliches Budweiser, das ihm köstlich schmeckte. Etwas später tauchte der Ire auf,

Hand in Hand mit dem Italiener, so daß Gusti sich zu fragen begann, ob er das Problem seiner Leidenschaft nicht von Anfang an falsch verstanden hatte. Die beiden setzten sich an seinen Tisch, Aug in Auge, und später pokerten alle drei mit Ein-Dollar-Einsätzen, und Gusti gewann dreiundzwanzig Bucks.

Aber in den nächsten Tagen kam Gusti weder dazu, die Schaufel an sich zu bringen noch zum Krater zurückzufahren, weil die Amerikaner, als könnten sie seine Gedanken lesen und hätten etwas gegen sie, ihn und alle ihre Gäste plötzlich den ganzen Tag über in Trab hielten: ihnen Zielabsprünge von Fallschirmstaffeln zeigten, Virtuosenstücke mit Helikoptern und eine neue Granate, die die Auspuffwärme von Panzern spüren sollte und die Feldküche in Stücke schlug, die das Nachtessen der Gäste vorbereitete und noch heißer als der altersschwache Tank glühte, der unversehrt im Sand stehen blieb. Der Koch, sein Freund, war tot. Das ging mehrere Tage lang so. Als brennten die Amerikaner plötzlich – nachdem sich alle schon auf einen Aufenthalt ergebnisloser Langeweile eingestellt hatten – ein ganzes Feuerwerk waffentechnischer Neuigkeiten ab. So vorbereitet, wurden sie an einem frühen Morgen – der Himmel noch violett, der Sand kalt – in einen Stollen geführt, dessen Eingang Gusti nie bemerkt hatte, durch unterirdische Korridore, bis sie in einer Art Konferenzsaal landeten, der, wenn man ihn mit den oberirdischen Baracken verglich, geradezu luxuriös ausgestattet war. Spannteppiche! Offiziere in Sonntagsuniformen eilten hin und her, und schließlich eröffnete ihnen ein General mit einem Gesicht, das wie Eisenhower auszusehen versuchte, obwohl es Dean Martin glich, sie seien für würdig befunden worden, an der Demonstration einer streng geheimen neuen Waffe teilzuhaben. Sie sei so geheim, diese Waffe, daß auch hier in den USA nur ein kleiner Kreis hoher Militärs überhaupt von ihr wisse. Natürlich war es umgekehrt, die Gäste sollten nach Hause zurückkehren und schreckensverblüfft berichten, wie überlegen die amerikanische Technologie inzwischen sei. Jedenfalls glich der General immer mehr seinem Vorbild Ike, während er über die neue Waffe referierte, die ein jeder wie ein Gewehr mittragen konnte und die, mit einem winzigen atomaren Sprengkopf ausgerüstet, kleine Objekte bis hinab zu einem einzelnen Bahnhof oder einem hinter einem Wald bereitstehenden Bataillon zielgenau zerstören konnte. Man mußte nicht mehr ganze Städte oder Länder in Schutt und Asche legen. Als er seine Papiere zusammenfaltete und erschöpft nach einem Glas Wasser tastete – nun wieder ein schwer gealterter Dean Martin –, applaudierten alle. Auch Gusti. Dann wurden sie in kleinen Elektromobilen mit putzigen Anhängerwagen, so wie man sie auch bei Landesausstellungen und Gartenschauen sieht, durch lange mit Neonlicht beleuchtete Stollen in einen Unterstand gefahren, der keinen Teppichboden mehr sondern einen aus rohem Beton hatte und aus dem sie durch Fenster aus gefärbtem Panzerglas in ein Felsental hinaus sahen, an dessen Horizont Berge standen, die wie Zeigefinger in den Himmel wiesen. Die neue Waffe war nirgendwo zu sehen, auch der Schütze nicht. Allerdings hing eine Konstruktionszeichnung im Maßstab 1 : 2 an einer Wand, vor der sich die Spezialisten sofort drängten. Dann sagte eine schnarrende Lautsprecherstimme etwas, was Gusti nicht verstand, und alle verstummten und eilten zu den Luken. Rote Lampen blinkten. Eine verirrte Wespe dröhnte so laut durch den Bunker, daß ihr alle vorwurfsvoll nachsahen und den Abschuß verpaßten. Sie hörten und spürten auch nichts: aber plötzlich stieg bei den Zeigefingern vorn eine Wolke in den Himmel, so hoch, daß die Felsen in ihr verschwanden. Sand kam auf sie zugetrieben und rieselte über das Lukenglas. Weit vorn ein neuer Krater. Gusti wurde von einer so großen Erregung gepackt, daß er auf eine Tür losstürzte, über der EMERGENCY EXIT stand, und das Rad, das sie verriegelte, wild zu drehen begann. Er zog einen Hebel – eine Glocke schrillte los –, riß die Tür auf – eine schwere Metalltür, die sich mühelos in den Angeln bewegen ließ – und rannte in die Wüste hinaus. Hinter ihm lautes Geschrei. Er kam in dem weichen Sand nur mühsam vorwärts, die Augen auf den flirrenden Krater gerichtet, und wandte sich zum ersten Mal um, als er zu einer Geländekante kam, hinter der sich die Wüste dem ersehnten Ziel entgegensenkte. Weit hinten in seiner Spur hasteten zwei Männer mit merkwürdigen Mondanzügen und Gasmasken. Sie verwarfen ihre Arme, und also blieb er stehen und wartete. Schon von weitem riefen sie ihm laut und aufgeregt etwas zu, was er wegen ihren Masken nicht verstand. Aber er begriff, daß sie ihn nicht weitergehen lassen wollten, und ging mit ihnen zurück. Die Bunkertür war zu – hinter den schmalen Sehschlitzen die aufgerissenen Augen seiner Kollegen –, und sie mußten eine ganze Weile im immer heißeren Sand warten, bis ein auf Raupen montierter Jeep auftauchte, dessen Chauffeur keinen Schutzanzug trug und sie zur Barackenstadt zurückfuhr. Ein Weg von mehreren Kilometern: waren die unterirdischen Stollen so lang? Gusti wurde von den beiden Soldaten in den Duschraum geführt und mußte sich einseifen und sauberspritzen, und während er dies tat, redeten die beiden, die nun keine Masken mehr trugen, erneut auf ihn ein. Wieder, diesmal wegen des rauschenden Wassers, verstand er nichts. Er wurde kahl geschoren – protestierte vergeblich – und bekam neue Kleider, khakigrüne der amerikanischen Armee, und während er sie anzog, verstand er die beiden endlich, junge Sergeants, die sich von ihrer Aufregung noch immer nicht erholt hatten und zum dritten Mal davon berichteten, daß diese diese Atomwaffen nicht so harmlos seien wie sie das alle lange geglaubt hatten. Bei den ersten Erprobungen seien die Forscher in Hemd und Hose zwischen den noch glühenden Trümmern herumspaziert. Die meisten von denen seien nun tot, verfallen, irgendwie von innen her zerfressen, denn nach außen hin seien sie noch eine ganze Weile lang gesund geblieben. Darum mache ihnen auch der Garagist aus San Diego einige Sorgen, er sei nämlich der letzte jener Elitesoldaten, die sich in Explosionsnähe eingegraben hatten, mit Plastikdecken über den Köpfen.

Ihm selber sei nicht geheuer, so gesund zu sein; er berste vor Energie. Überhaupt seien – der eine der Sergeants senkte die Stimme, der andre beugte sich vor – bei jener ersten Bombe mehr als ein Dutzend Menschen einfach übersehen worden. Man habe gemeint, so eine Wüste sei unbewohnt. Da war aber zum Beispiel eine Familie, die hinter den Fingerfelsen ein selbstgebasteltes Haus bewohnte und von der Schlangenjagd lebte. Das Haus flog mitsamt allen Kindern in ein Tobel, und die Frau und der Mann, die auf der Veranda gesessen hatten, blieben mit den Henkeln ihrer Teetassen in den Händen auf ein paar Holzdielen hocken. Die Kinder waren zerschmettert. Inzwischen waren die Eltern allerdings auch tot. Ein einsamer Jäger etwas weiter weg wurde von seinem Pferd geweht, schlidderte drei Kilometer weit über Sand und Steine und verendete an einen mannshohen Kaktus gekreuzigt. In einem noch entfernteren Tal wohnten illegal eingewanderte Mexikaner in Metallfässern. Sie rollten bis zum Golfplatz von Sun City und wurden in ihren Blechen eingeschlossen auf Lastwagen der Armee verladen. Die Sergeanten wußten nicht, was aus ihnen geworden war. »*Good luck!*« riefen sie wie aus einem Mund. »Der Kommandant erwartet Sie heute abend zu einem Gespräch. Neunzehn Uhr. General Martin, den Sie ja heute kennengelernt haben, wird auch dabei sein.«

»Dean?«

»John«, sagten beide.

Gusti schlenderte zu den Tischen unter den Bananenblättern. Er ließ ein Bier aus dem Automaten und wollte sich neben einen Argentinier setzen, mit dem er am Morgen ein Gespräch über die Schmetterlinge Feuerlands begonnen hatte. Aber der machte ein so entsetztes Gesicht, daß er zum Tisch des schwarzen Fahrers weiterging. Der schien seinen neuen Outfit komisch zu finden und lachte ihn mit weißen Zähnen an. In der Tat sah er ziemlich einheimisch aus. Als die andern wieder plauderten, bat er seinen Freund ein letztes Mal, wirklich zum letzten Mal, um den Jeep. Und um die Schaufel. Der Schwarze stand so schnell auf, daß Gusti dachte, er fliehe nun auch seine Nähe; aber er wollte nur nicht noch einen Anschiß eines Generals riskieren und fuhr lieber selbst. Er war allerdings ziemlich verblüfft, als Gusti zum Krater wollte. Zum alten. Vom Vorfall am Morgen hatte er wohl nichts mitgekriegt. Gusti rutschte erneut ins Trichterloch hinunter, diesmal mit der Schaufel, wühlte sich in den Sand und hackte mit einem endgültigen Schlag einen Brocken aus dem verhärteten Gestein heraus. Schwarze Schlacke, geschmolzen und erfroren. Als sie wieder bei den Baracken waren, schwadronierten die andern immer noch. Gusti holte seine Reisetasche und marschierte zum Ausgang des Camps, wo ihn die Schildwache freundlich grüßte. Er folgte einem schnurgeraden Asphaltsträßchen, das weit vorn vom Horizont verschluckt wurde. Bald war die Wüste so still, daß ihn seine Schritte und sein Atem wie eigene Wesen begleiteten. Das heißt, als er einmal stehen blieb, um sein Keuchen zu bändigen, hörte er Grillen zirpen, und einen Wind, von dem nichts zu spüren war. Telefonmasten warfen lange Schatten. Die Sonne wurde so groß, daß er in sie hineinzugehen vermeinte. Als er zur Straße kam, die von Las Vegas nach Los Angeles führt, dämmerte es. Er versuchte vergeblich, Autos zu stoppen; aber als er schon jede Hoffnung aufgegeben hatte, kam donnernd ein Greyhound-Bus näher und hielt. Er kletterte hinein und setzte sich auf die hinterste Bank. Es war längst dunkel, und nur hie und da streiften die Scheinwerfer kreuzender Autos die Gesichter der andern Fahrgäste, die alle schliefen. Rechts von ihm lag eine Frau, die den Kopf schräg zur Decke hielt und den Mund wie die ekstatische Marmorheilige Berninis geöffnet hatte. Gusti versuchte die Adresse von Charles Bonalumi in seinem Kopf zu finden, und schlief ebenfalls ein. Träumte, er sitze zwischen den Flügeln eines gewaltigen Schmetterlings und werde gerüttelt und geschüttelt als sei die Flugluft aus Schottersteinen.

Jemand hatte ihn an der Schulter gepackt. Er spürte die Pratze längst bevor er die Augen öffnete. Als er es dann wirklich tat, sah er in ein blaues Gesicht mit einer malmenden Kinnlade, hinter dem ein ebenso blaßer Mond mit zwei lidlosen Augen schwebte. Zwei Militärpolizisten, mit Maschinenpistolen unterm Arm. Die Fahrgäste waren wach, und auch ihre Gesichter leuchteten im Widerschein unzähliger Blaulichter, die sich rings um den Bus drehten. »*Come on, man!*« Gusti stieg also aus, und als er neben dem Bus stand, kam mit großem Geheul ein weiteres Auto angerast und hielt direkt vor ihm. Er wurde hineingestoßen, neben einen dritten

Polizisten, der die Schweinsaugen des ersten und das Kinn seines zweiten Kollegen hatte. »Was —«, sagte er, aber der Polizist sah ihn so eisig an, daß er sofort verstummte. Während sie losfuhren, blickte er noch einmal zu den Fenstern des Greyhounds hoch. Die Berninifrau stand auf ihrem Sitz und hatte den Mund immer noch offen.

Obwohl die Straße leer war, ließ der Fahrer die Sirene heulen und das Blaulicht blinken. Steine und Kakteen, selten einmal eine schwarze Hütte. Erst allmählich gelangten sie in bewohntere Gegenden. Es gab nun auch wieder andere Autos, die sie wie Spreu von der Fahrbahn scheuchten. Sie kamen wohl in die Nähe von Los Angeles, jedenfalls sah Gusti nun jene sich zu Knoten bindenden Autobahnen, von denen er gehört hatte. Hohe Palmen gegen den Nachthimmel, an dem der Mond leuchtete. Endlich fuhren sie einem langen Maschenzaun entlang, hinter dem ein orangehelles Flugfeld lag. Auf dem Vorfeld Militärmaschinen. Sie hielten vor einem Gebäude, neben dessen Eingang ein riesiges A und eine mannshohe 2 gemalt waren. Gusti wurde durch leere Korridore in einen Raum geführt, der nahezu ebenso leer war; es gab nur einen Tisch und zwei Stühle. Er hatte nicht einmal Zeit, nach der Zigarette zu suchen, nach der ihm jetzt zu Mut war. Denn aus einer andern Tür kam ein Mann in einem grünen Militärhemd geschossen, setzte sich an den Tisch, wies mit dem Kinn auf den zweiten Stuhl und bellte: »Dachten Sie wirklich, Sie könnten damit durchkommen?«

»Womit?« sagte Gusti und setzte sich. »Wohin durch?«

»Sie haben den militärischen Sperrbereich ohne Erlaubnis verlassen. Wohin wollten Sie?«

»Nach Los Angeles.«

»Was wollten Sie in Los Angeles?«

»Jemanden besuchen. Er heißt Charles Bonalumi und ist Lepidopterologe.«

»Lepi – was?« Der Mann holte eine Brille hervor und setzte sie auf.

»Schmetterlingsforscher. Ich bin auch Schmetterlingsforscher. Ich habe eine neue Theorie über das Werden der Schmetterlinge und unsrer Erde. Bonalumi ist ein Fachmann und hat eine Zeitschrift. Ich wollte meine Theorie mit ihm besprechen. Ich wollte sie ihm *beweisen.*«

Er holte den Kraterbrocken aus seiner Hosentasche und legte ihn auf den Tisch. Der Mann mit der Brille nahm ihn, wendete ihn hin und her und sah Gusti fragend an.

»Chitin. Ich habe ihn aus dem Krater der Explosion der ersten Atombombe.«

Der Mann ließ den Stein fallen, als sei er glühend geworden, und stürmte aus dem Zimmer. Noch hing der Nachhall des Polterns im Raum, als die Tür erneut aufging: Ein hünenhafter Schwarzer, der rote Gummihandschuhe trug, warf sich auf den Steinbrocken und verschwand mit ihm, bevor Gusti auch nur eine Bewegung machen konnte. So hockte er also da und sehnte sich erneut nach einer Zigarette. Aber die Taschen seines Leihanzugs waren leer. Diesmal dauerte es lange, bis ein neuer Spieler diese merkwürdige Bühne betrat, ein alter Herr in einem weißen Kittel, unter dem Teile einer Uniform hervorschauten. Arzt oder FBI? Er setzte sich nicht, sondern ging wie ein satter Tiger um Gusti herum, den er, als er ebenfalls aufstehen wollte, unerwartet grob auf seinen Stuhl zurückdrückte. Er fragte lange und ausführlich nach dem Stein, ließ sich immer und immer wieder erklären, wie er ihn aus dem Kratertrichter herausgeschlagen hatte, und wozu, und interessierte sich sehr für die Theorie der sich verhärtenden Urfalter. Gusti erläuterte sie mit wachsendem Eifer. Während er ihre Bruchstücke zusammenzufügen versuchte – es war das erste Mal, daß ihm jemand zuhörte –, kamen ihm neue Gedanken, die er sogleich in sein System einbaute als hätten sie darin stets schon ihren Platz gehabt. Zum Beispiel schienen ihm die hohen Gebirge – der Himalaja oder die Alpen – plötzlich Ballungen sich im Todeskampf aufbäumender Riesenfalter zu sein. Auch beschäftigte ihn die Frage – der alte Herr saß auf der Kante des Tischs und hörte still zu –, ob die Urfalter wirklich alle in fernen Galaxien verschwunden seien, Trillionen Lichtjahre entfernt inzwischen, oder ob die Kometen nicht letzte vorbeigaukelnde Grüße jenes luftigen Beginns seien. Während Gusti in einem immer fließenderen Englisch sprach, kam der Schwarze herein – ohne seine Handschuhe – und flüsterte dem Mann etwas ins Ohr. Der nickte und unterbrach Gusti mitten in jenem Satz, der den Kern seiner Theorie formulieren sollte. »Das reicht!« Sie hätten einen Charles Bonalumi aufgetrieben, aber der habe keinen Verlag, sondern eine Pizzeria am Wilshire Boulevard. Das *Venezia*. Ob es der sei? Im übrigen sei er verschwunden. Die Beamten, die im *Venezia* vorgesprochen hätten, hätten nur eine junge Frau vorgefunden, eine Japanerin, die tagsüber an der University of Southern California Germanistik studiere und ihnen nicht sagen konnte oder wollte, wo ihr Chef sei. Sie mache sonst nur die Kasse, jetzt backe sie auch die Pizzas, aus reiner Gutmütigkeit. Das war glaubhaft, denn sie bot den Beamten eine an, und sie war ungenießbar.

Alle drei gingen erneut durch flau beleuchtete Korridore, die jetzt nach Äther und Putzmittel rochen, und landeten in einem Zimmer, das mit technischen Instrumenten so vollgestopft war, daß es einem Lagerraum glich, oder einem Schrottplatz, denn der Lack der meisten Apparate blätterte ab. Immerhin, der Mann war wohl doch ein Arzt, oder wenigstens ein Arzt des FBI, denn Gusti mußte sich ausziehen und auf einen Schragen legen. Eine unglaublich hübsche Frau mit rot geschminkten Lippen war von irgendwoher aufgetaucht: gnadenlos sachlich, als sei Gusti ein weiterer Apparat. Mit einem Stift, der ebenso rot wie ihr Mund leuchtete, markierte sie die Stellen auf seiner Haut, an denen sie dann Klemmen und Drähte befestigte. Hirn, Herz, Hoden. Gusti spürte, wie sein Schwanz in sein Inneres hineinschrumpfte, und sie sah es auch, und es war ihr ebenfalls egal. Sie drehte an vielen Knöpfen und rauschte endlich mit langen Papierfahnen unter dem Arm davon.

Dann kam der Arzt wieder, ohne die Frau, dafür mit einem Offizier, dessen Uniform voller Litzen und Sterne war und der in seiner durchtrainierten Schlankheit einem Manager von General Motors oder Ford glich. Er stellte Gusti alle Fragen nochmals, die der Arzt schon gestellt hatte, nur schneller und ohne die Antworten abzuwarten. Dann tuschelte er mit dem Arzt und tippte mit dem Zeigefinger gegen die Stirn. Als der Arzt nickte, holte er einen Briefumschlag aus einer Jackentasche, gab ihn Gusti und ging ohne einen Gruß. Gusti durfte sich anziehen und den Arzt begleiten, der ihn dem schwarzen Hünen übergab, der ihn begeistert auf den Rücken schlug. »*Nuts?*« Er wieherte und donnerte ihm seine Faust ein zweites Mal in den Nacken. »*You are a lucky man!*« Vor dem Ausgang dieses Spitals oder Gefängnisses stand ein Jeep, darin seine Reisetasche, am Steuer ein junger Soldat, der beide Beine auf dem Nebensitz gelagert hatte und aus einem gelben Radio *The little shoemaker* hörte. »*He has gone bananas!*« rief ihm der Schwarze zu und hielt zwei Finger wie ein v in die Höhe. Der junge Soldat beachtete ihn nicht und startete so rasant, daß Gusti, der noch auf dem Trittbrett stand, beinah wieder auf der Straße gelandet wäre. Sie fuhren ohne ein Wort zu sprechen zum Zivilflughafen von Los Angeles, und der Soldat begleitete ihn sogar durch den Zoll. Keine Kontrolle, nur ein kurzer Wortwechsel zwischen dem Soldaten und einem Zollbeamten, der Gusti kopfschüttelnd ansah. Der lächelte blöd zurück. Dann ein militärischer Abschied: Auftrag erfüllt. Gusti flog erste Klasse. Beim Start dröhnten die Motoren der Superconstellation als wollten sie das Flugzeug zerreißen. Aber dann brummten sie friedlich in einem Himmel voller Sterne. Gusti bekam so viele Hamburger wie er wollte, auf Porzellantellern, und einen Rotwein, der ihn so müde machte, daß er einschlief. Wenn er blinzelte, sah er Ausschnitte eines Films, der direkt vor ihm auf einer kleinen Leinwand lief: einmal eine kindliche Frau, die in einem winzigen Nachthemd auf einer südlichen Veranda saß und sehnsüchtig blickte; und später einen ältern Mann, der auf derselben Veranda herumtorkelte – nun war es Nacht – und durch ein trübes Fenster lugte, hinter dem sich das Kind, nun ohne Hemd, mit einem glanzhäutigen Muskelmann wälzte.

Ausgeruht kam er in Frankfurt an und stieg, als die Sonne erneut unterging, den Rebhügel hinauf. Der Weg war ausgeschwemmt wie ein Bachbett; und kurz vor der Höhe hatte ihn sogar ein Erdrutsch zugeschüttet. Das Haus war so zugewuchert, daß niemand darin wohnen konnte. Rosen bis zum Dach hinauf! Vor den Fenstern Spinnweben! Allerdings stand unter dem Rosengewucher ein Auto, ein Fiat oder Simca, denn damals sahen die gleich aus. Ein Kühlergrill wie ein silbriges Buchenblatt. Gusti kämpfte sich durch das Dickicht, wuchtete die Haustür auf und erblickte sich selber in einem trüben hohen Spiegel, den es zu seiner Zeit noch nicht gegeben hatte. Ein Ungeheuer mit millimeterkurzen Haaren, von den Dornen blutig gestochen und mit Blütenblättern behangen. Er schrie auf, vor Schreck oder weil er so komisch aussah, und fast sofort kamen Olga und Krähenbühl aus dem Schuppen gestürzt: er nackt, sie – groß geworden – in einem Hemd, das oben zu eng und unten zu kurz war. Es war ja tatsächlich heiß. Krähenbühl fand als erster die Sprache wieder und umarmte Gusti, und dann fiel ihm Olga um den Hals, die ihn nicht erkannt hatte. Sie hatte einen Busen! Sie gingen alle drei in die Küche und aßen Omeletts, die Olga aus den Eiern der Hühner zubereitete, die Gusti nun überall herumgakkern hörte. Krähenbühl, der noch weißhaariger geworden war, holte seinen Blaumann und erzählte strahlend vor Glück, er habe jetzt einen Arzt gefunden, der ihm seine Lauferei verboten habe. Endlich! Sie sei nicht gut für sein Herz! Er habe es ja immer schon gesagt! Also habe er, zum Abgewöhnen, noch am Veteranenlauf von Brüssel teilgenommen und ihn auch gewonnen, obwohl alle skandinavischen Asse am Start gewesen seien; die Asse der Dreißigerjahre natürlich. Aber seitdem bewege er sich nicht mehr. Es sei gigantisch. Vom Bett in die Küche, und zurück, das sei alles. Er habe sogar ein Auto gekauft, wegen Olga, damit sie nicht *nur* die Rosen von innen sehe. Beide lachten. Olga hatte eben ihr letztes Schulzeugnis bekommen und war durchgefallen. Sie nahm es nicht tragisch. Immer wieder sah Gusti sie an: seine große Schwester! Sie hantierte am Herd wie eine Frau! War er so lange fort gewesen?

Als er ins Bett ging – jetzt schlief Olga in seiner Kammer, und seine Matratze war im Estrich oben –, lag auf seinem Kissen ein Brief. Charles Bonalumi schrieb ihm, er sei in Venedig, weil er an dem Ort, wo seine Wiege gestanden habe, den ersten Internationalen Kongreß für Paläolepidopterologie organisieren wolle. In Mestre, um genau zu sein. Hier habe schließlich sein Weg in die herrliche Welt der Schmetterlinge begonnen, und er verfüge an diesem schönen Ort zudem über eine eingespielte Infrastruktur. Er rechne fest mit Gustis Teilnahme und habe ein Referat von ihm mit anschließender Diskussion eingeplant. Es sei unerläßlich, daß er das Tagungsgeld, welches Lire 40 000 betrage, im voraus überweise. Herzliche Grüße von Charles Bonalumi.

Gusti las das Programm durch und sah, daß sein Vortrag am übernächsten Morgen um zehn Uhr früh war. Er war zu müde, um darüber Schrecken oder Freude zu empfinden, schlief ein und träumte, er habe seinen Stein wieder, den Beweis seiner Theorie. Er stand auf einem grell ausgeleuchteten Podium, sprach und sprach, und unten saßen Tausende von Lepidopterologen, alte Herren mit Pistolen in den Händen, die in tosenden Applaus ausbrachen, als er geendet hatte, und wild um sich schossen. Sogar Schmetterlinge gaukelten im Saal herum. Er wachte schweißgebadet auf. Eben rötete die Sonne das verstaubte Fenster. Ein einzelner Falter taumelte dagegen und wollte hinaus. Gusti riß es auf und sah dem kleinen Tierchen nach, wie es davonstürzte, über die von Immortellen zugewucherte Ziegelpyramide hinweg, als sei es auf der Flucht.

13

Als Gusti dann – Abend für Abend! – in der Brazil Bar saß, sah er nicht mehr militärisch aus; kaum eigentlich noch zivil. Der Blaumann, den er trug, war vielleicht der Krähenbühls; glich ihm mindestens aufs Haar. Allerdings war der Schriftzug der Weinfirma verschwunden. Auf den selbstgefärbten Unterhemden hatte in Tat und Wahrheit ein einziges Mal jener grobe Angriff auf die Armee zu lesen gestanden. Ihm selber war nicht wohl dabei gewesen, und doch war er damit einen ganzen Samstagnachmittag die Freie Straße hinauf und hinunter gegangen. Sonst trug er zuweilen die Schriftzüge zweier renommierter lokaler Unternehmen auf die Brust schabloniert – die andere war das *Läckerli Huus* –, die ihn dafür mit Abfallgebäck und zerdellten Senftuben belohnten. Wenn ihm danach war, klappte er den Blaumannlatz nach unten, drehte sich auf seinem Barhocker um und warb ein paar Minuten lang. Meistens allerdings saß er still da. Immer trank er Rotwein. Er konnte so bewegungslos sitzen, daß man ihn vergaß. Zuweilen jedoch, vor allem wenn er mit Frauen war, hatte er rote Wangen und sprudelte die Wörter nur so aus sich heraus. Er war gern mit Frauen! Zahlte ihnen die Getränke und offenbarte ihnen sein Innerstes, vermutlich, obwohl er sie stets allein weggehen ließ. Hie und da sprach er quer durchs Lokal mit Gästen, die an entfernteren Tischen saßen. Dann dröhnte seine Stimme so, daß sogar die, die sich vorn beim Eingang niedergelassen hatten, zuhören mußten. Viele taten es so gern, daß sie die Bar seinetwegen aufsuchten: ihm ein Glas Dôle in der Hoffnung spendierten, es löse seine Zunge. Darauf war aber kein Verlaß: Oft trank er das Geschenk wortlos.

Er genoß die Protektion der Wirtin, die Doris hieß und eine christliche Kindheit hinter sich hatte. Ihre Eltern hingen einer Sekte an, deren Mitglieder alle in England lebten; nur gerade sie beide – Prediger und Gemeinde in einem – in diesem permissiv protestantischen Basel. Da hienieden alles des Teufels war, war Doris bis zu ihrem einundzwanzigsten Lebensjahr nie im Kino gewesen. Im Zirkus gar, oder in einem Dancing. Sie hatte dann in einem einzigen Jahr alles nachgeholt: *Zorro* gesehen und Tischfußball gelernt und die Schlangenfrauen im Variété Clara bestaunt und sich einem Mann hingegeben, dessen unchristliche Lebensfreude sie so verwandelte, daß ihr danach ihre Eltern so neben den Schuhen vorkamen, daß sie sie wieder gern hatte. Daß sie eine Bar führte, hatte sie ihnen gesagt – trinken durfte der Mensch in diesem Jammertal, und sein Geld vermehren sowieso –, aber sie wagte ihnen immer noch nicht zu gestehen, daß sie Zeitungen las. Bücher! Nachdem der fröhliche Liebhaber mit einer andern Frau in irgendeinem Süden verschwunden war, verteilte sie die Gunst ihrer erweckten Sinne skeptisch und halbwegs gerecht unter ihre liebsten Gäste und schüttete, wenn die Schatten der Kindheit ihr neugewonnenes Leben verdunkelten, ihr Herz Gusti aus, der dann ihre Hand hielt und so lange mit ihr schwieg, bis sie versöhnt zum Bierhahn zurückkehren konnte. Dann bestellten alle Gäste, die zuvor so getan hatten, als seien sie in endlose Gespräche vertieft, neue Getränke oder einen Käse aus England, den es sonst nirgendwo gab. Doris wetzte wieder hin und her. Auch Gusti rief: »Noch einen Zweier!« und bekam ihn hingeschoben als sei er einer wie alle.

»Ich hupte Olga aus dem Schlaf«, rief er. »Ich hatte doch mein Referat! Sie kam in einer weißen Bluse und einem Rock, der von steifen Unterröcken gestützt war, aus dem Haus gehüpft und setzte sich neben mich in den Fiat oder Simca, während ich wie ein Blöder am Lenkrad herumdrehte, um ihn aus dem Gestrüpp hinauszubekommen.« Er hob das Glas, sah hinein und trank. Er konnte Olgas Verwandlung immer noch nicht fassen. Die Gäste schwiegen.

Als er das Auto endlich auf dem Fahrweg draußen hatte, streckte Krähenbühl den Kopf durch die Tür und verwarf die Arme. Gusti bremste und kurbelte das Fenster hinunter. Sehr langsam kam Krähenbühl nähergeschlurft, eine Hand auf sein Herz gepreßt, kramte in der Hintertasche des Blaumanns herum und brachte endlich ein zerknülltes blaues Papier zum Vorschein. »Du hast doch keinen Führerschein. Wir gleichen uns sowieso immer mehr.«

Gusti steckte den Ausweis ein, und dann schwankten

Bruder und Schwester die Rebwege hinunter – manchmal stand das Auto so schräg, daß sie zu kippen vermeinten – bis zur Straße, auf der sie losbrausten als wollten sie am selben Abend noch in Venedig sein. Das wollten sie tatsächlich, aber sie fühlten sich heiter wie in vom Himmel geschenkten Ferien. Gusti war sicher, daß ihn sein Kommandant noch längst in Fort Indian Springs wähnte, und Olga war ihre Schule sowieso los. Das Auto war laut, aber es klang, als könne es nie kaputt gehen. Es war schwarz – damals waren alle Autos schwarz – und roch nach Öl und Staub und Leder. Ein riesiges Steuerrad mit drei Speichen und ein weit geschwungener Ganghebel mit einem runden Knauf, der mit den Anstrengungen des Motors zitterte. Sonst keine Instrumente. Nur noch ein Hebel in der Mitte des Armaturenbretts, der so groß wie ein Schuhlöffel war und die Zeiger rechts und links aus der Außenwand schießen ließ; den auf Olgas Seite höchstens halbwegs.

Olga lag in ihren Sitz vergraben und sah nichts, sprach wenig und rauchte ununterbrochen. Auch Gusti schwieg. Er hatte das Fenster offen und hielt mit der linken Hand die Dachkante. Wenn er herunterschaltete, genoß er die Sicherheit, mit der er Zwischengas gab. Jede Kurve war ein Vergnügen. Er überholte von Kühen gezogene Bauernwagen und hupte begeistert in den engen Tunnels der Axenstraße.

Dann fuhren sie die Kehren der Gotthardstraße hinauf und waren bald zwischen Schneemauern. Aber der strahlend blaue Himmel, in dem die Schwalben nordwärts flogen, ließ auch dieses gleißende Weiß wie einen Frühling aussehen. Vom Hospiz ragten nur noch die Fenster des obersten Stockwerks aus den Schneemassen. Winkende Soldaten. Dann öffnete sich unter ihnen das Tal. Ein fernes Geflirre, in dem Palmen und Minarette verborgen waren. Sogar Olga hatte so etwas Schönes noch nie gesehen.

Als sie über den Damm von Venedig fuhren, leuchtete eine rote Sonne in ihrem Rückspiegel. Vor ihnen schwebten, als brennten sie, die Türme der Stadt über den Wassern. Boote, aus denen Fischer Netze warfen. Gusti steuerte mit offenem Mund, und auch Olga saß aufrecht da und starrte das Wunder an. Sie hielten an einem Quai voller Seilrollen, und erst da erinnerte sich Gusti, daß der Erste Internationale Kongreß für Paläolepidopterologie ja gar nicht in Venedig, sondern in Mestre stattfand; daß in einer Pension, die *Buon Riposo* hieß, sogar ein Zimmer für sie reserviert war. Sie fuhren also zurück, diesmal in die Sonne hinein. Das *Buon Riposo* lag dem Bahnhof gegenüber, und ihr Zimmer hielt eine Luft aus den Zeiten der letzten Dogen gefangen. Ein Bett wie ein riesiger Sarg. Der Wasserhahn dröhnte, und das Bidet war gelb. Sie ließen ihre Koffer fallen, rissen das Fenster auf und flohen auf die Straße. Zu dieser Stunde sollte das Plenum des Kongresses dem Vortrag eines Australiers namens Edward F. Funk über Schmetterlingsfunde im Antarktiseis folgen. Nachdem sie lange durch die fünf oder sechs Straßen von Mestre geirrt waren – es war inzwischen dunkel geworden –, merkten sie, daß sie schon mehrere Male am Kongreßgebäude vorbeigekommen waren, dem *Ristorante da Alberto*, das winzig und leer und von einer einzigen Neonleuchte erhellt war und aus dessen Hintertür – sie hatten beim Eintreten ein Glockenspiel in Bewegung gesetzt – ein kleiner dicker Mann mit einer weißen Schürze und einer schwarzen Jacke gestürzt kam. Er glänzte vor Eifer, wies auf seine drei Tische und rückte die Stühle zurecht.

»Wir suchen den Kongreß für Paläolepidopterologie«, sagte Gusti, so gut er das in seinem Italienisch konnte. »Im Programm steht, er findet hier statt.«

»Ich dachte, Sie wollten essen«, sagte der rundliche Herr und sah auf seine Tische. »Alle fahren nach Venedig hinüber, mit dem Fahrrad. Sogar meine eigenen Verwandten.« Er rieb sich mit beiden Händen die Augen. »Sie suchen meinen Sohn. Kommen Sie.«

Sie gingen durch einen Korridor voller Bierkästen und Fahrräder zu einer Tür, in der ein Vorhang aus Glasperlen hing. Dahinter dozierte eine Stimme, die nichts Australisches an sich hatte. Ein Vortrag wie eine Opernarie. »Carlo!« rief der Wirt. »Kundschaft!«

Durch den Vorhang kam ein junger Mann geklirrt, der dem Wirt aufs Haar glich, nur daß bei ihm Bauch und Glatze wie ein Sieg der Natur aussahen, und nicht wie eine Niederlage. Er umarmte Gusti und rief: »Mister Funk! Ich hätte nie gedacht, daß Sie es schaffen! Wie schön!« und dann: »Und Sie sind Missis Funk!« Olga wich entsetzt zurück.

»Ich heiße Mister Schlumpf«, sagte Gusti. »Ich meine, ich bin Gustav Schlumpf. Ich bin morgen früh dran.«

»Oh, natürlich, Mister Schlumpf!« rief das jugendliche Abbild des Wirts, immer noch in einem sehr italienischen Englisch. »Ich bin Charles Bonalumi. Sagen Sie Charly zu mir. Gehe ich recht in der Annahme, daß Sie den Tagungsbeitrag noch nicht bezahlt haben?«

»So kurzfristig –«, sagte Gusti. Aber Charles Bonalumi rief sofort »Natürlich, natürlich«, holte einen Bleistift und einen zerknautschten Quittungsblock aus einer Hosentasche und füllte ihn aus, wobei er die Stiftspitze immer wieder mit der Zunge anfeuchtete. Seine Bewegungen waren so heftig, daß er ständig gegen die Korridorwände oder eins der Fahrräder stieß. Gusti und Olga aneinandergedrängt. Und durch den Vorhang hindurch unbeirrbar die Stentorstimme, tatsächlich von Schmetterlingen sprechend, falls Gusti das Wort *farfallone* richtig deutete. Er gab Bonalumi das Geld, das dieser mit einem tiefen Seufzer in die Tasche steckte. Dann seufzte er nochmals, diesmal weniger tief, und sagte: »Mister Funk ist nicht angekommen. Wir hatten ihm eine Passage auf der *Lauro 23* gebucht, aber die hat zuweilen auch Fracht für Dschidda oder sonst so einen Hafen am Roten Meer, und da liegt sie dann monatelang.« Er kicherte. »Ein junger Kollege ist für ihn eingesprungen und spricht gerade über das Problem der Rekonstruktion der Farben in Versteinerungsfunden.« Er lachte nun hemmungslos. »Vielleicht schafft es Mister Funk bis zum nächsten Kongreß.«

Gusti lächelte höflich und ging durch den Vorhang hindurch in den Vortragsaal. Der war eine Art Werkstätte, voller Drehbänke und Arbeitstische. An den Wänden Schraubenzieher und Speichenräder ohne Reifen. Fahrräder überall. Ein paar Stühle. Auf denen saßen, vereinzelt, als wollten sie nichts miteinander zu tun haben, ein alter Herr mit einem würdigen Bart, ein wesentlich jüngerer, der – mit Brillantinehaaren und einem Monokel – wie ein verarmter Graf aussah, und eine blonde Dame mit einem roten Kleid und sehr roten Lippen. Sie hörten einem jungen Mann zu, der in einem zu großen Anzug und einer fahnengroßen Krawatte hinter einer Werkbank stand und seinen Vortrag nicht unterbrach. Seine rechte Hand war voller Schmieröl, und verschmiert war auch seine Nase, die er, während er sprach, ständig rieb. Gusti stand benommen zwischen Olga und Bonalumi, dem in diesem Augenblick die Kläglichkeit seiner Veranstaltung auch peinlich schien und der deshalb den Redner mitten in einem Satz unterbrach. Dies sei Signor Schlumpf mit seiner Gattin – Olga, die kein Italienisch verstand, lächelte verwirrt –, Signor Schlumpf sei einer der Pioniere ihrer gemeinsamen Bemühungen, ganz gewiß einer der profiliertesten Mitarbeiter des *Journal*, er werde morgen um zehn Uhr c. t. einen Vortrag halten, dessen Titel er ihnen jetzt am besten selber sagen werde. Er strahlte. Gusti wurde rot und murmelte, ja, er habe eine neue Theorie und hoffe, die Kongreßteilnehmer würden auch morgen so zahlreich erscheinen. Er hatte es nicht ironisch gemeint, er war nur verlegen. Die drei Zuhörer und der Referent hatten ihn interessiert angeschaut; die rote Dame applaudierte sogar nach seiner stammelnden Ankündigung. Charles Bonalumi lächelte ihr dankbar zu und erklärte, damit sei der wissenschaftliche Teil des heutigen Tags beendet. Er danke seinem jungen Freund, der sogar das Training beim F. C. Mestre geschwänzt habe, wo er Mittelstürmer spiele, um für den verhinderten Mr. Funk einzuspringen. Der Abend stehe zur freien Verfügung. Aber er rege an, daß man das Essen gemeinsam bei seinem Vater einnehme. Also landeten alle im Restaurant, das damit nahezu überfüllt war, weil inzwischen zwei verschüchterte Touristen an einem der Tische saßen und Spaghetti aßen. Die Kongreßteilnehmer verteilten sich an die andern beiden Tische, ihrer Schwerkraft oder Trägheit gehorchend, so daß Gusti zwischen den alten Herrn und die geschminkte Dame geriet. Olga saß am andern Tisch bei Charles Bonalumi, dem jugendlichen Referenten und dem verarmten Grafen; schaute zuerst ganz verzweifelt; später aber, als Gusti sich selber etwas wohler zu fühlen begann, hörte er sie lachen. Es war heiß, trotz einem Propeller, der sich an der Decke oben drehte.

Der alte Herr erwies sich als ein echter, wenn auch emeritierter Professor der Universität von Padua, der eine Sammlung von Schmetterlingen hatte, die ihm in seinen jungen Jahren ins Netz geflattert und dann versteinert waren; so war er dem Wissenschaftszweig, dem dieser Kongreß galt, in die Arme getrieben worden. Er sprach ein angenehm singendes Italienisch und glich, je mehr Wein er trank, immer deutlicher Giuseppe Verdi. Die Dame hatte mit Schmetterlingen nichts zu tun, sondern betrieb die Werkstatt, die das Tagungslokal war; vermietete Fahrräder für Spritztouren nach Venedig. Sie trank so schnell und lachte so laut, daß sie das Touristenpaar vertrieb. Ein Blick des Wirts, der nur Mord bedeuten konnte. Aber auch Gusti fand den Wein gut – herrlich, um genau zu sein –, und schließlich herrschte im Lokal eine Stimmung wie an einer Hochzeit. Der Propeller machte die Hitze eher noch heißer, und auch die Spaghetti dampften, von denen der Wirt immer neue Platten brachte. Wahrscheinlich aber war es doch der Valpolicella, der sie bald mehr oder minder formlos auf ihren Stühlen sitzen ließ: den Professor in einem Hemd, dessen Rücken aus Pyjamastoff bestand; den Jüngling ohne den Kittel seines Vaters; den Grafen ohne das Monokel, weil sich dieses immer erneut beschlug. Charles Bonalumi hatte plötzlich ein gestreiftes Gondoliereleibchen an, und die Bluse der geschminkten Dame war so aufgeknöpft, daß alle die großen Höfe der riesigen Warzen ihrer gewaltigen Brüste sahen. Nur Olga saß wie zuvor. Lächelte manchmal, wenn der Graf einen Scherz machte, der ihr unverständlich blieb. Sie trank zum ersten Mal. Gusti prostete ihr zu, aber der Alkohol machte sie starr, nicht lebendig. Sie schaute ernst. Gusti, der nun schon ziemlich betrunken war, vergaß sie wieder, auch weil sich die geschminkte Dame und der Wirt zu beschimpfen begannen, ohne daß Gusti verstand, um was es ging. Um Fahrräder jedenfalls. Später krachte der alte Herr zu Boden. Er war aufgestanden, um nach einem Grissini-Stengel zu greifen, und hatte sich für einen Augenblick zu Hause gewähnt, wo sein Ohrensessel rechts von den Grissini stand und nicht links. Auch der Graf stand plötzlich auf einem Stuhl und sang *Che gelida manina:* Schaute dabei seine eigene an. So begriff Gusti nicht genau, wieso Olga plötzlich kreischte und zu ihm hinüber gestürzt kam, flammendrot und kreideweiß. Sie hatte die Sprache verloren und deutete immer nur auf Charles Bonalumi, der die Arme und Schultern wie ein Fußballspieler hob, der einen Gegner zusammengetreten hat und dem Schiedsrichter seine Unschuld deutlich machen will. Olga, immer noch ohne Worte, zerrte Gusti ins Freie, wo sie der Wirt einholte. »Il conto, signore! Il conto!« Gusti bezahlte, einen Betrag, der wahrscheinlich die Kosten des gesamten Kongresses deckte. Dann taumelten sie eine lange dunkle Straße hinunter, an Öltanks vorbei, hinter denen Schiffe tuteten. Olga hing an Gusti wie eine windlose Fahne an ihrem Mast und fand endlich die Sprache wieder. Charles Bonalumi hatte seine Hand zwischen ihre Beine getan. Gusti, dessen Kopf sich drehte, sagte so etwas wie, die Männer seien halt Säue. Dann waren sie beim Hotel und stiegen ins Zimmer hinauf. Noch immer jene Luft aus den Zeiten der Bleikammern, weil jemand das Fenster geschlossen hatte. Gusti riß es wieder auf, während Olga, nackt inzwischen, versuchte, sich mit den Tropfen, die aus dem Wasserhahn fielen, abzukühlen. Nachdem sie zwei

Handvoll auf Stirne und Brust verteilt hatte, gab sie es auf und kroch stöhnend unters Leintuch. Gusti zog sich auch aus und legte sich neben sie. Der Mond beschien ihre Körper, die wie Mumien dalagen, während auf der Straße unten Lastzüge mit einem Lärm vorbeidonnerten, als führen sie durchs Zimmer hindurch. Als Gusti eindämmerte, schnellte Olga aus dem Bett, stürzte zum Bidet und kotzte. Kotzte und kotzte. Gusti setzte sich auf und sagte »Na, na, na«. Als ihr Gewürge überhaupt nicht mehr aufhören wollte, stand er auf und klopfte ihr auf den Rücken. Es war keine Hilfe, denn sie stieß ihn verzweifelt weg. So hockte er schließlich auf dem Bettrand, während Olgas Inneres keine Ruhe zu finden schien und sich weiterhin von etwas befreien wollte, für das es längst keine Materie mehr gab. Endlich schleppte sie sich ins Bett zurück und wand sich in solchen Krämpfen, daß Gusti dachte, sie sterbe. Dennoch aufatmete, daß sie heftig den Kopf schüttelte, als er vorschlug, eine Ambulanz oder einen Arzt zu organisieren. Er legte sich also wieder ins Bett und hielt ihre Hand, bis sie nur noch hie und da wimmerte und die Knie nicht mehr bis zum Kinn hochgezogen hielt. Schließlich lag sie ruhig da. Als Gusti zum zweiten Mal am Einschlafen war, flüsterte sie, nahe an seinem Ohr, auf jener Terrasse hoch über dem Rhein, als sie Eis aßen, das sei der schönste Tag ihres Lebens gewesen. Während sie dann schlief, lag Gusti wach und starrte in einen Himmel hinaus, in dem die Sterne verblaßten. Er stand auf. Im ersten Morgenlicht das Meer, das so sehr dem Himmel glich, daß ein fernes

Schiff zu fliegen schien. Als die Dächer der Stadt in der Sonne leuchteten und die Eisenbahnzüge längst wieder fuhren, wurde Olga endlich wach und zog sich an. Stumm und grün. Kein Blick. Sie gingen wortlos zum Auto, in dem Olga dann wie tot lag. In der Nähe von Verona tranken sie einen Kaffee. Am hellichten Nachmittag waren sie zu Hause, und Olga stolperte blind an Krähenbühl vorbei. Der stand mit offenem Mund da. Gusti hob die Schultern, so wie Charles Bonalumi es am Abend zuvor getan hatte, und Krähenbühl stieß die Schuppentür, hinter der Olga verschwunden war, erneut auf und drehte, als sie hinter ihm wieder zu war, den Schlüssel zweimal im Schloß.

Gusti ging in die Kaserne und meldete sich zurück. Der Kommandant hatte ein Schreiben der US-Army erhalten und erwartete ihn in eben diesem Augenblick. Er sah nachdenklich auf den riesigen Adler im Briefkopf – Gusti stand in korrekter Haltung vor seinem Schreibtisch – und schüttelte den Kopf. Plötzlich lachte er und holte seine unvermeidlichen Zigaretten aus einer Jackentasche. Bot Gusti eine an und gab ihm sogar Feuer.

»Das hätte ich Ihnen nicht zugetraut, Schlumpf«, sagte er. »Alle Achtung. Aber Sie haben Ihren Auftrag zu extensiv ausgelegt.«

»Wieso?« Gusti sog den Rauch der Zigarette zu tief ein und hustete.

»Natürlich würden wir uns für eine radioaktive Gesteinsprobe interessieren. Aber überlassen Sie die

Spionage in Zukunft den Profis. Dachten Sie wirklich, die Amis merkten das nicht?«

Gusti, der immer noch hustete, nickte und schüttelte den Kopf. Der Kommandant wedelte mit dem Brief den Rauch weg und sagte: »Die Amerikaner verzichten auf einen Protest auf diplomatischer Ebene. Wir können das Ganze administrativ regeln. Offiziell muß ich Ihnen einen scharfen Verweis erteilen. Inoffiziell aber« – er lachte wieder – »muß ich sagen, Hut ab, Schlumpf. Toll. Dachte nicht, daß sowas in Ihnen steckt. Sie können sich abmelden.«

Gusti salutierte. Als er die Tür öffnete, rief der Kommandant: »Sie haben einen Wunsch frei. Ihre nächste dienstliche Bitte ist Ihnen jetzt schon bewilligt.« Gusti zog die Tür hinter sich zu und ging durch den Korridor davon, der ihm lichter als früher vorkam.

14

Es war Hochsommer, und Gusti schleppte sich neben seinen Offiziersaspiranten dem Wald entlang. Er hatte mit ihnen Schützengräben ausgeräuchert und Maschinengewehrnester gestürmt. Taumelte der Kaserne zu. Heuschrecken sprühten vor seinen Nagelschuhen weg. Staub in einer Luft, die kochte. Es war also kein Wunder, daß er Sally nicht sah, die im Schatten eines riesigen Schwarzdorns stand: breit, in einem Blumenkleid, und mit einem gelben Sonnenschirm in der Hand. Er stierte durch sie hindurch als sei sie auch so ein Gehölz.

»Gusti!«

Sie klappte den Sonnenschirm zu. Wie er aussah, verdreckt und erschöpft, in dieser Uniform! Dennoch ein Mann jetzt! »Hallo!« Als allerdings seine Augen auch direkt vor ihr wie Stiele aus seinem Schädel hingen, packte sie ihn einfach an einem dieser vielen Lederbänder, in die ein jeder Soldat verheddert war, und zog ihn mit einem so heftigen Ruck zu sich hin, daß der Wald selbst ihn zu verschlucken schien. Weg war er. Er schrie so etwas wie »Hilfe!«, aber die Aspiranten trotteten blöde weiter. Endlich erkannte er Sally, die längst – vor ihm laufend – zum dunklen Herzen des Forsts hinstrebte und ihm winkte.

»Sally! Wo kommst denn du her?«

Sie zeigte mit einer Hand nach Westen und kletterte über einen zugewucherten Baumstrunk. Gusti, der nicht verstand, trabte hinter ihr drein. Sie setzte über einen Graben voller Brennesseln und scheuchte einen Hasen auf, der hakenschlagend verschwand. Dazu warf sie alles von sich, was ihr zu viel war: den Schirm zuerst, dann eine Handtasche, das Kleid auch – während sie es über den Kopf zog, rannte sie zwischen riesigen Disteln, ohne eine einzige zu berühren – und schließlich die Unterzeuge. Die Sandalen zuletzt. Ihre Haare, die länger und weiß geworden waren, flatterten hinter ihr drein.

»Wart doch!« rief Gusti, der in dem dichten Unterholz nur mühsam vorwärts kam und sie bald nur noch als einen rosa Schatten durch fernes Grün huschen sah. »Wohin willst du denn?«

Die Äste düsterer Tannen rissen ihm seine idiotische Mütze weg – da hing sie an einem der Stämme –, die Kartentasche dann und den brettsteifen Kittel, und das Hemd, das zerfetzt zwischen den Nadeln blieb, die schreckliche Hose, die Unterhose auch, die Schuhe, eine Socke. Die andere allerdings leistete Widerstand, so daß er einbeinig hinter Sally dreinhüpfte und verzweifelt an ihr zerrte.

»He?!« Er sah sie nicht mehr. »Wo bist du?«

»Hier!«

»Wo, hier?«

Das traurige Wollzeug hing immer noch an seinem

Fuß, als er den Schatten einer gewaltigen Eiche erreichte und Sally sich über ihn warf. Küsse! Er spürte ihre nasse Haut, ihr Gewicht, und in seinem Kreuz einen spitzen Ast. Ihr Bauch, als er sich zu heben und senken begann, war riesig und hatte ein schwarzes Nabelloch. Ihre Brüste: milchweiß! Sie hatte ihr Gesicht dem Himmel zugewandt, und ihre Hinterbacken klatschten auf seine hingegebenen Schenkel. Heilige Gefühle begannen ihn zu überschwemmen, und seine Augen lösten sich von den beiden Eichhörnchen, die sich über ihm in der Baumkrone balgten. Seine Pupillen zogen sich unter die Lider zurück, rollten nach innen, noch tiefer, bis er in sein eigenes Hirn hinein sah.

Dort lagen er und Sally, winzig ineinander verknotet, Schneisen durch einen leuchtenden Dschungel schlagend. Orchideen. Zuweilen schoß das Bein mit der Socke aus hohen Farnen. Einmal bäumte sich Sallys Hintern aus blauen Blumen auf. Geparde flohen. Hohe Bambusse splitterten, Schilfe, und später regnete ein tropischer Ginster sein ganzes Geblüh herab wie ein Wolkenbruch. Er hörte sein Wimmern. Sally stöhnte so, daß ihr die Hirsche antworteten, und beide zerbarsten mit einer Gewalt, die diesen Amazonas roden mußte. Wasser spritzte bis zu den Wipfeln hinauf, wo die Vögel wegstoben, und Gischt umschäumte sie.

Dann lag Sally schwer auf ihm, und er spürte, daß ihm das Wasser, das eben noch das Paradies genetzt hatte, in Mund und Nase floß. Er war am Ertrinken und hob prustend den Kopf. Sie waren in einen flachen Bach gerollt, der zwischen Tannennadeln gluckerte, und hatten ihn so gestaut, daß sich ein regelrechter See gebildet hatte. Ein Frosch saß am Ufer. Den Wald ringsum hatten sie zwar nicht in Fetzen geschlagen, aber einzelne Bäume schienen tatsächlich entwurzelt und kamen auf sie zugeschritten. Ein Weißdorn schlurfte durch altes Laub, und noch näher versuchte ein Gewächs, das die Blätter der verschiedensten Bäume und Nagelschuhe trug, über den Bach zu kommen. Es stand in einer lächerlichen Grätsche über dem fast wasserlosen Rinnsal. Eine Tanne, aus der eine Faust mit einer Maschinenpistole ragte, war ihnen so nahe, daß sie blieben wie und wo sie waren – zwei nasse Liebende, nackt und voller Dreck –, und natürlich stolperte die Tanne über den Fuß mit der Socke und saß enttarnt auf ihrem Hintern und war jener Student der englischen Sprache, der einst Gustis Aufsatz über die Schmetterlinge übersetzt hatte und längst auch schon Soldaten befehligen durfte. Wahrscheinlich war er inzwischen Professor.

»Verzeihung, Herr Instruktor!« Er rappelte sich auf, tropfnaß bis zum Gürtel. »Pardon, Madame!«

Dann rannte er ohne sein Immergrün davon, gefolgt von Büschen und Gehölzen, die nicht rückwärts gegangen waren wie er und laut lachten. Gusti und Sally sahen ihnen nach. Dann halfen sie sich aus dem Bach – das Staubecken leerte sich rauschend und schwemmte den arglosen Frosch mit – und gingen in ihren Spuren zurück. Pflückten die Kleider aus Brombeeren und Haselnüssen. Nur Sallys Sonnenschirm blieb verschwunden.

Als sie ins Freie traten, war dennoch alles wieder am rechten Ort, und ein Bauer, der sein Pferd der Tränke zuführte, grüßte sie freundlich. Auch sie riefen ihm etwas wie »Heiß heute!« oder »Macht Durst, so ein Wetter!« zu. Weit unten brach der getarnte Haufe aus dem Holz, immer noch prustend. Einer der Rekruten hielt den Schirm wie eine Waffe. Sally und Gusti faßten sich an den Händen und gingen hinter den Rekruten drein, langsamer als diese, viel langsamer. Beim Kreuz bogen sie in den Rebweg ein und stiegen zum Haus hoch, das sie erreichten, als die Sonne unterging.

Olga und Krähenbühl saßen am Küchentisch und spielten Monopoly. Olga hatte zwei rote Hotels auf dem teuersten Boden erbaut, dem Paradeplatz, und war gerade dabei, ihrem Gegner das letzte Hüttchen in Saas Grund wegzunehmen. Ganze Geldberge lagen vor ihr, Kreditverträge und von Krähenbühl unterzeichnete Schuldbriefe.

»Mensch!« rief sie und starrte Sally an. »Ist die alt geworden!«

»Du bist auch kein Kind mehr«, sagte Sally und ging zum Tisch.

»Ich«, sagte Gusti, der bei der Tür stehen geblieben war, »auch nicht.«

»Krähenbühl«, murmelte Krähenbühl förmlich und erhob sich. Er war nackt, bis auf eine rotblau gestreifte Turnhose, und deutete einen preußischen Bückling an.

»Sehr erfreut.« Sally streckte ihm ihre Hand hin. »Ich heiße –«

»Los, spiel mit!« krähte in diesem Augenblick Olga und zerrte Sally auf einen Stuhl. »Ich gewinne heute, das gibts gar nicht! Mensch!«

Während Sally mit Olga um ein Grundstück in Cham zu feilschen begann, kletterte Gusti in den Estrich hinauf, den Krähenbühl inzwischen auch als Lager für die unzählbaren Schachtelkäse benutzte, die er ständig von irgendwoher anschleppte und zu Türmen stapelte. Das ganze Bett war umstellt. Er warf sich auf die Matratze, und als Sally auch nach einer Stunde nicht kam, schlief er ein. Träumte, er sei in Varna, ein Bub, und Olga stehe im Salon und schreie und tobe, weil kein Geld mehr da war – der Vater bewegungslos in einer Ecke –, und vor den Fenstern leuchtete die herrliche Landschaft.

Später fuhr er so heftig aus dem Schlaf, daß er den Kopf gegen einen Dachbalken schlug. Ein dröhnender Schmerz, durch den er, genau wie im Traum, Olgas Stimme hörte. Er sprang aus dem Bett – es war stockfinster – und warf ein paar Dutzend Käseschachteln um, die die Hühnertreppe hinabpolterten. Natürlich wollte er sie aufhalten und tat einen schnellen Schritt, einen zu schnellen, denn sein Fuß trat neben die oberste Sprosse, und er stürzte hinter den Schachteln drein. Unten saß er wie betäubt. Alles war still. Nur ein verspäteter Käse kam die Leiter herabgehüpft und legte sich neben ihn.

Die Zimmertür ging auf. Helles Licht, das ihn blendete. Olga mit wirren Haaren, in einem weißen Nachthemd. »Jetzt ist der auch noch verrückt geworden!« Ihre Stimme war noch schriller als im Traum. »Hockt im

Dunkeln im Korridor und spielt mit Schachtelkäsen!« Gusti rappelte sich auf, wankte ins Zimmer und merkte erst, als die Tür hinter ihm zufiel, daß er nichts anhatte und seine Hand so sehr in einen dieser Kartons verkrampft hielt, daß der Käse durch alle Ritzen quoll. Sally hockte im Schneidersitz auf dem Sofa und war ebenfalls nackt. Krähenbühl, der sich hinter den Ofen verkrochen hatte, war in ein Leintuch gewickelt und sah wie ein Beduine aus. Eine hitzige Auseinandersetzung war im Gang, genauer, Olga stand mitten im Zimmer und schrie, und die andern schwiegen. Sofort hatte sie sich an den neuen Zuhörer gewöhnt und raste wie zuvor. Sie deutete immer erneut auf Krähenbühl, »diese blöde Sau«, der hinter dem Ofen kaum noch zu sehen war. Allah il Allah. Endlich verstand Gusti, daß Olga und Krähenbühl miteinander schliefen, seit langem offenbar, seit seiner Abreise nach Amerika mindestens, und daß heute, nach einer ganz normalen Beiwohnung ohne besondere Vorkommnisse, dieser wahnsinnige Alte Olga plötzlich gefragt hatte, ob sie ihn heiraten wolle. Dieser ledrige Greis, dem die Füße endgültig von den Pedalen des Fahrrads der Wirklichkeit geglitten waren. Sie, und heiraten! Als Olga für eine Sekunde innehielt, um Atem zu schöpfen, seufzte Gusti, dem alle Knochen weh taten, aus tiefstem Herzen.

»Natürlich fickt er wie ein Hengst!« rief sie, als habe er ihr eine Frage gestellt. »Aber wer heiratet denn ein Pferd?«

Sie sah ihren Bruder an. Dieser biß in die Käseschachtel und fiel in Ohnmacht. Lag längelang vor der Tür, den Gerberkarton im Maul. Geschmier in seinem ganzen Gesicht.

Olga öffnete den Mund und versteinerte. Krähenbühl stürzte aus seiner Ecke hervor, riß sich das Tuch vom Leib und schob es unter Gustis Kopf. Dann griff er ans starre Kinn und löste den Käseklumpen. Sally war in die Küche gerannt und hatte einen Eimer Wasser geholt. Goß. Olga klappte den Mund zu und verkrallte beide Hände so in ihr Nachthemd, daß es zerriß. Endlich begann Gusti zu stöhnen und öffnete die Augen. Sterne zuerst. Dann sah er direkt über sich Krähenbühls Gemächte – graue Haut – und spürte die Versuchung, erneut in Ohnmacht zu fallen. Setzte sich auf. Wasser rann ihm über die Brust und den Bauch. Olga begann kreischend zu lachen, bis Krähenbühl »Halt doch endlich einmal dein blödes Maul!« zischte. Da rannte sie in die Kammer, die einst die Gustis gewesen und jetzt ihre war, und drehte den Schlüssel unzählige Male im Schloß. Gusti stand ächzend auf, wankte zu ihrer Tür und rief: »Ich bins!« Aber als er an der Falle rüttelte, schrie sie: »Laß mich! Laß mich bloß!« Er setzte sich also an den Tisch, zwischen Sally und Krähenbühl, die beide erschöpft dahockten.

Der Lärm hatte die Fasane geweckt, die auf ihren Ästen gackernd neuen Schlaf suchten. Aber vor ihnen noch schlief Krähenbühl ein, den grauen Kopf auf der Tischplatte. Sally dämmerte als nächste weg. Auch aus

Olgas Zimmer drang bald ein zartes Schnarchen. Gusti sah ins Morgengrauen hinaus. »Nach Varna!« murmelte er. Aber er war zu wach, sich nochmals dorthin zu träumen.

15

Vielleicht hatte er doch geschlafen, denn plötzlich saß er allein in einer hellen Sonne. Über der Lehne von Sallys Stuhl hing ein weißes Kleid, dessen Stoff weit über den Boden rauschte. Blumen standen auf dem Tisch. Er tauchte den Finger ins Vasenwasser und schrieb *Fahre nach Varna bin gleich zurück* auf die Tischplatte. Zog sich an und ging zum Bahnhof, wo er aufs hinterste Trittbrett eines anfahrenden Zugs sprang. Während er versuchte, die Waggontür gegen den Fahrtwind aufzustemmen, sah er weit hinten den Bahnhofsvorstand, der die Arme verwarf. Dann aber saß er in einem Abteil, auf staubigen Erstklaßpolstern, und blickte begeistert auf helle Wiesen hinaus, auf denen Kühe grasten. Auf Hügel und Wälder. Als der Schaffner näher kam, kroch er – völlig ruhig – unter die Sitzbank und wartete, bis die Tür seines Abteils auf und wieder zu ging, wie zuvor alle andern. Zwei schwarze Schuhe vor seinen Augen. Dann krabbelte er wieder ans Tageslicht. Der Zug flog zwischen Felsen und Wasserfällen, und nach einem langen Tunnel an Kastanien und Schafen vorbei. Der Himmel war so nah, daß er herabzustürzen schien. Ein rauschender Fluß. An einer Grenzstation schleiften zwei martialische Beamte einen jungen Mann, der sich mit Fußtritten wehrte, zu einem Auto und stießen ihn hinein. Ein anderer Beamter riß die Tür seines Abteils auf und sah unter die Sitzbänke; ihm gönnte er keinen Blick. Dann fuhr der Zug weiter, an Seen vorbei, zwischen Palmen und Herrschaftshäusern, die sich an blühende Hügel schmiegten. Stob durch eine Ebene voller Mais. Gehöfte da und dort. Auf fernen Hügeln alte Städte. Rote Kirchtürme. Der Zug raste so, daß Gusti – ohne jede Sorge – dachte, er springe gleich aus den Schienen. Er sprang aber nicht, natürlich nicht, sondern fuhr am Ufer eines Meers, gegen dessen steile Felsen Wellen schäumten. Ein rasender Friede. Schon – hatte er einen Lidschlag lang die Augen geschlossen? – jagten sie durch weiße Dörfer, aus denen Minarette wuchsen. Verbrannte Hügel. Mit Datteln beladene Esel stoben davon und schleiften schreiende Bauern mit sich. Den Frauen wehten die sieben Röcke um die Ohren. Wenn sie durch einen Bahnhof fuhren: Staubwolken. Die Namen konnte Gusti nie lesen. Schaffner kamen längst keine mehr. Auch kein anderer Reisender weit und breit. Gerade als er sich doch so etwas wie Sorgen zu machen begann, bremste der Zug: dröhnte und schrie und bebte und hielt. Ein winziger Bahnhof, eine Hütte eher, in menschenleeren steinigen Hügeln voller Kakteen. Vor seinem Abteilfenster das Gesicht eines Kinds, das eine Uniformmütze trug. Es war trotz seines Alters ein Grenzbeamter und brüllte etwas. Also stieg Gusti aus und wurde von dem Zollkind, das weiterhin sehr aufgeregt etwas Hektisches in einer fremdartigen Sprache rief, durch die einzige Tür des Bahnhöfchens geschubst, in einen Korridor, der so lang war, daß er in dem ganzen Gebäude gar nicht Platz haben konnte und an dessen Ende ein zweiter Beamter saß, auch ein kindlicher, der ihm neugierig entgegen sah.

Gusti ging den langen Weg auf ihn zu – düsteres Glühbirnenlicht am heiterhellen Tag – und wurde sich genau jetzt, während er ging und in seinen Taschen herumtastete, bewußt, daß er weder Paß noch Geld mitgenommen hatte. Nichts! Mindestens zwei Zölle hatte er verschlafen! Dieser Beamte sah aber gar nicht schläfrig aus, im Gegenteil, er streckte ihm eine winzige Hand entgegen, als könne er den herrlichen fremden Ausweis nicht früh genug hineinbekommen. Gusti fummelte also in der Hosenbodentasche herum und hielt ein seltsam verlumptes Papier in den Händen: Krähenbühls Führerschein. Ohne zu zögern, streckte er dem Beamten dieses traurige Dokument hin. Der nahm es und las es sorgfältig, das heißt, er wendete es hin und her und um und um, sah auf das Foto, dann auf Gusti – es gab keinerlei Ähnlichkeit –, studierte die Rückseite, auf der stand, ein Verlust dieses Papiers sei unverzüglich dem Straßenverkehrsamt anzuzeigen, nickte dann und gab Gusti den Ausweis zurück. »Рукндшср цшддлщцььут!« Gusti stolperte durch eine trübe Glastür in die Sonne hinaus und begann, weil es keine andere Möglichkeit gab, einer schnurgeraden staubigen Straße entlang zu gehen, die weit vorne in einem steinigen Horizont versank. Sonst war niemand unterwegs, wenn er von einigen Skorpionen und einmal einer meterlangen Schlange absah, die gar nicht eilig unter Steinen verschwand. Er schwitzte und hatte mehr und mehr das Gefühl, seine Haare stünden in Flammen.

Als er sich, nach einigen hundert Metern, umwandte, war der Bahnhof verschwunden als sei er nur seinetwegen in diese öde Landschaft gestellt und jetzt weggeschafft worden. Die Straße, zwei Karrenrinnen eigentlich, ging unbeirrbar geradeaus. Jeder Felsklotz, den Gusti weit vorn als Ziel ins Auge faßte, sah, wenn er ihn erreichte, genau gleich wie der aus, den er hinter sich gelassen hatte. Sogar die Sonne verharrte am selben Himmelsfleck. Daß er nicht in einem Traum ging, merkte er nur daran, daß sein Hunger groß und sein Durst unerträglich wurden. Bald tat ihm alles so weh, daß er sich zu jedem neuen Schritt überreden mußte. Gerade als er sich zwischen die Steine werfen wollte, den Tod zu erwarten, hörte er hinter sich ein Gedröhn: wandte sich um: eine horizontfüllende Staubwolke wälzte sich auf ihn zu. Darin ein Donnern wie von tausend Hufen. So griffen in den Wüsten die Herren des Sands an! Gusti blieb stehen, so entsetzt, daß er seinem Tod gelassen entgegen sah. Nahe, ganz nahe wurde das Gewitter so heftig, daß ihm die Sandkörner um die Wangen peitschten. Ein Lärm! Aber dann löste sich aus dem Getobe ein einziger Reiter auf einem hageren Gaul heraus, der an einem langen Seil ein zweites Tier hinter sich her zog, einen Esel, der dem Windsbrauttempo des Pferds nicht gewachsen war und sich mitschleifen ließ, ohne die Beine, die er panisch gespreizt hielt, noch zu bewegen. Er machte den meisten

Staub! Der ganze Troß hielt mit viel Hü und Ho des Reitersmanns. Als sich der Staub lichtete, erwies sich der Reiter als ein dürrer Mann mit einer spitzen Nase, einem langen Spieß und einem flackernden, nein, glühenden Blick, der Gusti durchsengte wie ein von einer Lupe gebündeltes Sonnenlicht. Der versuchte, diese Glut auszuhalten, was ihm auch gelang, denn es war kein böses Licht. Eher eines, das anders eben nicht leuchten konnte. Tatsächlich sprach der Dürre jetzt auch, umständlich und wohlgesetzt und völlig unverständlich, in derselben Sprache wie die Grenzbeamten; wenn auch sicher mit andern Inhalten. Er wirbelte die Wörter durcheinander wie eben noch der Gaul den Esel. Als er eine Pause machte – auch Götter müssen Luft schnappen –, sagte Gusti »Varna« und spürte, er sagte dieses vertraute Wort in einer andern Sprache, in der längst vergangener Zeiten, und so sprach er weiter in ihr und beherrschte sie mit einem Schlag auch wieder, und rief also, er sei auf dem Weg nach Varna, da sei er nämlich geboren, ja, genau, er wühle sich gerade eben in seinen Geburtssand zurück. Der Hagere lächelte wie einer, dem ein Kind eine altbekannte Geschichte in einer besonders herzigen Version erzählt. Wies mit einer Bewegung, die entweder herrisch oder ungelenk höflich war, auf den Esel, der belämmert dastand und am Schwanz des Pferds knabberte. Gusti kletterte auf seinen Rücken. Machte es sich bequem zwischen Säcken, die auf den Eselseiten herabhingen. »ФГа пуреы!« Und schon fegten sie durch diese unendliche Wüste und gelangten zwischen

Blumengebüsche, aus denen Vögel hochstoben, Gazellen, und einmal zwei Löwen. Ein süßer lauer Duft. Es war Nacht geworden, kühl, Millionen Sterne erleuchteten den Himmel, gegen den sich der Schatten seines Führers abhob wie ein eigenes All. Der Ritt ging trotz der Dunkelheit so schnell, daß der Esel jedes Beineln aufgegeben hatte und in der hochgewirbelten Luft des Pferds mitflog. Nur hie und da stützte er sich mit einem routinierten Hufschlag irgendwo ab, und dann mußte Gusti sehr aufpassen, nicht aus seinem Sacksattel geschleudert zu werden. Döste er trotzdem? Als es dämmerte, ritten sie jedenfalls zwischen grünen Hügeln, auf denen Windmühlen standen. Der Hagere wandte sich kreischend um, nein, lachend, und wies auf eine, deren Radbalken zerfetzt kreuz und quer hingen. Um die Mühle herum Gerippe von Schafen oder Wölfen. Eine tiefe Sonne überglühte nun alles: das schäbige graue Fell des Esels, das Pferd, das auch kein Zuchthengst zu sein schien, den Mann, der Lumpen trug, die Jahrhunderte alt schienen – auf der Brust die Reste eines Kettenpanzers –, und weit vorn ein blaues Meer, auf das der Hagere pathetisch wies als habe er es eben für seinen Gast erschaffen. Eine Bucht voller Palmen, mit weiß gekalkten Häusern, die im Schatten warteten, während über ihnen mächtige Pinien auf Hügeln leuchteten. Gusti staunte mit großen Augen. Dem Hageren schien der Anblick auch zu gefallen, denn er schnalzte mit der Zunge und kicherte und kratzte sich hinter den Ohren. Drehte sich um und sagte: »Varna!«

Er gab dem Pferd so plötzlich die Sporen, daß auch der

Esel überrascht wurde – wieviel mehr erst Gusti! –, mit einem Entsetzensschrei in die Höhe schnellte, auf den panisch gespreiztn Vorderfüßen landete und schlingernd Tritt faßte. Natürlich wurde Gusti bei diesem Manöver abgeworfen und saß verdutzt zwischen staubigen Disteln. Reiter, Pferd und Esel verschwanden in einem unglaublichen Tempo im Horizont: als verschlänge der sie. Noch eine Weile lang ihr Getrappel aus dem Nichts. Noch länger zitterte die Luft so, daß sie die Schmetterlinge aus ihrer Bahn warf. Endlich dann herrschte jene Stille, die die Erde bei ihrer Geburt beherbergt hatte. Gusti rappelte sich auf und ging einen schmalen Fußweg zum Meer hinab.

Am Ufer zog er sich aus, wusch die Kleider, legte sie zum Trocknen in die Sonne und sich, ein bißchen abseits, in eine Mulde voll weichem Sand. Schlief ein und träumte den Ritt nochmals. Diesmal aber befreiten er und der Hagere zwei junge Frauen aus einer osmanischen Gefangenschaft, Zwillinge, die weder bekleidet noch nackt voneinander zu unterscheiden waren und von denen der Hagere ihm nach kurzem Zögern eine abgab. Nebeneinander liegend liebten sie die Schwestern. Fielen dann sich in die Arme, während in ihrem Rücken die Zwillinge sich so vermischten, daß die beiden Freunde, als sie sich ihnen wieder zuwandten, nicht mehr wußten, welche wem seine war. Das Lachen der Frauen glich heidnischen Glocken.

Dann wachte er auf: in einem respektvollen Rund standen Männer und Frauen in schwarzen Bauernkleidern. Viele. Die Männer standen mit breiten Beinen, und die Frauen lehnten an ihren Schultern. Auf den Miedern und Jacken kunstvolle Stickereien. Auch Kinder, die ihn genau so bewegungslos anstaunten. Greise mit Mündern, die alle Haut ins Körperinnere zu ziehen versuchten. Er hatte, wegen der Zwillinge seines Traums, einen steifen Pflock zwischen seinen Beinen, und seine Kleider lagen meterweit entfernt. Er kroch also bäuchlings zu ihnen hin und zog sich die Hose an. Dann das Hemd. Als er es geschafft hatte, applaudierten die versammelten Dörfler, und ein gebeugter alter Mann rief ihm etwas zu. Es schien ein Witz zu sein, denn sogar die Kinder schmunzelten. Er stand auf und ging zögernd ein paar Schritte näher.

»Ich kenne dich«, sagte der alte Mann, der eine Jacke ohne Knöpfe trug und nur noch wenige Zähne hatte. »Du bist der Sohn des Gutsbesitzers.«

»Mein Vater war der Knecht!« rief Gusti. »Das weiß ich! Wir waren Leibeigene! Der Herr quälte uns!«

Die Bauern blickten zwischen den beiden hin und her. Runde Gesichter mit großen Augen. Plötzlich lachten alle, sprangen verkrümmt herum, mit auf die Bäuche gedrückten Händen, mit denen sie sich dann wieder auf die Schenkel schlugen. Sie wieherten und johlten und deuteten immer wieder auf diesen Gusti, der schamübergossen dastand. Am lautesten war der alte Mann. Er wurde von einem wahren Veitstanz geschüttelt und hatte schließlich ein so rotes Gesicht, daß er jäh zu lachen aufhörte. Sofort waren auch die andern wieder ernst. Wischten sich mit den Jackenärmeln die Stirnen trocken und rückten die Mieder zurecht.

»Du kennst mich auch!« sagte der alte Mann, als er wieder ruhig atmete. »*Ich* war der Knecht. Zwetlas Vater.«

»Sie?«

»Ich, lieber Gustav. Komm!«

Sie gingen zwischen Pinien und zirpenden Grillen einen Serpentinenweg hinauf, ein langer Zug schwarzer Menschen, alten Mauern entlang, aus denen Salbei oder Rosmarin wucherte. Endlich gelangten sie zu einem Tor – vermooste Steinlöwen rechts und links –, hinter dem eine Platanenallee auf ein fernes Gebäude zuführte. Es leuchtete, einem alten Bild gleich, am Ende dieses Schattenkorridors. War dies das Haus? Die Schuhe der Bauern knirschten. Obwohl Gusti keinen von ihnen kannte, waren sie mit ihm zusammen Kinder gewesen, und die Greise waren die, die in den Wäldern ringsum Stämme geschleppt hatten.

Vor dem Haus stand eine Frau mit ausgebreiteten Armen – ihr Gesicht ein Netz aus Runzeln –, und weil der alte Mann, der hinter ihm ging, ihn schubste, fiel er ihr in die Arme. Sie war kleiner als er und rief »Gustav!« und zog ihn zu sich herab, bis sie seine Wangen küssen konnte. »Gustav!« Der Mann rief begeistert: »Endlich ist er gekommen!« und hüpfte wie ein Kind. Dann saßen sie zu dritt an einem rostigen Gartentisch auf dem Vorplatz dieses majestätischen Hauses, in einer Sonne, die die blühenden Flieder ringsum leuchten ließ. Ein

Brunnen plätscherte. Etwas weiter riesige Zedern, in deren Schatten die Bauern standen und herüberschauten. Vögel sangen.

»Wie geht es dem Herrn Vater?« Die beiden Alten, deren Köpfchen kaum über die Tischkante ragten, strahlten ihn an. »Und der lieben Mutter?«

»Sie sind tot.«

Sie nickten. Sie waren in dem Alter, in dem man den Tod von Gleichaltrigen wie eine ruhige Nachricht entgegennimmt. »Ein guter Mann, der Papa. Und die Mama, was für eine Frau!«

Schwalben flogen unter dem Dach des Hauses, das zwei Stockwerke hatte und mit jenem ockerfarbenen Mörtel verputzt war, der im Süden häufig ist. Abgeblätterte dunkle Fensterläden. Glyzinien bis zum First.

»Sicher hast du Hunger«, sagte die Frau.

»Und Durst!« rief Gusti.

Obwohl die Bauern zu weit weg standen, um dem Gespräch folgen zu können, rannte eine junge Frau ins Haus und kam im Nu mit einem vollbeladenen Tablett zurück; als hätte es in einer nahen Küche bereit gestanden. Brot, Käse, Wurst, Butter und Wasser. Gusti dankte ihr – sie glich dem Zwilling seines Traumes – und fiel über alles her. Aß und trank gleichzeitig. Als er fertig war, klatschten die Bauern wieder, und seine Gastgeber lächelten. Der Mann zog ein Foto aus einer Tasche, einen vergilbten Schnappschuß mit gezackten Rändern, der eine Frau mit einem Kind auf dem Arm zeigte, in irgendwelchen Alpen. Das Kind zog die Nase kraus, und die Frau, die ein altmodisches Dirndl trug und ein bißchen dick war, blickte ihn aus ernsten Augen an.

»Zwetla?« fragte Gusti zögernd.

»Fühl dich ganz zu Hause!« rief, statt einer Antwort, der Mann so laut, daß Gusti erschrak, und steckte das Foto wieder ein. »Natürlich schläfst du heute hier.«

»Ich mache das Bett«, sagte die Frau lächelnd und stand auf. »Du weißt ja, wo.«

Als sei dies ein verabredetes Zeichen, gingen die Bauern auseinander und verschwanden in Stallungen, zwischen Obstbäumen oder Reben. Ein ganzer Trupp zog sich durch die Platanenallee zurück und wurde vom fernen Tor weggesogen. Die junge Frau machte sich auf den Weg ins Haus. Ein Uralter kam, mit einem Stock winkend, auf Gusti zugehumpelt und wollte ihm etwas zurufen, »Zwetla« vielleicht oder »Gustav«, aber seine Haut gab just in diesem Augenblick ihren Widerstand auf und schnurrte durch den Mundtrichter weg. Auch die Gastgeber waren nicht mehr da. Nur der Brunnen plätscherte wie zuvor, und ein kleiner Hund kam unter einem Rosentunnel hervorgetrottet. Gusti stand auf und ging ins Haus.

Er stand in einem gekalkten kühlen Gewölbe, an dessen Wänden Plakate hingen, die die Bauern wohl zu einer Produktionssteigerung aufriefen, denn sie waren voller Ausrufezeichen, Sensen in schwieligen Händen und den ährenumrankten Staatsemblemen. Besen, Körbe, ein Fahrrad. Weit hinten war eine breite Treppe, die er hinaufging. Im oberen Stock ein langer Korridor mit Bodenplatten aus blauem Ton. Er öffnete ein paar von den Türen, die rechts und links in die Zimmer führten, und blickte zuerst auf einen einsamen Tisch mit gedrechselten Beinen, auf dem eine in Teile zerlegte Pistole lag. Dann war er in einem Badesaal mit einer Wanne für eine ganze Familie. In einem dritten Zimmer stand ein breites Bett, in dem die junge Frau schlief, in den Kleidern, die Beine weit auseinander. Ihre Brust hob und senkte sich, und sie lächelte in einem schönen Traum. Dann kamen ein paar Räume voller Gerümpel. Am Ende des Korridors blickte er lange durch ein Fenster auf ein fernes Gebäude, das durch die Zweige der Zedern leuchtete, und ging dann dieselbe Treppe wieder hinab, in den Garten zurück.

Eine Weile lang sah er in den Brunnen hinunter, in dem Algen und Goldfische schwammen. Spatzen stoben herum. Wie leuchteten die Kiesel in der Sonne! Dann schlenderte er um einen riesigen Feigenbaum, aß auch eine der Früchte und ging aufs Geratewohl einem schmalen Weg entlang, der zwischen Birken hindurch zu einem Wald führte. Der Hund war auch wieder da, rannte bellend voraus und wirbelte Schmetterlinge auf. Wurzeln von hohen Bäumen schlangen sich zu knorrigen Zeichen, über die er stolperte. Ein blühender Rhododendron wucherte über ein Betongebäude mit schmalen Luken. Dann versperrte ihm Stacheldraht den Weg, aber irgendwie schaffte er es, hinüberzukommen. Der Hund sprang begeistert an ihm hoch. Endlich die Dämmerung des dichteren Walds, und unvermittelt ein

Pavillon. Er starrte ihn erschrocken an. Seine Latten waren blau, nicht grün, aber die Farbe war so alt, daß sie überall abblätterte und in kleinen Fahnen am weißen Holz hing. Vor dem Eingang Efeu und Brombeeren. Er kämpfte sich durch sie hindurch und setzte sich auf eine Bank, auf der ein völlig verdreckter Damenschuh stand. Auch der Tisch war grau. Er wischte auf der Platte herum und sah suchend auf Rillen und Runen, die kein Geheimnis preisgaben oder hatten. Dann saß er einfach da und blinzelte in das Sonnenlicht hinauf, das durch die Bäume drang. Daß man den Klang einer Stimme vergißt, auch wenn man die Worte noch weiß! Oder war es umgekehrt? Jedenfalls sangen Vögel, Marder raschelten, und plötzlich, nahe im Unterholz, rennende Schritte und das Schnarren von Walkie-Talkies. »Рфтвы гз!« Er hob erschrocken den Kopf.

Aus den Büschen starrten ihn vier oder fünf Gesichter an, aus Augen, die Panik verrieten. Soldaten. Ein Offizier sprang mit einem Kampfsprung, den er wohl oft geübt aber gewiß noch nie in einem Ernstfall angewandt hatte, vor die Pavillontür, eine Maschinenpistole im Anschlag, das Gesicht zu einem Überlebensschrei verzerrt. Gusti hob die Arme. Irgendwie war ein anderer Kämpfer in seinen Rücken gelangt und stieß ihn so grob ins Freie, daß er gegen den Anführer taumelte und ihn umwarf. Der Hund, ein kühner Spitz, verbiß sich in eine der Gamaschen des Kämpfers und wurde herumgebeutelt, bis er loslassen mußte und mit einem Schmerzensschrei in einem Brennesseldickicht verschwand. Der Anführer war wieder auf den Beinen, bevor Gusti auch nur einen Finger hatte rühren können. Er hatte ein verschwitztes Gesicht und schrie etwas, und Gusti dachte, jetzt erschießt er mich, so erregt war er. Aber er erschoß nur den Hund. Der sprang in die Höhe und blieb zerfetzt liegen. Der Offizier machte mit seiner Maschinenpistole heftige Bewegungen, die entweder bedeuteten, daß Gusti stehen bleiben oder näher kommen mußte. Sonst! Er brüllte in einem hohen Falsett, der Offizier. Ringsum hatten sich die andern Soldaten genähert. Der Offizier schnellte plötzlich zu Gusti hin – gegrätschte Beine, ein vorgestreckter Arm – und wühlte in seinen Taschen herum. Keuchte dazu und sah ihn so entsetzt an, als vermute er bei ihm einen geheimen Trick, den so nahen Gegner jäh zu erledigen. Schließlich sprang er zurück und schwenkte Krähenbühls Führerschein in den Händen. Schrie etwas, im Triumph. Zwei Soldaten packten Gusti und stießen ihn einen steilen Waldweg hinunter, an Bunkern vorbei, über einen neuen Stacheldrahthag, zu einer Fahrstraße, auf der drei graue Autos mit laufenden Motoren warteten. Er wurde ins mittlere hineingestoßen, auf die Hintersitze. Neben ihn drängte sich ein massiger Mann mit roten Augen, Bartstoppeln und einer entzündeten Nase, die sofort losnieste. Er schneuzte sich in ein kariertes Taschentuch und sah Gusti mit nassen Augen an. Auf den Vordersitzen saßen der Offizier, der keinen Augenblick ruhig bleiben konnte und so klein war, daß er kaum über die Rückenlehne seines Sessels hinwegsah, und ein Fahrer, von dem Gusti nur einen speckigen Uniformkragen, einen Nacken und die Mütze sah. Sie kurvten die Waldstraße hinunter, schnell und lautlos, an getarnten Stollentüren vorbei, vor denen Soldaten patrouillierten, bis hinab zur Strandstraße, wo der Fahrer nun doch, obwohl vor ihm ein anderes Militärauto fuhr, wie irre auf die Hupe drückte; und tatsächlich lagen überall in den Straßengräben verdutzte Esel. Eine ganze Schafherde stob in Panik in den Garten eines Palasts, der wohl zu einem Altersasyl gehörte, denn verzweifelte Greise stemmten sich gegen die Flut der Schafe und wurden schließlich doch mitgerissen. Dann waren sie beim Palast – auf seiner andern Seite – und bogen durch ein hohes Tor in einen Innenhof, in dem Soldaten exerzierten. Ihr Paradeschritt sah aus, als wollten sie ihren Vordermännern Fußtritte geben, und hie und da geschah das auch.

Gusti wurde aus dem Auto gestoßen und in ein kahles Zimmer geführt, in dem ein Uniformierter an einem Holztisch saß und versuchte, mitten im Sommer!, einen Samowar anzuheizen. Der Samowar wollte seinen Tee nicht ausspeien und zischte und fauchte, und der Soldat, der einige Litzen trug und vielleicht ein Leutnant war, fluchte vor sich hin, als sage er ein Gebet auf. Gusti setzte sich auf eine Holzbank, neben den verschnupften Riesen, mit dem er jetzt von Handgelenk zu Handgelenk durch eine kurze Kette verbunden war. Beide sahen dem Leutnant zu, bis dieser einen endgültigen Fluch ausstieß, aus einer Schublade des Schreibtischs eine Schnapsflasche hervorholte und einen Schluck trank. Der

Samowar war schuld. Dann ging es ihm besser, er lehnte sich in seinem Stuhl zurück, seufzte, sah Gusti an und sagte: »Nun, mein Sohn? Ein Spion sind wir also?«

»Ich?« schrie Gusti. »Sind Sie verrückt?«

»Merke«, sagte der Leutnant sanft. »Merke, mein Sohn. Unsre tapfere Armee hängt keinen Spion auf, es sei denn, sie hätte ihn.« Er lächelte, und Gusti merkte, daß er tatsächlich ganz altmodisch sprach, wie aus einem früheren Jahrhundert oder einer Chronik. »Altes Sprichwort.« Er lachte nun sogar ein bißchen. »Dich haben wir.«

»Ich heiße Gustav Schlumpf. Ich bin von hier. Ich bin hier geboren.«

»Schlumpf?« sagte der Leutnant und hatte plötzlich den Führerschein in der Hand. »Ich dachte, wir heißen Krahenbuhl. In der Tat ist das Foto nicht ganz ähnlich.« Er trank einen weiteren Schluck und sah dazu den Samowar vorwurfsvoll an. »Wir sind also aus der Schweiz. Hm. Merke. Wir hängen keinen Schweizer auf« – und er begann so fröhlich zu lachen, daß auch der Riese, Gustis Bewacher, angesteckt wurde und begeistert rief: »Es sei denn, er hätte uns!« Dazu legte er sich beide Pratzen um den eigenen Hals – Gusti, der an dem einen Arm hing, wurde hochgerissen – und streckte die Zunge weit heraus. Keuchte dazu vor Lust. Gusti wurde von einer jähen Gier überfallen, dieser Riesenzunge einen Handkantenschlag zu versetzen und versuchte das auch; aber er hing ja an seinem Feind, der zudem, obwohl verschnupft, schnell wie ein Chamäleon war, die Zunge einrollte und

Gusti die freie Faust so kräftig ans Kinn knallte, daß dieser gegen die Mauer in seinem Rücken krachte und dort benommen hocken blieb.

Der Leutnant hatte dem Kampf betrübt zugesehen und trank einen Schluck.

»Mein Sohn«, sagte er, als Gusti wieder zu sich kam. »Jetzt wollen wir uns darüber unterhalten, wieso wir in militärischem Sperrgebiet herumschleichen. Warum wir gefälschte Ausweise haben. Für welchen Auftraggeber wir unsre bestgehüteten Geheimnisse ausforschen.«

»Was sind denn das für Geheimnisse?« sagte Gusti.

»Das werden wir dir gerade sagen!« brüllte der Leutnant.

»Das sind Raketen!« schrie der verschnupfte Riese. »Sie fliegen von hier bis zur Grenze und weiter! Sie sind so geheim, daß jeder, der sie erwähnt, sofort erschossen wird.«

Der Leutnant sah den Wachsoldaten an, zuckte die Schultern und griff zur Flasche. Da hatte der Samowar ein Einsehen und zischte und spuckte Tee aus. Der Leutnant sah mit zunehmendem Entzücken zu, wie sich die Tasse füllte. Trank und war wieder versöhnt.

»Jetzt machen wir mal ein hübsches Gesicht«, sagte er dann und hatte plötzlich eine Kamera in der Hand. Eine teure Hasselblad. Er drückte ab und erhob sich. »Und nun gehen wir zum Chef. Du wirst zum Schluß kommen, daß in diesem Haus nicht jeder so nett wie ich ist.«

Gusti rasselte, an seinen Leibwächter gekettet, durch

einen engen Korridor hinter ihm drein. Die Wände voller Wassertropfen. Fahles Licht aus Glühbirnen, die an Drähten baumelten und hie und da aufleuchteten, als würden sie von einem Dynamo gespiesen, den zu Tode erschöpfte Gefangene in den tiefsten Verliesen dieser Burg treten mußten. Es ging um sieben Ecken herum, über Treppen, durch schwarze Gewölbe. Schließlich standen sie vor einer hohen Tür, gegen die der Leutnant schlug als wolle er sie zertrümmern; dann aber blieb er lauschend stehen und glich plötzlich einem Etagenkellner in einem ehrwürdigen Hotel. Nach einer Weile öffnete er und ging hinein. Ein großer Raum, in dem weit vorn bei einem hellen Fenster ein Mann an einem Schreibtisch saß. Er wandte den Eintretenden den Rücken zu und schien in wichtige Papiere vertieft. Als sei dies immer so und völlig selbstverständlich, redete der Leutnant in diesen Rücken hinein. Genosse General, da sei er, der aufgegriffene Agent. Der General, dessen graues Hemd seinen Rang nicht verriet, grunzte etwas, und sofort fummelte der Leutnant mit einem Schlüsselchen am Schloß der Kette herum, die Gusti mit dem Hünen verband. Wurde rot und röter und riß immer verzweifelter an den Kettenenden. Aber dann schaffte er es doch und schubste den befreiten Gusti in die Mitte des Raums hinein. Die Tür fiel ins Schloß. Der General zeigte weiterhin seinen Rücken. Sein Zimmer war fürstlich: Putten und nackte Nymphen schwebten der Decke entlang; an den Wänden Gobelins, auf denen Schwäne Jungfrauen bedrängten. An einem Kleiderbügel eine ordensstrotzende Uniformjacke. Landkarten mit Fähnchen drin.

Dann wandte sich der General so energisch um, daß er seinen Schwung – er saß auf einem Drehstuhl – mit seinen klobigen Gummischuhen abbremsen mußte. Gusti sah in ein rundes unrasiertes Gesicht, aus dem ihn zwei große blaue Augen anstarrten. »Grüß dich, Gustav!«

»Vlado!«

Gusti wußte nicht, ob er zu seinem Freund von einst hingehen durfte; ihm die Hand schütteln. Also hob er die Arme und sagte: »Ich dachte, die Nazis hätten dich umgebracht.«

»Sie haben es versucht«, sagte Vlado. »Was tust du hier?« Sein Lächeln war nicht mehr so weich wie früher.

»Ich habe Zwetla gesucht«, sagte Gusti. »Aber sie ist tot.«

»Und deine Mutter?«

»Auch.«

Vlado stand auf, ging um den Schreibtisch herum und über einen großen Teppich und gab Gusti die Hand. Deutete sogar so etwas wie eine Umarmung an. »Willkommen in der Republik Bulgarien!« Dann ging er denselben Weg zurück. Zog an einer Kordel und rief, als der Leutnant fern und klein seinen Kopf durch die goldbemalte Doppeltür streckte: »Tee!« Der Leutnant verschwand, und Gusti wußte, daß er nun seinen kaputten Samowar beschwören mußte, bitte bitte doch jetzt auf der Stelle zwei Tassen Tee herauszurücken: die er lieber selber getrunken hätte. Aber er irrte sich, fast sofort war der Leutnant wieder da, mit einem Samowar, der kleiner und edler als sein eigener war und den er vor Vlado hinstellte. Zwei zierliche Porzellantassen, die er vollgoß. Als er die eine Gusti reichte, zitterten seine Wangen, so kräftig biß er auf die Zähne. Gusti nickte dankend und wortlos.

»Die Mutter kümmerte sich um Olga«, sagte er zu Vlado, der den Teedampf zärtlich wegblies. »Aber es war ihr zu viel, und sie starb.«

»Olga?« Vlado sah ihn über den Tassenrand an.

»Ach ja!« Gusti faßte sich an den Kopf. »Kaum warst du weg, bekam sie ein Kind. Sie nannte es Olga.«

»Olga.« Er schaute immer noch. »Ich habe deine Mutter zuweilen Olga genannt.«

Beide schwiegen. Auf dem Fensterbrett begannen sich ein paar Sperlinge zu streiten, und Gusti und Vlado sahen zu, bis sich der Tumult wieder gelegt hatte. »Olga schläft mit dem, dessen Ausweis du da hast. Sie will ihn heiraten.«

»Der ist ja doppelt so alt wie sie!« rief Vlado und fuhr aus seinem Stuhl hoch.

»Dreimal so alt.«

»Das werde ich nie zulassen!«

Vlado ging plötzlich erregt im Zimmer auf und ab. Die Hände auf dem Rücken verschränkt. Dazu murmelte er heftig vor sich hin, rief einmal etwas, was Gusti nicht verstand, und gab dem Tisch einen Fußtritt.

»In Liestal, mit der Mama, verstand ich die Muttersprache immer weniger. Aber jetzt geht es wieder.«

Vlado starrte Gusti an als habe er keine Ahnung, von was dieser spreche. Aber es schien ihn beruhigt zu haben. Jedenfalls trat er ans Fenster und sagte fast fröhlich: »Das hier ist das Schlafzimmer des Zaren. Hier hat er die Töchter des Landes vergewaltigt. Und nun bin ich an seiner Stelle.« Er lachte, verblüfft über diese Ironie der Geschichte. »Es war nicht schwierig, unsern Kampf zu gewinnen. Wir erschlugen sie einfach, die Nazis. Jetzt, den gewonnenen Kampf zu leben, das fällt zuweilen schwer.« Er hielt inne und sah Gusti an. »Ist sie hübsch, Olga?«

»Ja«, sagte Gusti.

»Hat sie blaue Augen?«

»Ja.«

Vlado nickte. Ging zum Fenster und sah hinaus. Das Meer, darauf weiße Kronen, dem Ufer zuschäumend. Vögel am Himmel. Sonne. Vlado stand unbeweglich, und auch Gusti war von diesem Frieden so gefangen, daß er erschrak, als Vlado sich umdrehte und sagte: »Hier hast du einen Paß. Oberst Boletzky bringt dich zum Bahnhof. Adieu.« Er legte ein Dokument aus blauem Kunstleder auf den Schreibtisch, voller kyrillischer Goldbuchstaben, und ging mit schnellen Schritten auf die Zimmerwand zu, wo er ein monumentales Bild mit einem Goldrahmen beiseite schob – optimistische Werktätige vor einer rauchenden Fabrik – und einen Knopf drehte. Eine Tapetentür öffnete sich. Wahrscheinlich hatte durch sie der Zar einst vor seinen Damen Reißaus genommen, wenn ihm deren Hitze zu groß wurde; nur das Bild war wohl ein anderes gewesen, Apollo eher, vor Daphne fliehend. In der offenen Tür drehte sich Vlado um, holte ein Papier und einen seltsamen Lappen aus einer Tasche und warf beides, während die Pforte zuschlug, auf ein zierliches Tischchen. Krähenbühls Führerschein, und die Wollmütze von früher! Da war sie wieder! Gusti setzte sie auf, ging zum Schreibtisch zurück und blätterte den Paß durch. Er sah korrekt aus. Sogar ein Foto von ihm war drin. Es zeigte ein angeschwollenes Gesicht, das wohl seins war, und trug den Stempel der Behörde.

Wenig später saß er, mit einer lächerlich kleinen Fahrkarte in der Hand, in einem Zug, der aus einem einzigen blauen Waggon und einer Lokomotive bestand, die dafür viel zu gewaltig war. Ein Abteil war offenkundig für ihn reserviert, denn Leutnant Boletzky, der also ein Oberst war, öffnete es mit einem Vierkantschlüssel, mit dem er Gusti dann auch wieder einschloß. Vorher hatte er ihm noch ein großes in Papier gehülltes Paket gegeben – »Ein Geschenk des Herrn Generals für Fräulein Olga, bitte sehr!« –, das Gusti auf den Knien hielt, bis der Zug anfuhr. Die Vorhänge waren heruntergezogen und ließen sich nicht hochschieben. Immerhin schaffte er es, durch einen schmalen Spalt zu lugen. Sie fuhren dem Strand entlang, der in einer wunderbaren Sonne leuchtete. Die schwarzen Bauern waren wieder da und tanzten ausgelassen. Die junge Frau, die also wieder aufgewacht war, wirbelte so schnell, daß ihre Röcke flogen, und Zwetlas Vater spielte auf einer Geige, als säge er

Holz. Dann schoben sich Büsche zwischen diese glücklichen Menschen, Pinien, Abfallhalden. Gusti rollte sich stöhnend auf einem der Polster zusammen – sogar ein Erstklaßabteil hatten sie ihm gegeben! – und schaute erst wieder nach draußen, als der Zug in der kleinen Grenzstation hielt. Auf dem Bahnsteig standen, an die Klinke der Aborttür gebunden, der Esel und das Pferd. Gusti riß am Vorhang, um ihn weiter aufzubekommen, erfolglos. Aber auch so betrat der hagere Führer gleich darauf sein Gesichtsfeld, gab dem Esel einen Klaps und schwang sich auf den Klepper. Diesmal trug er Hemd und Hose und eine Schildmütze. Gusti brüllte »Hallo!«, aber nur der Esel drehte sich um und schüttelte den Kopf. Gleichzeitig gab der Hagere dem Pferd die Sporen, und wieder wurde der Esel wie ein Ball wegkatapultiert. Als ihn Gusti aus den Augen verlor, hatte er immer noch nicht Tritt gefaßt und schleuderte dem Horizont entgegen.

Auch der Zug fuhr ab, und plötzlich ließen sich die Vorhänge hochschieben. Das Fenster stand offen. Der Zug hatte nun viele Waggons: Wahrscheinlich waren diese an der Grenze angekoppelt worden. Auch die Abteiltür ging auf. Im Korridor Ferienreisende, die sich, mit Schnorcheln und Taucherbrillen behängt, ihre Abenteuer mit wilden Muränen erzählten, die ihnen zähnefletschend entgegengeschwommen waren, und die mit süßen Urlauberinnen durchtanzten Nächte. Gelächter. All das kam ihm immer irrsinniger vor. Der Paß aber war gültig, an der italienischen Grenze und in Chiasso. Auch mit der Fahrkarte stimmte alles. Allerdings steckte sie ein Schaffner, der in Luzern zugestiegen war, in seine rote Tasche und sagte, als Gusti protestierte, das sei leider so, solche Fahrausweise müßten in die Zentralregistratur nach Olten, er wisse auch nicht warum. Da war es Gusti auch egal. Ziemlich erschöpft stieg er in Liestal aus. Kletterte den Weg zum Haus hinauf, das einsam aussah. Drinnen war tatsächlich kein Mensch. Er stellte das Geschenk auf den Tisch, zog sich aus, legte den Kopf in den Schatten des Pakets und schlief sofort ein. Träumte, er wache auf, und Olga schwinge ein Messer.

16

Als er erwachte, schwang Olga tatsächlich eins, aber nicht seinetwegen: Sie fegte im Zimmer auf und ab und versuchte gleichzeitig, eine große zugeschnürte Schachtel zu öffnen, so wie man sie einst für Hüte brauchte. Sie trug einen weißen Unterrock und einen Büstenhalter, und auf dem Kopf einen Blumenkranz aus Chrysanthemen. Endlich hatte sie die Schachtel offen und holte einen weißen Schleier heraus. Stülpte ihn über die Blumen. Nahm das weiße Kleid von der Stuhllehne und zog es an; der Reißverschluß am Rücken blieb offen. Dazu schrie sie mit einem erhitzten Gesicht zur Schuppentür hinüber, sie seien sowieso zu spät, Beamte machten um punkt zwölf den Laden zu, und Krähenbühl solle endlich ein bißchen vorwärts machen. Krähenbühl kam auch sofort aus dem Schuppen gefegt, in einem Frack, dessen Schöße hinter ihm dreinwehten, und mit einer gestreiften Hose in der Hand, in die er hüpfend hineinzukommen versuchte. Auch er war barfuß. Stöhnte wie einst auf den letzten Metern eines Marathons. Olga hatte inzwischen Schuhe an, weiße mit Absätzen, und hielt eine Rose in einer Hand; in der andern immer noch das Messer. »Dann mal los!« Sie fegte zur Tür hinaus – der Reißverschluß blieb offen –, und Krähenbühl sauste aufstöhnend hinter ihr drein. Olga steckte den Kopf zum Fenster hinein – trug nun den Blumenkranz über dem Schleier – und rief: »Zum Fest kommst du aber!« Rammte das Messer so in die Tischplatte, daß der Griff noch zitterte, als Gusti endlich den Kopf aus dem Fenster draußen hatte und sie weit unten in den Reben rennen sah. Der Schleier wie eine Fahne. Hinter ihr der Bräutigam, der im Laufen die Schuhe anzuziehen versuchte. Gusti legte die Hände vor den Mund und brüllte: »Wohin?«, worauf Olga so jäh stehen blieb, daß Krähenbühl in sie hineinkrachte. Beide rollten in einander verschlungen die Böschung hinunter. Nun sah sie Gusti zwar nicht mehr, aber er hörte Olgas Stimme. »Ins Restaurant über dem Rhein!«

»Warte!« rief er.

Er zog Krähenbühls Blaumann an – weil er grad dalag –, nahm das Geschenk und rannte in der Schneise der Verliebten zum Bahnhof hin. Aber trotzdem sah er nur noch die Schlußlichter eines Zugs, der zwischen Roggenfeldern verschwand. Also ging er zum Schalter, um nach dem nächsten zu fragen. Dort stand jener Bahnhofsvorsteher, der ihn vom Trittbrett hatte holen wollen. Er zog die Mütze tiefer ins Gesicht und sagte zu seiner eigenen Überraschung: »Hat Sally bei Ihnen eine Fahrkarte gekauft?«

»Wer?«

»Wohin ist sie gefahren?«

»Ich bin nicht befugt, über Fahrgäste Auskunft zu geben«, sagte der Bahnhofsvorsteher. Er hatte jetzt den glasigen Blick dessen, der sein Hirn nach einem verloren gegangenen Bild durchforscht. Hinter ihm saß ein blasser Junge an einem Tisch und putzte eine Blendlaterne. Er hob den Kopf und rief: »Ist das so eine alte dicke Dame in einem Kleid voller Rosen?«

Gusti nickte. Der Banhofsvorsteher fuhr herum, und der Junge verschwand wie ein Wiesel unter dem Tisch. »Nach Paris!« rief er von dort her.

»Paris. Einfach. Zweite«, sagte Gusti.

Der Beamte holte ein braunes Kärtchen aus einem Fach, nannte den Preis und zählte das Geld, das Gusti in den Drehteller legte, zweimal nach. »Irgendwoher kenne ich Sie«, sagte er. Aber in diesem Augenblick fuhr ein Zug ein – eine Lok, ein paar Güterwagen, und zuhinterst ein ehemaliger Drittklaßwaggon –, und Gusti ließ den Bahnhofsvorsteher ohne eine Antwort und stieg ein. In Basel, auf dem Weg zum Rhein, wurde er von einem gewaltigen Durst gepackt und ging ins erstbeste Lokal, einen schlauchartigen Raum, an dessen einer Wand winzige Tische standen. Längs der andern ein Tresen mit Hockern, dahinter eine Frau und ein Regal voller Flaschen. Am Schlauchende ein längerer Tisch. Gusti setzte sich auf den letzten Hocker am Ende dieser Theke und lehnte sich gegen die Wand, eben gegen jenes große gerahmte Foto der ernst blickenden Juliette Gréco. Die Wirtin, die noch viel strenger als Juliette Gréco aussah, stellte ihm ein Bier hin. Er war der einzige Gast. Hatte Vlados unförmiges Geschenk immer noch mit sich und stellte es auf einen leeren Hocker.

Später allerdings – Gusti trank inzwischen Rotwein – drängten sich Männer und Frauen in der Bar, und das Geschenk stand auf dem Boden. Ein Lärm, der Gusti wie ein Bad umfloß. Die Wirtin sah nun viel weniger strafend aus und füllte Glas um Glas. Sie paßte trotzdem nicht recht hinter diesen Tresen, in ihrem hochgeschlossenen Kleid. Allerdings rauchte sie wie ein Schlot und ließ die Zigaretten, wenn sie Bier einschenkte, auf dem Tresenrand weiterglimmen. Überall Brandspuren. Am Stammtisch hatten an jenem Abend wir uns eingerichtet, und obwohl ich Gusti zum ersten Mal sah, kümmerte ich mich nicht um ihn, sondern sprach mit der Hitze der Trinker auf meine Freunde ein, fünf sehr junge Männer und eine noch jüngere Frau, die alle – nein, die Frau nicht – Dichter waren, obwohl damals keiner von uns etwas publiziert hatte. Die Frau war meine Freundin, eine angehende Kindergärtnerin, die an diesem Abend seltsamerweise die Hand eines der anderen Dichter hielt. Während sie ihm in die Augen sah, erklärte ich ihr sehr laut, daß ich die Welt erobern würde, und wie. Ihre kleine Brust hob und senkte sich erregt, vermutlich, weil sie mich auf meinem Feldzug zu begleiten hoffte. Die andern schauten skeptisch. Der Dichter, der das Händchen meiner Freundin nicht aus seiner Pratze entlassen wollte, lachte. Er hatte uns kurz zuvor ein Gedicht vorgelesen, ein ziemlich fades, das aber trotzdem in der nächsten Ausgabe der *Akzente* erscheinen sollte.

Plötzlich erinnerte sich Gusti, daß er zu einem Hochzeitsfest eingeladen war. Er bezahlte, hob das Geschenk vom Boden hoch und ging auf weichen Beinen hinaus. Immer noch eine laue Luft, aber es war inzwischen dunkel. Mitternacht oder so was. Über ihm blinkte eine orangefarbene Leuchtschrift, die ihm den Namen des Lokals verriet, in der er sich so wohl gefühlt hatte: *Bra il Bar*. Das z war kaputt. Er spürte, daß er betrunken war, sehr betrunken, ging aber entschlossen den Straßenbahngeleisen nach, die in einer schmalen Gasse verschwanden. Sie mußten ihn zum Rhein führen. Tatsächlich stand er wenig später vor dem Restaurant, in das er einst die kleine Olga geführt hatte. Es stand abweisend da, als sei es geschlossen. Aber aus den offenen Fenstern des ersten Stocks drang Musik. Unten, hinter Butzenscheiben, ein Flackern, als brennten Flammen. Das taten sie auch, denn als Gusti die Tür öffnete, saßen an langen Tischen Männer und Frauen, von Fackeln beleuchtet, die schräg in den Wänden steckten. Oder kam Gusti das nur so vor? Jedenfalls stand ein Mann auf der Treppe, die in den ersten Stock führte. Er hielt eine Rede und hob, während er schrie, die Faust. Als Gusti näher ging, erkannte er seinen Kommandanten, der inzwischen so schlagflüssig wie sein Vater geworden war. Dick und rot. Er war in Zivil und trug am Jackenaufschlag eine daumengroße Fackel aus Kupfer, die im Licht der wirklichen Fackeln funkelte. Von Olga und der Festgesellschaft keine Spur.

»Wir wollen niemals vergessen«, rief der Kommandant. »Und wir werden niemals vergessen.« Gusti, der den Kommandanten zweimal sah, blieb stehen und hielt sich an einer Stuhllehne fest. »Wieder ist ein Jahr seit dem schmachvollen Einmarsch der sowjetischen Unterdrücker vergangen. Ihr, meine Freunde, habt zu den ersten gehört, die die Empörung zum Handeln trieb. Freunde. Die aus ihrer Heimat Vertriebenen haben bei uns Zeugnis abgelegt von der Unmenschlichkeit des totalitären Regimes. Die vergangene Zeit mag eine lange sein. Ja. Sie ist aber auch eine kurze, wenn wir bedenken, was wir alles in dieser Zeit geleistet haben. Ich wage zu sagen, wir dürfen stolz sein. Wo ist denn noch ein Wegbereiter des bolschewistischen Terrors in unserm Staatsdienst zu sehen? Wo in der Industrie? Wo im Militär? Selbst im Handel und im Handwerk, die unsrer Überzeugungsarbeit weniger zugänglich sind, meine Freunde, gibt es kaum noch jemand, der sich zur Wühlarbeit im Solde Moskaus bekennt. Denken Sie an das Schuhmachereigeschäft des Müller, das heute, nach den Renovationen, die durch die kämpferischen Auseinandersetzungen notwendig wurden, ein gut gehendes Papiergeschäft unsers Freunds Marcel Bauer geworden ist. Ihm und Ihnen allen möchte ich das Geleistete herzlich verdanken. Nur unser gemeinsamer Einsatz –«

Der Kommandant erkannte Gusti, der immer noch, mit seinem Paket im Arm, zwischen den Tischen stand und nicht wußte, ob er sich, um zur Treppe zu kommen, an seinem Vorgesetzten vorbeidrängen sollte oder nicht. »Schlumpf?« rief der Kommandant. »Was tun Sie hier?«

Gusti nahm eine annähernd militärische Haltung an und sagte: »Meine Schwester ist da oben. Sie heiratet. Krähenbühl.«

»Und das ist Ihr Geschenk?« rief der Kommandant, als spreche er immer noch zu der ganzen Zuhörerschaft. Er ergriff das Paket, riß das Papier herunter und hielt ein Foto Vlados in der Hand, der in einer ordenklirrenden Uniform in seinem Prunksaal stand, von einem massiven Rahmen aus Silber beschützt, der auf einem Boden aus wogendem Korn festgeschraubt war, oder auf hölzernen Wasserwellen. Vor Vlados Füßen, in Rot und Gold: Sichel und Hammer. Der Kommandant starrte das Bild wie eine Höllenvision an – Gusti war kaum weniger verblüfft – und schrie endlich: »Sie sind entlassen! Fristlos!«

Gusti nahm ihm das Foto aus den Händen – die, als flehten sie um Hilfe, vor seiner Brust schweben blieben – und stolperte die Treppe hinauf. Sie war steil, und die Stufen geisterten doppelt und dreifach vor ihm herum. Er war schon fast oben, als er die Stimme des Kommandanten erneut hörte. »Kommunist!« rief sie, und »Kommunist« rief auch ihr vielfaches Echo.

Gusti taumelte durch einen Saal, in dem, obwohl er unbeleuchtet war, ein Radio dröhnte. Auf der leeren Terrasse saßen Olga und Krähenbühl an einem Tisch, über dem eine Lampengirlande aus vier oder fünf Glühbirnen baumelte. Tief unten rauschte der schwarze Rhein. Olga trug immer noch ihr Kleid und ihren Schleier, aber der Blumenkranz saß schräg auf ihren

Haaren, und die Schuhe lagen unter ihrem Stuhl. Krähenbühl redete auf sie ein. Auch sein Frack war verrutscht, und seine Krawatte hing über eine Schulter. Olga lachte schrill, und Krähenbühl sah sie skeptisch an, bevor er sich entschloß mitzulachen. Der Tisch voller Essensträmmer.

»Ich bin ein bißchen spät«, sagte Gusti. »Wo sind die Gäste?«

»Du bist der Gast«, sagte Olga.

»Von deinem Papa«, sagte Gusti und stellte Vlados Geschenk vor sie hin. Sie starrte auf das pompöse Bild und war plötzlich das kleine Mädchen von damals geworden. Nur verschreckt und zerfahren.

»Wir haben mit dem Essen auf dich gewartet«, sagte sie. »Aber wir haben dann doch angefangen.«

Sie brach in Tränen aus. Gusti stand vor ihr – Krähenbühl hockte reglos; *dazu* gab es nichts mehr zu sagen – und biß sich auf die Lippen. Er spürte, daß ihm schlecht wurde, und rannte in den Saal zurück, auf der Suche nach einer Toilette, die er aber nicht fand, so daß er hilflos am Treppengeländer hing und ins Parterre hinunter kotzte. Während er das tat, ein blinder Knecht seines Magens, hörte er Rufe, Schritte auch, und irgendwer rannte brüllend so nahe an ihm vorbei, daß er ihn gegen das Schienbein trat. Auch im Lokal unten war jetzt ein großer Aufruhr, aber offenkundig nicht seinetwegen, denn niemand kam zu ihm herauf. Im Gegenteil, es wurde still. Er kotzte weiter. Endlich ging es ihm besser – er sah wieder: tief unter sich einen Tisch voller Nachspeisen, die er vollgespien hatte –, und er wankte auf die Terrasse zurück. Sie war leer. Nur die Lampengirlande schwang hin und her. Also stieg er die Treppe hinunter – ein fürchterlicher Gestank! – und stakste durchs Lokal. Kein Mensch, obwohl die Fackeln immer noch brannten. Auf der Straße drängten sich Männer und Frauen an der Brückenbrüstung. Krähenbühl und der Kommandant kamen die Stufen einer steilen Steintreppe hinauf, die zum Rheinufer hinunterführte, und trugen Olga, die naß war und voller Algen hing. Ihre Haare waren triefende Strähnen. Das Hochzeitskleid war grau geworden und klebte an ihr. Die beiden ließen sie auf die Straße gleiten, und der Kommandant warf sich über sie, preßte seinen Mund auf ihren und bewegte ihre Arme wie die einer Schwimmerin. Krähenbühl stand über den beiden – lange, bewegungslos –, bis er plötzlich den Kommandanten zur Seite stieß, Olga hochhob, über seine Schulter warf und in einem so wilden Spurt davonrannte, daß niemand ihm zu folgen versuchte. Alle sahen diesem Wahnsinnigen nach, der, während er weit vorn schon um eine Straßenecke verschwand, ein lautes Geheul ausstieß, wie ein Tier. Über seinem Rücken die wippenden Beine Olgas.

Gusti erwachte als erster aus der allgemeinen Erstarrung und rannte hinter den beiden drein, Krähenbühl und seiner toten Schwester. Hörte vor sich das Geheul des Freunds und hinter sich die Stimme des Kommandanten, der ebenfalls wieder zum Leben erwacht war und »Mörder! Mörder!« rief. Aber Gusti rannte nur noch schneller, dem schon fernen Geheul nach, das sich trotzdem immer weiter entfernte. Als er es gar nicht mehr hörte, folgte er eben dem nassen Rinnsal auf dem Asphalt, das, immer unsichtbarer, in der Straßenmitte verlief und ihn in die Nähe des Bahnhofs führte, wo er, ohne sich noch um die sowieso versickerte Spur zu kümmern, auf einen Zug sprang, der gerade anfuhr. Er saß keuchend in einem Erstklaßabteil – fand keine Kraft, sich in einen andern Waggon zu schleppen – und hielt dem Schaffner, der ihn heiter begrüßte als nahe nach dieser Nacht ein besonders sonniger Morgen, seine Fahrkarte nach Paris hin.

»Da sind Sie aber im falschen Zug«, sagte der Schaffner gut gelaunt.

»Ich will nach Liestal«, keuchte Gusti. »Die Fahrkarte ist viel mehr wert. Behalten Sie sie.«

»Aber nicht doch«, kicherte der Schaffner. »Das ist gegen die Beförderungsbestimmungen.« Er sah froh auf den kleinen braunen Karton hinunter. »Sie können in Liestal einen Rückerstattungsantrag stellen, aber ich muß Ihnen eine neue Fahrkarte ausstellen.«

Während er vor sich hinsummend aus einer Metallröhre, die einer kleinen Botanisiertrommel glich, farbige Coupons zu zupfen begann, sah Gusti, weit vorn auf einem Sträßchen, das neben den Bahngeleisen verlief, Krähenbühl rennen, mit der wie ein Sack geschüttelten Olga über dem Nacken, von den Strahlen der Sonne, die in diesem Augenblick aufging, rot beleuchtet. Schon hatte der Zug sie eingeholt, und Gusti wandte den Kopf, preßte ihn gegen das Fensterglas, und sah für einen Augenblick Krähenbühls verzweifelte Augen, die sich an den seinen festzuhalten versuchten. Aber dann waren die beiden schon weit hinten, ein rasender Zwerg mit seinem toten Kind, und Gusti fuhr in ein grelles Morgenlicht hinein.

»Wird das nicht ein herrlicher Tag?« sagte der Schaffner und hielt ihm einen Haufen Coupons hin. »Macht fünf Franken zehn.« Während Gusti mit zitternden Fingern in seinem Portemonnaie nach Geld suchte, stand der Schaffner gedankenverloren da und staunte in die erwachende Welt hinaus.

In Liestal sprang Gusti aus dem Zug noch bevor er hielt – der Schaffner juchzte etwas hinter ihm drein – und stieg so schnell er nur konnte den Rebweg hinauf. Trotzdem hörte er fast sofort Krähenbühl hinter sich, sein Heulen und Stampfen, und Sekunden später stürmte dieser Irre so nahe an ihm vorbei, daß Olgas nasses Kleid sein Gesicht streifte. Kein Blick, kein Wort. Nur dieses wunde Gebrüll. Gusti versuchte Schritt zu halten: erfolglos. Krähenbühl trug seine Braut dem gemeinsamen Heim entgegen und verschwand hinter dem Hügelhorizont. Hinter den in der Morgensonne flammenden Reben loderte sein Singen noch einmal zum Himmel und verstummte.

Als Gusti die Höhe erreichte, stand Krähenbühl im Lauf erstarrt auf dem Fußweg und deutete mit einer Hand, die schon vergessen hatte, worauf sie zeigte, auf das Haus. Es brannte lichterloh. Eine Rauchsäule stieg senkrecht nach oben und wurde plötzlich von einem Wind abgetrieben. Ein fürchterlicher Gestank, der wohl von den Käsen herkam. Tatsächlich schaufelten ein paar Männer in hellblauen Überkleidern und Taschentüchern vor den Nasen eine verkohlte fädenziehende Masse in einen Schubkarren und fuhren sie zu einem Brennesseldickicht, in dem schon, die Beine nach oben, die Drehbank lag. Drei ältere Arbeiter standen plaudernd herum und warfen hie und da einen Fensterladen oder einen der Schützenkränze, die vom berstenden Haus ausgespuckt worden waren, ins Feuer zurück. Einer von ihnen erblickte Gusti und kam ohne jede Eile zu ihm hingeschlendert. Er legte zwei Finger der rechten Hand an ein Ohr, deutete auf Tornister, Karabiner und Schanzwerkzeuge, die weitab von der Glut im Gras lagen, und hielt ihm ein rotes Formular hin. Gusti unterschrieb es, und auch fünf oder sechs Doppel, und der Mann schulterte die Militärutensilien und marschierte davon.

Da brach funkenstiebend das ganze Haus in sich zusammen. Der Dachstock, der Kamin, verschlungen von den Flammen. Als hätte er nur auf diesen Augenblick gewartet, kam ein gelber Bulldozer auf gewaltigen Kettenraupen aus den Reben gefahren und schob die Trümmer in eine riesige Grube, die er wohl zuvor ausgehoben hatte. Die Ziegelpyramide walzte er einfach nieder, jedenfalls war, als er über sie hinweg war, nichts mehr von ihr zu sehen. Ein paar gebrannte Steine, Stoffetzen. Er fuhr wie ein Tier vor und zurück, und endlich lagen nur noch qualmende Hölzer da, ein Stück Kamin und, aus einem Erdhaufen ragend, der Kopf von Depp. Gusti rannte zu ihm hin, zog den angekokelten Gnom aus dem Dreck und steckte ihn in eine Tasche. Der Bulldozer setzte noch einmal zurück und fuhr den Erdhaufen platt. Ein Mann sprang aus der Kabine und ging zu seinen Kollegen, die inzwischen alle im Gras saßen und Trauben aßen.

Das weckte Gusti, und er stieß Krähenbühl an. »Jetzt mach schon!« Krähenbühl allerdings blieb unbewegt, ein Stein mit einer zu Stein gewordenen Frau. Er sah nach oben, durch die Sonne hindurch, in jene Höllen, die auf ihrer Hinterseite verborgen sind.

Diesmal rannte Gusti auf dem Sträßchen Krähenbühls, und kaum langsamer als dieser. Als er vor der Brazil Bar ankam, war immer noch früher Morgen. Ein eiserner Rolladen verschloß die Tür. Aus Enttäuschung, jedenfalls ohne Hoffnung, trat er dagegen. Aber Doris, die Wirtin, putzte gerade das Lokal und ließ ihn nach einem einzigen Blick auf sein Gesicht ein. Stellte ihm einen Kaffee auf die Theke und schrubbte weiter. Gusti trank und holte tief Luft. Dann nahm er den Eimer und füllte ihn mit frischem Wasser.

17

Als er gegen Mittag des gleichen Tags an meiner Tür klingelte, sah er wild, struppig und glücklich aus. Seine Augen leuchteten jedenfalls wesentlich blauer als das Übergewand, das nun seine ständige Kleidung werden sollte und, sozusagen über Nacht, jede Farbe verloren hatte. Hinter ihm stand Doris und sagte – ich sah gerade noch ihre Nasenspitze –, das sei Gusti, den ich gestern abend in der Bar gesehen hätte, und er brauche eine Wohnung. Eine billige. Ich hätte doch eine.

Das stimmte zwar nicht, aber ich wußte von einer. Ihr Bewohner war gestorben, und ich war seither so etwas wie ihr Verwalter. Das heißt, ich warf jeden zweiten Tag eine Handvoll Körner und einen Sack Heu hinein. Der Bewohner war ein abstrakter Maler gewesen, der sich in der Brazil Bar nur allzu oft in einen konkreten Trinker verwandelt hatte und an einer Blutvergiftung gestorben war, weil er während einer hitzigen Diskussion seine Faust in einen rostigen Nagel geschlagen hatte. Ich war dabei gewesen. Das alles lag nicht weit zurück: Der Maler hatte sich an unsern Dichtertisch gesetzt und uns ein Lied vorgesungen, in dem eine Frau namens Müller eine, die Meier hieß, dazu zu überreden versuchte, gemeinsam mit ihr alkoholische Getränke einzunehmen. Ein

Text mit Endreimen. Der Maler behauptete, so etwas kriegten wir nie hin, wir Trottel, wir sollten uns doch einmal im Spiegel ansehen. »Sterile Eicheln, alle zusammen!« Natürlich brachen wir in höhnisches Gelächter aus – »Male, Maler!« rief ich zum Beispiel, »rede nicht!« –, und plötzlich hieb der Maler seine Hand so unglücklich auf eine alte Cognac-Kiste, daß er blutete. Wir kümmerten uns nicht darum, und er scherte sich auch nicht.

Vorher hatte ich ihm, als wolle ich ihm etwas beweisen, von dem Projekt erzählt, an dem ich in jenen Tagen arbeitete. Ich tat das sonst nie, einesteils aus Bescheidenheit, und auch, weil ich mich stets unbehaglich fühlte, wenn ich es doch tat. Ich schrieb nämlich an einem Roman über den Aufstieg und Fall der Familie Devereux – am ersten Kapitel, um genau zu sein –, aber obwohl diese Familie eine große Anzahl außergewöhnlicher Männer und Frauen hervorgebracht hatte und auch in der Gegenwart eine Zierde der Stadt Basel war, kam ich mit der Arbeit nicht recht voran. So viel Enge und Geiz! Lieber hätte ich, zum Beispiel, über einen Afrikaforscher geschrieben – Löwen! Krokodile! –, einen erfundenen meinetwegen. Von schwarzen Königinnen vergewaltigt! Aber ich war nie in Afrika gewesen. Nicht einmal Bielefeld kannte ich. Ich hatte die Stadt nie verlassen – nun ja, für die Schulreise, und einmal hatte ich den Rheinfall besucht –, weil ich dachte, sie nehme es mir übel. Die Welt ihrer Straßen war meine geworden, und wahrscheinlich hoffte ich zu Beginn meiner Arbeit, daß mich die Schicksale mancher Mitglieder dieses hochfahrenden Clans mitreißen könnten. Kaufleute, die mit Seidenballen aus Shanghai zurückkamen. Geologen, die ihre Pickel nachlässig in den Wüstenboden schlugen, und Öl sprudelte ihnen entgegen. Mathematiker und Sprachforscher. Und einer war tatsächlich im Kongo gewesen und hatte die Schwester eines Stammeszauberers so heftig zum Christentum bekehrt, daß sie fieberte beim Beten.

Ich nahm den Schlüssel von dem Haken über meinem Schreibtisch und ging mit Gusti und Doris über den Platz, an dem meine und des toten Malers Wohnungen lagen. Kein Platz eigentlich, eher ein Hinterhof. Marktwagen, Mülltonnen. Ein einsamer Baum und ein Brunnen, der kraftlos vor sich hinplätscherte. Die Häuser rings um dieses Geviert waren alt und baufällig, mittelalterliche Wracks, deren Mauern, egal wie sie vor ein paar Jahrhunderten bemalt gewesen sein mochten, alle ein einheitliches Grau zeigten. Die Wohnung des Malers lag meiner gegenüber, im ersten Stock eines schmalen Hauses, und war nur über eine steile Holztreppe an der Außenwand zu erreichen. Die Fenster voller Farbspritzer, die vielleicht Hühnerdreck waren. Wir kletterten die Holzstufen hoch.

»Es herrscht ein gewisses Durcheinander«, sagte ich zu Gustis Kopf hinunter, als ich vor der Tür stand. Ich wußte, daß das stark untertrieben war, denn der Maler hatte die Wohnung mit einer Ziege und ein paar Hühnern geteilt: trank die Milch und aß die Eier. Kurz vor seinem Tod hatte er sich zudem von Kopf bis Fuß eingegipst – er fühlte sich elend an jenem Abend und arbeitete gerade an einer mannshohen Frauenplastik –, so daß er zwei Tage und Nächte bewegungslos warten mußte, eine Flasche Bier vor den Augen, bis ihn seine Frau fand, die damals einen Liebhaber hatte und öfter bei diesem als bei ihm lag. Sie hatte eigentlich nur ihr Kopfkissen holen wollen und sagte nun dem eingemauerten Maler alles, was sie ihm in den vielen Jahren ihrer Ehe nicht hatte sagen können, trank dazu die Bierflasche leer und schlug ihn endlich mit einem Eispickel frei. Die Trümmer lagen immer noch da. Aber früher schon hatte die Wohnung Schaden genommen, im bürgerlichen Sinn. Als zum Beispiel die Spraydosen erfunden wurden, wandte sich der Maler euphorisch dieser neuen Technik zu. Da er nicht immer die Leinwand traf, färbte er auch Teile des Mobiliars und der Zimmerwände in den Farben, die ihn damals am meisten faszinierten. Türkis, hellrot. Er schuf an einem einzigen Abend einen ganzen Zyklus von Instant-Akten, gespreizte Beine, obwohl über dem Waschbecken eine Reproduktion der *Maja desnuda* von Goya hing, über die der Liebhaber der Frau mit einem schwarzen Filzstift »Mal mal sowas du Arsch« geschrieben hatte. Schließlich war auch einmal der Kohlenofen umgestürzt, weil der betrunkene Maler sich gegen ihn gelehnt hatte. Die Brandwunden hatte er nicht einmal gespürt und hatte, angeschmort und mit einer Flasche dirigierend, weiterhin das Wesen der Malerei erläutert, während schon die ganze Küche in

Flammen stand. Und wenn nicht zufällig ein Kollege bei ihm gewesen wäre – er malte die Bilder Vasarelys oder vielleicht auch Max Bills, eines berühmten Meisters jedenfalls, der sich auf mit spitzem Bleistift notierte Konzepte beschränkte und ihre Ausführung zu mühselig fand –, wäre die Altstadt abgebrannt. So aber löschten beide das Feuer, Bills oder Vasarelys *ghostpainter* aus allen Bierflaschen schäumend und der Maler barfuß in den Gluten herumtrampelnd. Die Spuren dieser Krisen waren immer noch zu sehen. Schutt und Asche. Ich stieß die Tür auf und wies mit einer theatralischen Geste in das Dunkel der Wohnung. Gusti zögerte einen Augenblick, ging dann an mir vorbei, stand eine Weile lang witternd in der Küche. Verschwand im zweiten Zimmer – aus dem die Hühner und die Ziege herausgetobt kamen –, schlurfte dort, für uns unsichtbar, im Gips und Hühnerdreck herum und kam zurück. »O. k.«, sagte er. »Nehm ich.«

18

Bis Weihnachten blieb er verschwunden. Zuweilen sah ich seinen Schatten an einem der beiden Fenster, und selten huschte er zwischen den abgestellten Marktwagen hindurch zur Brazil Bar, wo es ein Klo gab. Alles in allem schien er von Luft zu leben, verschlammte zusehends und glich bald einem mageren Stadtschratt. Natürlich wußte ich nicht – niemand ahnte es –, daß er in jenen Wochen *The Butterfly: Beginning and End of Mankind* schrieb, die erste Fassung, auf die Rückseiten der Blätter des Akte-Zyklus des Malers. Braune, mit der Schere zurechtgeschnittene Packpapierbögen. Ich besitze heute noch das einzige Blatt, das übriggeblieben ist – auch dieses ist an den Rändern angefressen – und das, in einem schreienden Türkis gesprayt, die riesengroße Scham einer Frau zeigt, und im Bildhintergrund ihren Kopf. Wenn man das Bild umdreht, findet man in einer winzigen Krakelschrift Überlegungen zur bulgarischen Geschichte, von denen in der zweiten Fassung kein Wort mehr zu finden ist und deren Rolle in einem wissenschaftlichen Buch über Schmetterlinge unklar ist. Manches ist nicht zu entziffern – Gusti benützte die sowieso schon stumpfen Farbstifte des Malers und spitzte sie nie –, jedenfalls aber handelt ein großer Teil der Seite, die gedruckt ein halbes Kapitel ergeben hätte, von einem blutjungen Zaren ohne Namen, der eine Königin liebte, die Zora hieß. Und wenn nicht am rechten untern Blattrand die Zeichnung eines Falterflügels zu finden wäre, wiese nichts darauf hin, daß mein Blatt tatsächlich zu seinem berühmt gewordenen Buch gehört hatte. Ich, zu jener Zeit, quälte mich immer leidenschaftsloser mit meiner Familiengeschichte ab und hatte mich inzwischen auf ein einziges Familienmitglied konzentriert, einen jungen Mann, der im späten 19. Jahrhundert nach Grönland gegangen war und sich dort nach und nach in einen Eskimo verwandelt hatte. Er kriegte eine gelbe Haut und Schlitzaugen und tauchte nach Walen. Onanierte jeden Tag, wie eigentlich alle Mitglieder dieser Familie. Bald war das das einzige geworden, worin ich ihm noch nacheiferte. All die übrigen Abenteuer – mein Held hatte bald den ganzen Handel mit Lebertran in der Hand – interessierten mich kaum mehr. Ich saß nur noch da, die Hände zwischen den Beinen, und stierte auf den Platz hinaus, in dessen Mitte der einsame Brunnen plätscherte. Möwen vom nahen Rhein in trüben Schneeresten. Hie und da ein paar Spatzen auf meinem Fensterbrett.

Just am letzten Tag des Jahrs jedoch – ich verpaßte den Beginn des Dramas, weil ich Spiegeleier briet – hörte ich draußen auf dem Platz ein gewaltiges Getöse und sah, als ich beim Fenster ankam, Gusti hinter der Ziege dreinrennen, zwischen flügelschlagenden Hühnern und noch viel erregter als sie. Die Ziege hielt irgendwas im Maul und tanzte. Ich eilte ins Freie, natürlich, und kriegte gerade noch mit, wie Gusti, am andern Ende des Platzes bereits, die Ziege mit einem Hechtsprung zu erwischen versuchte. Sie entzog sich ihm mit einem graziösen Schritt – Gusti lag flach auf dem Bauch – und hüpfte in ein schmales Gäßchen hinein. Ihr Herr heulte auf und stürzte hinter ihr drein.

Ich fand die beiden vor der Universität wieder, wo sie um das Denkmal Johann Peter Hebels herum Fangen zu spielen schienen. Nun folgte ihnen ein ganzer Pulk heiterer Zuschauer, die jedesmal, wenn die Ziege ihren Häscher ins Leere laufen ließ, begeistert klatschten. Gusti trug Pantoffeln, einen Pyjama und darüber eine braune Strickjacke. Die Ziege hatte Papiere im Maul, die sie aß, bis Gusti wieder nahe genug war, sie zu ein paar weiteren Sprüngen zu veranlassen. Gusti weinte. Als er die Ziege endlich an ihren Hörnern zu fassen kriegte – ein paar johlende Studenten halfen ihm dabei –, hatte diese ihre ganze Beute verschlungen und strahlte ihn glücklich an. So schön hatten sie noch nie zusammen gespielt! Gusti war so fassungslos, daß er ihren Hals kraulte, während sie zusammen nach Hause trotteten. Oben vor der Tür gab er ihr allerdings einen so gewaltigen Tritt, daß sie die Treppe hinunterflog, die sie eben triumphierend hinaufgehüpft war. Sie schaute sehr beleidigt und schritt über den Platz davon, bald von den Hühnern eingeholt, die Gusti, weil es in einem Aufwaschen ging, gleich auch noch in die böse Welt hinausscheuchte. Alle zusammen verschwanden zwischen Autos und Passanten, die Hühner auf dem Rücken der Ziege wie die Stadtmusikanten.

Gusti aber lieh sich von Doris Schrubber und Eimer aus und putzte zwei Tage lang die Wohnung. Kippte Schutt und Asche auf den Platz hinaus. Dann ging er ins Hallenbad, duschte ausgiebig, kaufte auf dem Heimweg fünfhundert Blatt DIN A 4 und eine Kiste Ovosport und schrieb am leergeräumten Tisch des Malers sein Buch ein zweites Mal. Nach einer Woche war er fertig. Weil ihm das Papier ausgegangen war, hatte er das letzte Kapitel auf den Tisch geschrieben.

An jenem Abend besuchte ihn Charles Bonalumi. Er kam aus Venedig, aus Mestre natürlich, wo er eine Woche lang bei seinem Vater gewohnt hatte, hauptsächlich um ihn anzupumpen, denn die Pizzeria in Los Angeles machte einen immer kümmerlicheren Umsatz. Aber dem Unternehmen des Vaters ging es nicht anders, und so saßen sie also sechs Abende lang trübselig im leeren Lokal und tranken Valpolicella, und als in der letzten Nacht der Vater ins Bett gewankt war, suchte Bonalumi in seinem Adreßbuch nach jemand anderem, der ihm Geld leihen könnte, und stieß auf Gusti, den er schon beinahe vergessen hatte. Nach einem tränenreichen Abschied – sein Papa war sicher, den Sohn nie mehr zu sehen – brach er auf. In Liestal kriegte er tatsächlich Gustis neue Adresse heraus und erkannte schon auf der Treppe, daß er auch hier nicht zu seinem Ziel gelangen würde. Er klopfte trotzdem und fand einen verwirrten aber glücklichen Gusti vor, der ihn umarmte und ihm sein letztes Ovosport anbot. Dazu hektisch und zusammenhangslos von Schmetterlingen sprach. Das war

Bonalumi ja nun gewohnt, auch wenn er sich im Augenblick lieber über Dollars unterhalten hätte. Er setzte sich also auf eine Kiste, aß sein Ovi und hörte Gusti zu, der sein Manuskript wie ein Neugeborenes vor dem Bauch hielt und mit großen Schritten auf und ab ging. Immer erneut in der Küche verschwand, von dort aus dem Off sprach und schwadronierend wieder auftauchte. Exklusiv für Charles Bonalumi entwarf er seine Theorie zum dritten Mal, und je länger dieser ihm zuhörte, desto sicherer war er, endlich auf jenes Genie gestoßen zu sein, das er einst selbst hatte werden wollen. Inzwischen tranken beide Wein, und als sie die dritte Flasche geleert hatten, waren Gustis Überlegungen für Bonalumi zu ehernen Gesetzen geworden. Gusti ein Galilei der Lepidopterologie. Er beschloß, sich ihm und seinen Forschungen in Zukunft zu widmen, mit all der Hingabe, zu der er fähig war, sagte das auch, brüllte es sogar aus sich heraus, die Weinflasche schwenkend und nun seinerseits in der Wohnung auf und ab gehend, während der erschöpfte Gusti auf die Kiste gesunken war und allmählich einschlief. Als Charles Bonalumi das merkte, lange nach Mitternacht, hielt er mitten im Satz inne – sowieso hatte er dessen Anfang vergessen –, packte die Manuskriptblätter und rannte in sein Hotel, ein christliches Hospiz, wo er fiebernd im Bett saß und Strategien entwickelte, wie er seine bankrotte Pizzeria in einen reichen Buchverlag verwandeln konnte, der als erstes Gustis Buch publizieren sollte. Er war eben zum Schluß gekommen, daß eine neue Sorte – *pizza farfal-*

lone – ihm den nötigen Umsatz bringen mußte, der dann auch Gustis Werk vorfinanzieren konnte, als die Sonne aufging und ihn so heftig blendete, daß er aus dem Bett sprang. Zum Waschbecken taumelte und sich zu rasieren begann. Seine Bartstoppeln waren voller Malzkrümel.

Gusti allerdings war noch während seines langen Marsches zwischen Küche und Zimmer zum Schluß gekommen, daß seine Theorie ein aufgelegter Unsinn sei. Stuß. Die Welt hatte nichts mit Schmetterlingen zu tun. Je länger er dann Bonalumi zuhörte, desto sicherer war er, einen armen Irren vor sich zu haben. Als er am nächsten Morgen merkte, daß Bonalumi sein Manuskript mitgenommen hatte, war es ihm gleichgültig. Er atmete sogar regelrecht auf, als habe dieser ihm eine schwere Last abgenommen, und überlegte einzig, ob er ihm den Tisch mit dem Schluß ins Hotel bringen sollte. Aber dazu war er viel zu müde – das Buch erschien dann später ohne das letzte Kapitel, was aber niemandem auffiel – und schlief nochmals ein. Träumte von Ovosport und daß er nie mehr eins essen würde. Gegen Mittag wachte er erneut auf, weil jemand vor der Tür rumorte. Er meinte, es sei Bonalumi, und brüllte, er solle sich zum Teufel scheren. Aber die Geräusche hörten nicht auf, und also öffnete er. Es war die Ziege. Sie hatte sich von den Hühnern getrennt und hielt ein Papier im Maul: jenes Blatt, das jetzt über meinem Schreibtisch hängt. Sah Gusti um Verzeihung bittend an. Der schaute eine Weile zurück und ließ sie ein.

19

The Butterfly: Beginning and End of Mankind erschien am 18. Oktober 1960 in der Venezia Press, Los Angeles. Charles Bonalumi, dem kein besserer Verlagsname eingefallen war, hatte das Buch selbst übersetzt, zum einen, weil er von jedem einzelnen Wort begeistert war, zum andern, weil er einen Übersetzer nicht bezahlen konnte. Er hatte in der Küche seiner Pizzeria einen Tisch freigeräumt, an den er sich setzte, sobald keine Bestellung vorlag, und Dutzende von Pizzas anbrennen lassen, weil er auch während des Backens nur an Schmetterlinge dachte. Es war ihm egal. Er bebte vor Aufregung über Gustis Theorie, die aus dem bislang marginalen Fachgebiet der Paläolepidopterologie eine der Physik oder Astronomie vergleichbare Wissenschaft machte. Allerdings konnte er vieles – Gustis Handschrift war was sie war – nicht lesen und erschloß es aus dem Zusammenhang. Auch sprach er ja nicht deutsch, und eigentlich auch nicht englisch – ließ sich zuweilen von der japanischen Kassiererin beraten –, und so war seine Übersetzung schließlich ziemlich frei und hatte ein eher venezianisches Brio, mit einigen fernöstlichen Glanzlichtern. Trotzdem aber oder gerade deswegen eroberte sie sich fast sofort den zweiten Platz auf allen Bestsellerlisten, hinter Sarah O'Tooles *Weddingday for Frogs*, dem Renner des damaligen Sommers, und verwandelte den Verlag, der zuvor aus einer mit unverkauften Zeitschriften angefüllten Kammer bestanden hatte, in ein Unternehmen mit zwei richtigen Büros, einem Telefon und einer Sekretärin, die Ginger hieß und Brüste hatte, wie sie Bonalumi zuvor nur bei seiner Mama erblickt hatte. Am dritten Arbeitstag konnte sie seinen Werbungen nicht mehr widerstehen und lag schnaufend auf dem Teppich und ließ das Telefon klingeln. Bonalumi auf ihrer Brust herumschmatzend. Er trug nun gestreifte Anzüge und Strohhüte und wurde zu Partys nach Beverly Hills eingeladen. Kaufte ein Auto, einen fast neuen Chevrolet, mit dem er und Ginger in die Berge von San Bernardino und einmal sogar bis nach Big Sur fuhren, wo sie sich von den Klippen in den Ozean stürzten. In der Ferne Walrosse. Für Ginger baute er ein Haus aus Preßspanfertigteilen hoch über dem Strand von Malibu, von dem aus die beiden Verliebten in den dschungelartigen Garten John Waynes sahen, der dort mit einem Whiskyglas in der Hand Kakteen mit Handkantenschlägen fällte.

Aber auch wenn Charles den neuen Dollarsegen genoß und Ginger mit Geschenken überschüttete, so sandte er doch auch völlig korrekt die drei Prozent Honorar über den Ozean, die er Gusti auf einer Postkarte vorgeschlagen hatte. Es war immer noch recht viel Geld. Reich aber wurde Gusti erst im folgenden Jahr, als die deutsche Ausgabe erschien – just am 4. Juni, dem Geburtstag Olgas –, so wie er sie geschrieben hatte, oder jedenfalls so ähnlich, denn das Manuskript hatte in Bonalumis Küche in Tomatensaucen und Fettlachen gelegen und war kaum mehr zu entziffern. Also stürzte sich der Übersetzer auf das amerikanische Original und wich nur von ihm ab, wenn er es nicht verstand. Dafür enthielt die deutsche Ausgabe das letzte Kapitel. Der Verleger, ein Großer der Branche, hatte es mit einem Kleintransporter persönlich abgeholt und Gusti im Restaurant des Hotel Euler mit Austern bewirtet. Von diesem Tag an aß dieser, weil er ja keinen Tisch mehr hatte, jeden Mittag in diesem herrlich vornehmen Lokal – nicht immer Austern allerdings –, und abends bei Doris, die ihm auf einem Kocher Spiegeleier oder eine Käserösti zubereitete. Er trank Flaschenweine und schleckte Eis zum Dessert und dachte darüber nach, wie es der Setzer wohl angestellt haben mochte, den Tisch in den Manuskripthalter einzuspannen.

Obwohl er Millionär und noch keine vierzig Jahre alt war, glich er nun einem greisen Indianer. Zuweilen steckte er sich tatsächlich eine Möwenfeder in die Haare. Wenn er den Abend in der Brazil Bar verbracht hatte und nach Mitternacht Doris beim Abwaschen half, wollte er keinen Lohn mehr. Nahm aber ein Glas Wein immer noch gerne an. Er hatte jetzt stets ein paar Banknoten in der Hosentasche und eröffnete schließlich sogar ein Konto bei der Kantonalbank, wo der Kassierer mit offenem Mund zuschaute, wie er einen Rucksack aufknöpfte, der randvoll mit Dollarnoten gefüllt war. Alle hinter den schußsicheren Gläsern drängten sich um das

Wunder, und sogar ein echter Direktor kam wie zufällig vorbeigeschlendert. Aber natürlich stand einer Kontoeröffnung nichts im Wege. Geraten dazu hatte ihm der Postbote, der es leid war, jeden zweiten Tag dicke Geldbündel die steile Holztreppe hochzuschleppen, die Gusti dann unters Bett stopfte, von wo die Ziege sie hervorzupfte und fraß.

In seinem Buch versuchte Gusti nachzuweisen, daß alles Leben aus dem Schmetterling kommt. Aus anderen Sonnensystemen drangen einst glühende Raupen in unser ursprünglich leeres All ein. Brennende Riesenwürmer. Sie verpuppten sich und wurden zu Schmetterlingen, die ebenfalls brannten und die man sich riesengroß vorstellen kann. Andere nur wie Häuser. Dennoch flatterten sie, ohne sich zu stören, herum und zogen ihre Leuchtbahnen ins Nichts. Sie hatten die Muster von heute, allenfalls farbigere, und sahen wie riesige Segel aus. Dann stießen jedoch zwei dieser Glühflügler zusammen und blieben aneinander kleben. Waren sofort flugunfähig. Taumelten flammend herum und prallten gegen einen dritten, der zu überrascht war, um auszuweichen. Undsoweiter. Nach einigen Jahrmillionen hatte der aus Schmetterlingen gebildete Feuerball das ganze All leergeräumt und kühlte ab. Nur einige Falter retteten sich, indem sie ihr Leuchten verbargen und sich klein machten. Das strengte sie aber so an, daß sie das ewige Flattern aufgeben mußten und einen Ruheort brauchten, und der war natürlich der aus den Großfaltern gebildete Planet.

Inzwischen gab es auch die Luft, oder es hatte sie immer gegeben. Gusti griff hier auf eine Theorie eines irischen Philosophen zurück, der zu Beginn unsres Jahrhunderts nachzuweisen versucht hatte, daß die Luft aus Blasen bestehe, die so dicht aneinandergedrängt seien, daß ihre Blasenstruktur unsichtbar bleibe. Wenn der Druck auf sie erhöht werde, platzten sie, was den Knall erkläre, der zu hören sei, wenn man eine bestimmte Luftblasenmenge zwischen seinen Handflächen zerschlage. Gusti ging allerdings über diese Theorie hinaus, indem er annahm, daß die Luftblasen nicht leer seien. Jede berge im Gegenteil seit ewig einen Teil der Schöpfung, der auf seine Befreiung warte. Zu Beginn sei *alles* – nur die Schmetterlinge nicht – in Luftblasen eingeschlossen gewesen: unsichtbare Hoffnung, ungeahnter Fluch. In der einen Blase ein Körnchen Humus, in der nächsten ein Gran Uran. Ein bißchen Farn oder ein Mäusespermium oder ein Mikrogramm Polyester.

Durch die Katastrophe der Schmetterlinge wurden diese Luftblasen, bislang in ewiger Ruhe schwebend, durcheinandergewirbelt. Sie stießen gegeneinander, und da ihre Hüllen dafür nicht gemacht waren, barsten sie. Zufällige Teile unsres Erdreichs wurden frei und rieselten auf die sich verhärtenden Chitinpanzer. Die kleinen Falter siedelten sich auf der Erde an, weil es nun plötzlich Blumen gab. Sie genossen das neue Glück und kannten nur *eine* Panik: gegeneinander zu stoßen. Nie bis heute hat jemand zwei Schmetterlinge gesehen, die nicht, in vermeintlichem Ungeschick, elegant aneinander vorbeigetorkelt wären.

Das letzte Kapitel, das in der amerikanischen Ausgabe fehlte, sagte allerdings folgendes: Während im Innern der Erde immer noch die Falterahnen glühten, kehrte sich an der Oberfläche der Trend plötzlich um. Die Schmetterlinge waren nun nicht mehr damit beschäftigt, Erde zu sein, sondern die Erde zeigte die zunehmende Neigung, Schmetterling zu werden. Ganze Länder verschwanden spurlos, weil sie sich als Riesenfalter ins All zurückerhoben, Siam zum Beispiel, oder Montenegro. Aber auch kleinere Erdteile sehnten sich nach ihren alten Lufthüllen. Überall waren die Bäume dabei, davonzuschweben. Jeder sah es. Fische verschwanden, ganze Gewässer, und wer nun die Hände zusammenschlug, spürte erneut die Materie. In naher Zukunft – so endete das Kapitel, das auf dem Tisch geblieben war und den Amerikanern so wenig gefehlt hatte, daß sie es auch in den Neuauflagen des Buchs nicht nachgeliefert bekamen – werde der Urzustand wieder erreicht sein, in zwei oder drei Millionen Jahren, und all das einst Verpappte flattere wieder erlöst im unschuldigen Raum. Der Mensch natürlich, der flugunfähige, verschwände schon vorher.

Bonalumi hatte der amerikanischen Ausgabe Kapitelüberschriften hinzugefügt, die die deutsche übernahm, und nicht nur sie. Gusti störte es nicht, weil er weder die deutsche noch die japanische noch die bulgarische Übersetzung jemals aufmachte. Er freute sich an ihren hübschen Titelblättern. Die italienische stammte vom Vater Bonalumis und war ein Werk von eigener Würde geworden, weil der Papa ein noch viel rudimentäreres Englisch als sein Sohn sprach und sich in langen Telefonaten über die Ozeane hin von diesem beraten lassen mußte. Charles hatte eigentlich seinem alten Vater etwas Gutes tun wollen, aber so fraßen die Spesen das Honorar mehr als auf, und der alte Bonalumi eröffnete noch während seiner Übersetzerarbeit – um diese zu finanzieren – eine Würstchenbude in einer Gasse in der Nähe von San Marco, die immer unter Wasser stand und deren Standort von keinem der alteingesessenen Würstchenbrater beansprucht wurde.

20

Gusti hielt die ganze Brazil Bar frei und machte nur wenige Ausnahmen. »Du nicht!« sagte er zu mir, weil er mich für reicher als die andern hielt: als sei ich ein Devereux. Natürlich stimmte das nicht, ich lebte von der Hand in den Mund, und ich kümmerte mich sogar wesentlich mehr als irgendwer sonst um ihn. Fast jeden Tag kletterte ich mit einer neuen Seite meines Buchs seine Treppe hoch und las sie ihm vor, oder ich brachte ihm einen Rest Vanillepudding; und oft quatschten wir einfach ein bißchen. Heute, zwei Jahre nach seinem Tod, habe ich sein herzliches Lachen immer noch im Ohr.

Manchmal kam es vor, daß ich zehn Minuten lang gegen seine Tür poltern mußte, obwohl ich genau hörte, wie er hinter ihr schnaufte und hustete. Er war schwerhörig geworden und auch sonst skurril. Einmal, als ich schon die längste Zeit nach ihm gerufen hatte und gerade mein Auge ans Schüsselloch pressen wollte, kam eine Stricknadel hindurchgefahren, die mich hätte verletzen können. Abends in der Bar jedenfalls saß ich, wann immer es nur ging, neben ihm, und er lächelte mir ermutigend zu, wenn ich mir aus seiner Flasche nachschenkte. Gleichzeitig konnte er sehr gedankenverloren sein. Mehr als einmal fing er einfach mit jemand anderem an zu sprechen, obwohl ich mitten in einer spannenden Geschichte war. Am liebsten unterhielt er sich mit Doris. Aber auch die Kindergärtnerin, die jetzt die Freundin meines Kollegen war, gefiel ihm gut, und sie steckten oft die Köpfe zusammen und kicherten.

Auch meine Freunde umlagerten immer häufiger die Bar, um zu hören, was er erzählte. Sie hingen bald mit einem Eifer an seinen Lippen, der so sehr über das bei Dichtern übliche Interesse für andere Menschen hinausging, daß ich zu argwöhnen begann, wir alle, nicht nur ich, schrieben heimlich – ich hatte nämlich meinen Eskimo an den Nagel gehängt – an Gustis Lebensgeschichte. Schließlich hielt unsre Stadt nicht viele Stoffe bereit. Vielleicht, dachte ich, erschienen sehr bald fünf Bücher über Gusti, alle gleichzeitig; als seien sie verschiedene Kapitel *eines* Werks. Vielleicht sogar setzte, just während der Argwohn meine Hand lähmte, ein anderer aufatmend das Wort *Ende* unter sein Manuskript. Der neue Liebhaber meiner Geliebten, die freie Hand um ihre Hüften? Eins war gewiß: seitdem Gusti zu uns gestoßen war, vermieden wir das Thema Schreiben – früher hatten wir ausschließlich von unsern zukünftigen Schöpfungen gesprochen –, und ich hatte zuweilen das Gefühl, der Teilnehmer eines stummen Wettrennens zu sein. Natürlich hatte ich auch früher schon den keuchenden Atem meiner Freunde im Nacken gespürt. Aber da war ich noch sicher gewesen, an der Spitze des Rudels zu laufen. Nun überfiel mich die Angst, sie könnten die ganze

Zeit schon schneller als ich gewesen sein und setzten gerade dazu an, mich zu überrunden.

Natürlich ahnte Gusti nichts von meinen Plänen. Ich weiß nicht, ob die andern auch Karteikästen hatten, in der sie jede Nacht Gustis Erzähltrümmer chronologisch einzuordnen versuchten. Ich tat das jedenfalls. Gusti sah meinen sogar einmal. Ich hatte ihn, als er gerade von Mülltonne zu Mülltonne huschend den Platz überquerte – er spielte oft so seltsame Spiele mit sich selbst –, zu mir hereingerufen, um ihm einen Teller von einem selbstgemachten Rumtopf zum Versuchen zu geben. Er kam verlegen grinsend hinter seinem eigenen Mistkübel hervor und blätterte, während er den Rumtopf schleckte, gedankenverloren in meinen Zetteln. Später fand ich, zwischen *Demut* und *Doris*, eine ziemliche Portion meines inzwischen verhärteten Desserts. Er merkte nichts, lächelte mich nur an und sagte: »Du liebst die Wahrheit. Ich liebe die Lüge.« Dann ging er. Ich sah ihm nach, wie er über den Platz ging, ohne mit sich selber Verstecken zu spielen. Der Ziege, die durch die Tür auf den Treppenabsatz herauskam, gab er einen Klaps.

Am gleichen Abend noch verschwand er, so endgültig scheinbar, daß ich zu denken begann, er sei eben wie ein Komet in meinem Gesichtsfeld aufgetaucht und nun wieder daraus verschwunden, für immer. Ich nahm meine alten Gewohnheiten wieder auf, trank und redete wieder wie zuvor mit meinen Kollegen, die ihrerseits wieder die alten wurden. Die Kindergärtnerin saß jetzt halt beim Lyriker. Nur hie und da sprachen wir davon, was Gusti jetzt wohl treibe, und vermuteten, er sei in sein Militärleben zurückgekehrt.

In Wirklichkeit war er nach Afrika gefahren und ritt zusammen mit einem Tuareg über Sandberge und Dünentäler, jeder Fata Morgana nach, die ihm ein Ziel in den Himmel spiegelte. Sein Führer machte jede Wendung von Gustis Kamel widerspruchslos mit. Behielt stets ein versteinertes Gesicht. Endlich, als sie vor Durst längst delirierten und die Kamele dürr wie Ziegen waren, erreichten sie eine Oase, tatsächlich genau jene, der sie als verkehrt herum im Himmel schwebendes Trugbild eine Woche lang gefolgt waren. In einer Sandmulde weißgekalkte Lehmwürfel zwischen Palmen von einem Grün, daß Gusti und dem Tuareg die Augen weh taten. Sie fielen von den Kamelen – diese stürzten ihrerseits zu Boden, von der Last befreit, die sie aufrecht gehalten hatte – und wurden von den Bewohnern aufgesammelt, schnatternden Arabern, die noch nie einen Fremden gesehen hatten – nur uralte Sagen berichteten ihnen von Wesen jenseits des Großen Sands – und in so viele Tücher gehüllt waren, daß nur ihre Augen durch schmale Schlitze zu sehen waren. Nur sie ließen erkennen, ob Mann oder Frau, und sogar den Beduinen geschah es nicht selten, daß sich, wenn nach einem tagelangen Hochzeitsfest die beiden Gatten im Schutz der schwarzen Nacht die Tücher hoben, zwei Schwänze oder zwei Schlitze begegneten. Man nannte solche Heiraten *tu-hus*, »trockene Ehen«, und beklagte die, denen sie widerfuhren: rückgängig zu machen waren sie nicht, und die *tui-hui*, die trockengelegten Eheleute, verbrachten ihr Leben miteinander so gut es ging. Oft ging es gut. Es kam auch vor, daß zwei trockene jedoch gegenpolige Ehepaare zusammenspannten und auf diese Weise doch noch zu Kindern kamen. Diese Kinder galten als Kinder Allahs, denn eine andere Erklärung ihrer Zeugung durfte ein Bewohner des Oasenorts nicht einmal *denken*.

Wochenlang lag Gusti fiebernd im Gästezelt des Königs. Machte in Schweiß gebadet im Kopf die ganze Reise wieder und wieder. Neben ihm lag der genau so kranke Tuareg. In der vierundzwanzigsten Nacht hörte er ein schreckliches Keuchen und glaubte, sein Führer liege im Sterben. Alle seine Kräfte aufbietend rieb er ein Streichholz an und sah die Königin, nackt mit Brüsten, die wie Wasserschläuche für eine Saharaexpedition aussahen, auf dem Tuareg reiten als müsse sie in dieser Nacht noch nach Tripolis. Eine wilde Jagd. Der Tuareg schnaubte und bäumte sich einem verzweifelten Kamel gleich. Beide waren so sehr mit sich beschäftigt, daß sie der Lichtschein nicht erreichte. Als Gusti jedoch das zweite Streichholz anzündete, kam die Königin gerade in Tripolis an und starrte, noch ausschwingend in ihrem Sattel aber schon wieder bei Sinnen, den genesenden Gusti mit Augen an, daß dieser dachte, er sei des Todes. Wo, um Allahs Willen, war der König? Wenn er es merkte! Aber die Königin lächelte in einer plötzlichen Eingebung und wechselte das Pferd. Ritt von nun an auf Gusti. Seufzte und röchelte. Jetzt strich der Tuareg

Streichhölzer an und lachte immer unverschämter. Über Gusti das zerfließende Gesicht der schönen Beduinin, und ihre Brüste, die ihm beutelnde Ohrfeigen gaben. Es war herrlich. So etwas hatte er noch nie erlebt. Bald stöhnten beide in einer heulenden Gier, und der Tuareg wieherte, und als auch Gusti in Tripolis war – die Königin zum zweiten Mal –, erblickte er, wieder sehend geworden, den König unter der Zelttür, zu seinem Empfang bereit. Ein blinkendes Schwert in der Hand. Auch die Königin sah ihn und sprang so schnell aus Gustis Schoß hoch, daß die sich lösenden Körper ein Geräusch machten als führe ein Korken aus einer Champagnerflasche. Fiel dem Gatten um den Hals. Gurrte und lachte und küßte ihn viel tausend Mal. Es stellte sich heraus, daß *er* der Urheber des Ritts war, denn es war eine – in den Legenden festgehaltene – Sitte dieses Volks, vorbeireisenden Fremden eine Frau zum Lieben zu geben: den niedern eine einfache, den edlen eine hochgestellte. Gusti trug an jenem Tag ein T-Shirt, auf dem Donald Duck hinter seinen Neffen dreinwetzte, und da für die Beduinen dieses verlorenen Stamms die Ente ein heiliges Tier war – die Erinnerung an eigene Enten hatte sich von Generation zu Generation vererbt –, hielten sie Gusti für einen Priester, wenn nicht für einen Stellvertreter Allahs. Warum die Königin dennoch zuerst seinen Begleiter, der kein Donald-Duck-Hemd trug, bestiegen hatte, blieb ihr Geheimnis.

Gusti und der Tuareg, der von dieser Nacht an wie ein Auserwählter in sich hineingrinste, blieben in diesem gastfreundlichen Ort und teilten das Leben der Bewohner, die, glaube ich, Khumis oder Khomis hießen. Es war ein einfaches Leben, seit Jahrhunderten unverändert dasselbe, das Gusti gefiel wie noch nie etwas. Das einzige Zeitmaß war ewig, und die ewige Nahrung waren Kokosnüsse und ein glasklares Wasser, das aus einer Quelle zwischen Palmen sprudelte, die längst einen seegroßen Teich gebildet hatte, in dem – die Ausnahme von der gnadenlos strengen Regel – einmal im Jahr in einer Neumondnacht alle Khumis badeten, nackt, seltsame Gesänge singend und sich gegenseitig die unvertrauten Körper waschend. Natürlich versuchte jeder Bursche, neben ein schönes Mädchen stehen zu kommen, und umgekehrt. Gusti nahm auch an diesem Ritual teil und wurde tatsächlich von einer Frau gerubbelt. Sonst war seine Aufgabe das Hüten der einzigen Ziege, der die Gräser einzeln gezeigt werden mußten. Der Lohn war ein Töpfchen Milch jeden Abend, das der Königin zustand, denn diese war schwanger. Gusti hoffte, sie sei es vom Tuareg oder von ihrem Mann, während dieser, mit seiner Krone auf dem Kopf auf einem Gebetsteppich kniend, stundenlang zu Allah betete, Gusti möge der Vater sein, denn dann hätte er ein Kind, das den heiligen Enten nahestünde.

Überall allerdings schossen immer erneut schwarze schmierige Fontänen aus dem Sand, die *poons* genannt wurden, was so etwas wie Schweinerei hieß. Kaum hatte einer eine Hütte gebaut, tat sich der Boden auf, und er mußte ausziehen. Die Khumis taten alles, die Poons zu stopfen – sogar das Opfer der letzten Ziege wurde erwogen –, hatten aber keinen Erfolg. Auch Gusti schaufelte so lange Sand und stampfte Steine fest, bis er davon genug hatte – das Zeug stank, und das nächste rituelle Bad fand erst im nächsten Jahr statt – und dem König vorschlug, mit dem Tuareg nach Tripolis zu reiten und ein paar Säcke Zement zu kaufen, um die Lecks endgültig zu dichten. Der König, der sich weder unter Tripolis noch unter Zement etwas vorstellen konnte, war nicht nur einverstanden, sondern beschloß sogar, bebend und zitternd, mitzukommen auf diese Reise durch den Großen Sand ins Land Jenseits, von dem die Sagen so viel Wundersames kündeten. Schon am nächsten Morgen ritten also alle drei los, von der ganzen Bevölkerung mit singenden Gebeten verabschiedet, und die Königin begleitete ihre drei Männer trotz ihres Bauchs, der inzwischen einer Trommel glich, zu Fuß so weit in die Wüste hinein, bis das Dorf im Sandhorizont versank. Dann blieb sie stehen und begann ihrerseits zu singen, mit hochgeworfenen Armen, eine immer kleiner werdende heulende Gestalt, so daß ihr Mann, der tapfere Herrscher, nach wenigen hundert Metern Ritt zum ersten Mal umkehren wollte. Das wollte er später dann noch viele Male, in den Nächten, als die Winde heulten, an den Tagen, wenn sekundenschnelle Fata Morganas ihnen eine ferne Karawane, einen an einer Tankstelle stehenden Jeep oder ein Munitionslager ans Firmament projizierten. Schließlich aber kamen sie in Tripolis an und quartierten sich im besten Hotel der Stadt ein, wo Gusti unter der Dusche verschwand, während der König auf der Terrasse stand und auf die vielen Bewohner des Landes Jenseits hinabstarrte. Der Tuareg hatte wieder sein steinernes Gesicht und zog sich an die Bar zurück, wo er Coca-Cola trank, in das er hinter dem Rücken Allahs einige Schlucke Fernet Branca hineingemischt hatte.

Er und Gusti schliefen dann herrlich und fanden am nächsten Morgen einen verstörten König vor, der in der Nacht den Lichtschalter nicht gefunden und die Lampe mit der Faust ausgelöscht hatte. Nachher hatte er schlaflos in den Splittern gelegen. Sie verbanden ihn und trösteten ihn mit Kaffee. Dann steckte Gusti sein Geld ein, und sie gingen in ein Baugeschäft.

»Was waren das für Zettel, die du dem Mann gegeben hast?« fragte der König, als sie wieder draußen waren.

»Geld«, antwortete Gusti. »Du gibst es den Leuten, und sie geben dir, was du willst.«

»Was ich will?« sagte der König. »Auch Kokosnüsse?«

»Auch Kokosnüsse.«

»Oder eine Frau?«

»Ja, auch Frauen kann man kaufen.«

»Oder sogar«, der König hüpfte vor Aufregung, »Enten??«

»Ja.«

Der König riß Gusti einen Packen Tausend-Dinar-Noten aus der Hand und rannte so schnell davon, daß nur die von ihm aufgewirbelten Staubwolken zeigten, welchen Weg er nahm, und auch sie bald nicht mehr.

Tatsächlich brauchten Gusti und der Tuareg mehr als eine Stunde, ihren Freund wieder aufzutreiben, im Basar, wo er zwischen den Verkaufsläden herumtanzte, Banknoten in die Luft werfend, gefolgt von einer Karawane von Männern, die Bananenbündel, Plastikeimer, zwei Kronleuchter, einen Fernseher der ersten Stunde, Tuchballen und eine Sitzbadewanne aus Email trugen. Er stürzte mit einem Aufschrei auf Gusti zu – sein Gesichtsschleier war schweißnaß – und rief: »Die Zettel, ich habe keine mehr, gib mir noch mehr Zettel.«

Aber auch Gusti hatte keine mehr, was umso unangenehmer war, als er bald von einem guten Dutzend sehr erregter Händler umringt war, denen der König Waren abgenommen, aber nicht bezahlt hatte. Schwarzäugige heiser schreiende Männer, die immer mehr zu allem entschlossenen Kriegern vor einer endgültigen Schlacht glichen. Zufällig standen sie vor einer Filiale der libyschen Nationalbank, einem Backsteinwürfel mit großen Fenstern, und mit einem schnellen Spurt rettete sich Gusti hinein und schloß die Tür hinter sich ab. Ein älterer Herr saß hinter einem vergitterten Schalter, wie ein vergessenes Tier in einem längst geschlossenen Zoo, und sah Gusti traurig an.

Der wischte sich den Schweiß von der Stirn und sagte, er wolle einen Scheck einlösen. Schrieb, obwohl er eigentlich an einen normal großen Betrag gedacht hatte, in einer plötzlichen Eingebung sein ganzes Guthaben bei der Basler Kantonalbank auf das Formular. 1 580 212 Franken und 60 Rappen. Der ältere Herr, der, obwohl

Araber, etwas Britisches an sich hatte, nahm den Scheck, ohne mit der Wimper zu zucken, und zeigte erst eine Gemütsbewegung – seine Schnurrbartenden begannen zu zittern –, als er ihn mit Hilfe einer Rechenmaschine voller langer schwarzer Hebel in libysche Dinars umgerechnet hatte. Er sah die Ziffernfolge eine Weile lang an, hob dann den Kopf und sagte: »Das ist ein recht ansehnlicher Betrag. Um genau zu sein, er übertrifft um ein weniges die Bilanzsumme unsrer Bank. Es wird einige Augenblicke dauern, bis ich ihn zur Auszahlung bereit habe.«

Gusti setzte sich auf einen Stuhl, während der Bankangestellte ohne hörbare Gefühle in ein Telefon hineinsprach. Am Fenster drückten sich die Händler die Nasen platt, unter ihnen auch der König, dessen Gesicht unter dem Tuch, weil er mit dem gegen das Glas gepreßten Mund zu grinsen versuchte, grotesk verzerrt wirkte.

Nach einer Stunde oder länger – der Kassierer hatte die ganze Zeit über in einer Art Wörterbuch geblättert und etwas auf einen großen Karton gemalt – fuhr ein Auto laut hupend vor, ein Peugeot aus der Vorkriegszeit, aus dem zwei Männer sprangen, die die Gaffer, darunter auch den König, mit Schlagstöcken zur Seite trieben. Ein dritter schleppte einen Sack, unter dem er fast zusammenzubrechen schien. Der Angestellte, jäh zu schnellen Bewegungen fähig, stürzte zur Tür, öffnete sie – der Lastenträger witschte hinein – und schlug sie den nachdrängenden Händlern und dem König auf die Nase. Dann knüpfte er, sich mit einem Taschentuch die

Stirn abtupfend, den Sack auf, holte sein Portemonnaie aus der Hosentasche, schüttete den ganzen Inhalt in den Sack und ließ ihn offen stehen. Der Lastenträger hatte sich auf den Fußboden gesetzt und starrte teilnahmslos vor sich hin.

»Wie hätten Sie den Betrag gern?« sagte der Angestellte. »In kleinen Noten, oder in großen?«

»Kann ich denn wählen?«

»Nein.« Er lächelte. »Aber das frage ich immer, seit 1931. Damals fragte ich noch italienisch.«

Gusti schulterte den Sack – er war tatsächlich schwer – und ging hinaus. Sofort war er von den schreienden Händlern umringt und schrie nun seinerseits, ja, ja, sie kriegten ja ihr Geld. Griff in den Sack und verteilte, ein bißchen aufs Geratewohl, einige Banknotenbündel. Auch der König erwischte einen Packen. Während die Händler, unter ihnen der König, heulend im Basar verschwanden als seien sie auf der Jagd, trat der alte Angestellte aus der Bank, hängte ein Schild an einen Haken in der Backsteinwand und ging davon, ohne sich noch einmal umzusehen. Es war der Karton, den er so sorgfältig beschriftet hatte: *Chiuso per causa di insolvenza*. Die Tür war offen geblieben und bewegte sich in einem leisen Wind. Nach wenigen Sekunden sah die Bank so aus als sei sie seit Jahrzehnten verlassen. Schräge Fensterläden neben Scheiben voller Spinnweben. Schlingpflanzen wucherten aus dem Fußboden.

Als der König zurückkam, hatte er ein Dutzend Kamele gekauft, die mit Waren vollbeladen waren: dem

Zeug von vorhin, den Zementsäcken, Teppichen, Autoreifen, unzähligen Harassen Orangenlimonade, alten Karabinern, Dampfkochtöpfen, einem Stapel zerlesener Nummern des Paris-Match – auf der obersten war eine ziemlich unbekleidete Badeschönheit –, einem Rasenmäher und vielen großen Gitterkäfigen, aus denen es schnatterte. Enten. Der König sah zu ihnen hinauf, fassungslos vor dem unfaßbaren Wunder.

Die Rückreise ging problemlos vonstatten, wenn man davon absah, daß die Enten das Klima nicht ertrugen und erbärmlich schrien. Viele hatten die Schnäbel offen und keuchten wie Verdurstende. Der König, der seine Götter nicht leiden sehen konnte, schüttete eine Flasche Limonade nach der andern über sie. Trotzdem starben viele, und die, die überlebten, sahen verdorrt und verklebt aus.

Am siebten Tag kamen sie an den Ort, an dem sie die Königin zurückgelassen hatten, und diese stand tatsächlich immer noch da, oder wieder, denn sie hatte keinen Bauch mehr, sondern ein Kind im Arm, unverschleiert wie alle Khumis, die jünger als zwei Jahre waren, ein ziemlich weißes, dessen Nase einem Entenschnabel glich. Der König warf sich in die Knie und küßte Gustis Füße. Lange lange. Auch die Königin zeigte ihren Dank durch eine würdevolle Verbeugung. Dann ließ der König alle noch lebenden Enten frei, die der Karawane schnatternd und flatternd folgten, so daß den Bewohnern des Dorfs, die zum Empfang der Reisenden zusammengeströmt waren, überall Götter mit panisch vorgestreckten Hälsen zwischen den Beinen herumwetzten. Dazu das Krähen des Thronfolgers, der K'hagr hieß, der Von-der-weißen-Ente-in-schwarzer-Nacht-Gezeugte.

Die Waren wurden von den Kamelen abgeladen und von allen Bewohnern gehörig bestaunt. Gusti schüttete derweil das Geld auf einen großen Tisch, der festgemauert in der Mitte des Hauptplatzes stand, eine Platte aus farbigen gebrannten Tonkacheln, an dem einmal im Jahr die Würdenträger des Stamms zu einem rituellen Essen zusammentrafen – es gab Kokosnüsse und Wasser, die dann aber, zwei uralte unverständliche Namen, Brot und Wein genannt wurden – und die sonst für alles und jedes da war: Sogar die Babys wurden darauf gewickelt. Die Banknoten füllten sie bis zu den Rändern und lagen so hoch aufgeschichtet, daß Gusti kaum über sie hinweg sah. Mit der Zeit umlagerten sie immer mehr Khumis, schnatternd ob der vielen Geheimnisse, die ihnen dieser Tag gebracht hatte. Zwei rollten einen der Autoreifen, ohne hinter seinen Sinn zu kommen, einer saß in der Sitzbadewanne und ruderte mit einem der Karabiner, und eine Frau hypnotisierte den Fernseher, ohne ihm die Bilder, die der König ihr versprochen hatte, entlocken zu können. Dieser hatte den Geldberg ebenfalls bemerkt und kam, mit einem Paris-Match-Heft in der Hand, neugierig näher.

»Was tust du hier, o entenbrüstiger weißer Mann?«

»Ich schenke«, sagte Gusti würdevoll, »diese Zettel, deren magische Kräfte du kennen gelernt hast – man kann mit ihnen erwerben was immer man will –, dir und deinem Volk, auf daß es niemals mehr Mangel erleide und immer in einem Überfluß des Glückes lebe. Ihr habt mich vom Tode errettet, und ich habe hier Tage der Freude erlebt. Mit diesen Zetteln könnt ihr, wenn ihr dies wollt, so viele Enten kaufen, daß sie euer Land bedecken ringsum bis an die Horizonte.«

Der König breitete die Arme aus, und wahrscheinlich wollte er zu einer Dankesrede ansetzen, als weit hinten eine ferne einsame Stimme einen Schrei ausstieß, ein in Panik herausgestoßenes einzelnes Wort, das Gusti nicht kannte und nicht verstand – es klang wie Ch'air – und das die freudvoll schnatternden Frauen und Männer auf der Stelle in panisch schreiende verwandelte, die das Nächstliegende packten – eine Limonadenflasche, einen Tuchballen, ihr Kind – und davon rannten so schnell sie nur konnten. Fast sofort stand nur noch Gusti auf dem leeren Platz, der totenstill geworden war. Fern, da wo der Schrei hergekommen war, hörte er ein Geräusch, das wie tausendfaches Pferdegetrappel klang und schnell lauter wurde, so daß er mit einem jähen Todesschrecken dachte, mörderische Fremde aus dem schwarzen Afrika jenseits des Sands griffen das Dorf an und schlachteten sie alle ab. Aber im selben Augenblick packte ihn eine harte Luft, und scharfer Sand prasselte ihm so heftig ins Gesicht, daß er aufschrie vor Schmerz. Ein Sandsturm. Er wurde von einer ersten Bö gepackt und über den ganzen Platz gewirbelt als sei er ein gewichtsloser Sack, bis er gegen eine Mauer knallte und, von einem heulenden

Sandgebläse beschossen, liegen blieb. Fast im gleichen Augenblick wurde er an den Füßen gepackt und irgendwohin gezogen. Als er die Augen öffnete – die Sandnadeln stachen ihn nicht mehr –, lag er in einem niedern Gewölbe. Über ihm hockte sein Tuareg, der einen Dampfkochtopf auf dem Kopf trug. Er lächelte. Nah und doch fern tobte der Wind so laut, daß sie sich auch nicht verstanden als sie schrien. Er deckte die Dächer der Häuser ab, bevor er auch die Mauern umlegte.

Als der Sturm nach Stunden abflaute, ebenso plötzlich wie er gekommen war, stiegen Gusti und der Tuareg nach oben, das heißt, sie gruben sich mit den Händen durch eine dicke aber lockere Sandschicht, aus der sie endlich die Köpfe streckten. Überall rings herum tauchten ähnliche Köpfe aus dem Sand auf, zerzaust, unter ihnen auch der des Königs. Sein Schleier war zerrissen, so daß Gusti zum ersten Mal sein Gesicht sah, schwarz, von Runzeln zerfurcht, mit wilden blitzenden Augen. Die vielen Köpfe sahen wie eine bizarre Gemüsesorte aus, oder wie von jener eingebildeten Armee abgeschlagen. Gusti begann mit den im Sand steckenden Armen zu rudern wie ein Ertrinkender und stand in der Tat nach kurzer Zeit auf ebener Erde. Neben ihm der Tuareg, und überall die Khumis, die sich ebenfalls aus dem Sand herausarbeiteten. Alle sahen sich um. Das Dorf war verschwunden. Keine Hütte, keine Mauer, nichts. Sogar die Palmen waren gefällt und begraben. Sand, gewellter roter Sand bis zum Horizont. Nur der Fernseher ragte schräg aus dem Boden hervor wie ein Mahnmal.

»Wenn ich mir einen Ratschlag erlauben darf, Sahib«, sagte der Tuareg leise. »Hauen wir ab, bevor der König der Khumis wieder bei Sinnen ist und einen Schuldigen für das Unglück sucht, das sein Volk betroffen hat.«

Gusti, der noch ganz benommen war, nickte. Sie gingen, ohne rechts und links zu schauen, durch den Sand davon, in die Richtung, in die auch der Sturm gegangen war. Sand, ohne Spuren. Am vierten Tag trafen sie zwei Enten, die vergnügt auf einer steilen Düne herumalberten und die sie, obwohl sie protestierten, unter ihren Gewändern nach Tripolis trugen, wo sie sie in eine Kameltränke warfen, die sie selber zuerst beinah leergetrunken hatten. Das letzte, was sie von den beiden sahen, war, wie sie im Wasser tobten, aufeinander hockend. Vielleicht lobten sie auf diese Weise ihren Herrn, daß er sie errettet hatte aus großer Not.

Gusti nahm dann das Schiff nach Genua – seine Fahrkarte hatte das Abenteuer unbeschadet überstanden – und traf an einem windigen kühlen Abend in der Brazil Bar ein. Er trug immer noch seine Tropenausrüstung. Als er den Helm an einen Garderobenhaken hängte, rieselte Sand heraus. Er schien völlig ausgehungert und am Verdursten. Also kochte Doris Spaghetti und stellte ihm ein Bier nach dem andern hin, die er alle sofort wegtrank. Wir saßen scheu an unserm Tisch, weil er wie eine Erscheinung aussah. Den ganzen Abend über sprach er kein Wort, erst ganz am Schluß, als Doris zumachen wollte. »Doris«, murmelte er und beugte sich über den Tresen. »Darf ich dich etwas fragen?«

»Was denn?« Doris blieb stehen, ein Bierglas mit einem Tuch trockenreibend.

Gusti fragte: »Kann ich die Spaghetti und das Bier anschreiben lassen?«

21

Dann verlor ich ihn vollends aus den Augen. Meine Wohnung war mir gekündigt worden, weil der Wirt eines Lokals, das direkt neben der Brazil Bar lag, die halbe Altstadt aufgekauft hatte, auch mein Haus. Er riß überall Wände heraus und baute Bodenheizungen ein, Kachelbäder, und ich hätte, statt wie bisher achtzig, tausendfünfhundert Franken Miete bezahlen müssen. So zog ich, während Gusti in seinem Ziegenstall bleiben konnte, in ein Hochhaus am Stadtrand, zufälligerweise just an dem Tag, an dem mein Buch doch noch fertig geworden war, ein Tausend-Seiten-Manuskript, das jede Minute im Leben des bedeutenden Devereux beschrieb und dennoch keinen Verleger fand. Dabei brauchte ich dringend Geld für die Kaution meiner neuen Wohnung. So war ich schließlich dankbar, es einem Urenkel meines Helden verkaufen zu können, einem Bankier, der ebenfalls Devereux hieß und auch jeden Tag onanierte. Wieso sonst hätte er mir 2000 Franken in bar bezahlt und das Buch dann in den Reißwolf seiner Bank getan? Ich ging nicht mehr zu Doris, hockte vor dem Fernseher oder glotzte über Schrebergärten hinweg zum blauen Jura und vergaß sogar meinen Zettelkasten mit dem Leben Gustis. Auch unser Stammtisch hatte sich aufgelöst. Die

Freunde hatten jetzt alle einen Beruf, und einer war tot, und der Lyriker hatte mit meiner Freundin ein Kind, eine Tochter, die ein Pop-Star werden wollte. Ihn selber hatte ich einmal im Fernsehen gesehen, weil er Gedichte publiziert hatte, die der Moderator der Sendung »die schönsten seit Rilke« nannte.

So erschrak ich beinah, als ich an einem unschuldigen Nachmittag Gusti im Café meines Hochhauses traf, einem dieser Lokale, das sonst nur Leute aus der Wohnblocksiedlung besuchten. Greisinnen, die andern Greisinnen ihre Krankheiten in die Ohren brüllten. Gusti aber war ganz aufgekratzt – sah jünger aus, obwohl ihm die grauen Haare nun auch aus der Nase wucherten – und trompetete, er komme gerade aus einem Reisebüro gleich um die Ecke, das die billigsten USA-Flüge der Stadt anbiete, er habe nämlich einen Brief von Charles Bonalumi bekommen, jawohl, vom seligen Carlo, den ersten seit den alten Zeiten ihres gemeinsamen Buchs, und er fliege morgen nach L. A. Er lachte wie ein Junge, während er den Brief aus einer Tasche des Blaumanns zog, den er immer noch trug, oder wieder. Bonalumi schrieb, er habe vor Jahren sein Verlagsgeschäft liquidiert – »Das ist mir weiß Gott aufgefallen!« rief Gusti begeistert – und sich wieder der Gastronomie zugewandt. Charlys Pizza sei in ganz Los Angeles ein Begriff geworden. Der eigentliche Grund seines Schreibens sei aber, daß er gerade den 25. Kongreß der Paläolepidopterologie vorbereite. Wie Gusti sicher bemerkt habe – »Gar nichts habe ich!« jubelte dieser –, habe sich ihre Wissenschaft zu einer weltweit angesehenen entwickelt, der Paläoethnologie gleichwertig, und die Jubiläumstagung dürfe nicht stattfinden, ohne an Gustis frühe Anstöße zu erinnern, auch wenn die Forschung in vielen Punkten längst zu abweichenden Resultaten gekommen sei. »Und ich weiß von nichts!« brüllte Gusti so völlig hingerissen, daß alle Gäste des Cafés zu ihm hinschauten. Ob Gusti das Abschlußreferat halten wolle? Falls er noch lebe. Der Kongreß finde in zehn Tagen in Jerusalem statt. Wie immer seien die Gebühren niedrig, $ 150, Reise und Aufenthalt exklusive. Herzlich Ihr Charles Bonalumi.

»Wieso fährst du nach Los Angeles?« sagte ich. »Der Kongreß ist in Jerusalem.«

»Dreh den Brief um«, antwortete Gusti.

Auf der andern Seite des Luftpostpapierbogens stand ein handschriftliches P.S. Es sei übrigens, schrieb Charles Bonalumi in seiner Kinderschrift, jemand bei ihm gewesen, eine alte Frau, die nach der Pizza farfallone gefragt habe, was weiß Gott niemand mehr seit jenen heroischen Tagen getan habe, und darum hätten sie von Schmetterlingen gesprochen, und aus irgendeinem Grund habe er, Bonalumi, Gusti erwähnt, seinen Freund in good old Europe, und die alte Frau, eine Greisin wahrhaft, habe furchtbar zu lachen begonnen, furchterregend, und immer wieder gekreischt, Gusti, den kenne sie, sie kenne ihn gut, sie liebe ihn, keiner vögle wie Gusti. Sorry, das sei ihre Formulierung gewesen. Ein Schwanz wie ein Hammer. Sie habe einen sehr freien Umgang mit der Sprache gehabt. Dann sei sie gegangen, ohne eine Adresse zu hinterlassen, und ohne zu bezahlen. Das Serviermädchen, eine Chinesin, habe dann behauptet, sie kenne sie, sie sei mindestens achtzig und heiße Sarri.

Als Gusti in Los Angeles landete, ging gerade die Sonne unter. Eine flammende Kugel, die so nah und groß war, daß Gusti zu ihr hinlaufen zu können meinte. Schwarze Palmen. Er nahm ein Taxi, das hinter seinem Schatten drein zu der Adresse fuhr, die auf dem Brief gestanden hatte, einer Pizzeria, die sich, als sie an der Ecke des Santa Monica Boulevards und der Fairfax Avenue ankamen, als ein kaufhausgroßes Schnellrestaurant mit zwei Etagen erwies, mit übermannsgroßen blinkenden Leuchtschriften, die abwechselnd *Charlys Pizza* und *Fun-4-you* versprachen. Gusti ging hinein und fragte einen als Gondoliere verkleideten Schwarzen, wo er Charles Bonalumi finden könne. »Bin ich das Telefonbuch?« sagte der und warf einen Berg verschmierter Pappteller in einen Container. »Jeden Tag kommt einer wie Sie und sucht ihn. Ich schicke immer alle in den Club.«

»Wohin?«

Der Schwarze machte eine undeutliche Armbewegung Richtung Europa und schloß den Container so endgültig, daß Gusti rechtsumkehrt machte und auf die Straße hinausging. Dort sah er sofort einen gelben Neon-Pfeil, der vom Dach der Pizzeria herunterschoß und ums Eck herum in die Fairfax Avenue hineinwies, auf eine kleine Tür, über der *Charlys Club* stand, in Neon zwar, aber dennoch unverkennbar in Bonalumis Handschrift. Darunter, wie ein chronisches Augenzwinkern: *Live women all nite*. Er ging eine steile Treppe hinunter und stand in einem dunklen Lokal an einer Theke, die so unsichtbar war, daß sie die Erinnerung an eine Bar aus einem andern Leben zu sein schien.

»Hi«, sagte Gusti. »Ich bin Gusti Schlumpf. Ich suche Charles Bonalumi.«

»Den sucht der ganze FBI«, antwortete eine Stimme hinter der Bar. Der Schimmer eines hellen Jacketts und grinsender Zähne. »Genau darum ist er nicht hier.«

»Nehmen Sie trotzdem ein Glas, G-man«, sagte eine Frau, die plötzlich dicht vor ihm stand. Irgend jemand hatte auch winzige rote Schummerlämpchen eingeschaltet. Leere Tische und Stühle und im Hintergrund eine Art Bühne. Die Frau trug ein enges Kleid, dessen Oberteil sich nicht entscheiden konnte, ob es die Brüste festhalten oder an die frische Luft drücken wollte. »Setzen Sie sich!«

Sie drückte ihn in eine Koje aus Plüsch hinein, und sofort begann ein Fernsehmonitor zu flimmern, der wie eine Parkuhr neben dem Tisch stand. Er zeigte eine geistesabwesend blickende Frau, zwischen deren gespreizten Beinen ein nackter Mann Liegestütze machte, ohne Ton. Sofort standen auch ein Bier und ein Glas auf dem Tisch, und die Frau setzte sich neben Gusti.

»Mister Bonalumi möchte, daß ihr Burschen euch bei uns wohl fühlt. Leider kann er euch nicht persönlich begrüßen.«

»Ich bin kein G-man«, sagte Gusti. »Sehe ich wie ein G-man aus?«

»Nein«, sagte die Frau, nachdem sie den Blaumann gemustert hatte. »Wirklich nicht.«

Trotzdem oder deswegen legte sie ihre Hand zwischen seine Beine, während sie mit der andern das Glas mit Bier füllte und es austrank. Im Monitor hatte der Mann die Stellung gewechselt und spritzte der Frau, die jetzt zu einem unsichtbaren Himmel zu beten schien, die Brüste voll; sie verstrich mit den Händen den weißen Samen auf ihrer Haut als sei das eine heilige Handlung. Gusti wurde so erregt, daß seine Nachbarin ihn wie an einem Handgriff zu fassen bekam.

Aus dieser Situation rettete ihn Charles Bonalumi, der graumeliert und mit einem Smoking bekleidet aus einer Wand heraustrat, in der, auch während er Gusti entgegenschritt, keine Tür zu sehen war. »Che sorpresa! Gustavo! Che bellissima sorpresa!« Er setzte sich leuchtend vor Glück an den Tisch, von dem die Frau verschwunden war als kenne sie das Geheimnis, sich zu entmaterialisieren. Auch der Monitor erlosch, gerade als sich eine hünenhafte Germanin den Schwanz eines noch riesigeren Schwarzen in den Mund schob.

»Wir haben Sie für einen Poliziotto gehalten!« rief Charles Bonalumi und klatschte in die Hände. »Die wimmeln hier nur so herum in letzter Zeit. Stellen Sie sich vor, mir sind zweiundzwanzig Säcke Kaffee gestohlen worden, vorgestern, hier aus dem Lager, und von den Tätern keine Spur. Dabei hat einer unsrer Kunden sie gesehen, einen, um genau zu sein, eine Art Gnom in schwarzen Tüchern, der einen Wohnwagen wie rasend vollud und damit abhaute bevor die Polizei da war.«

»Sie handeln mit Kaffee?«

»Unter anderem«, sagte Bonalumi. »Dummerweise habe ich Anlaß, mich in diesen Tagen nicht öffentlich zu zeigen. Steuersachen. Sie kennen das sicher. Kommen Sie.«

Gusti ging hinter ihm durch die Wand und stand in einem grell erleuchteten Büro, dessen Wände – keine Tür nirgendwo – voller Monitore hingen, die aber nicht die schönen Bilder von vorhin zeigten, sondern verschiedene Teile des Lokals: seinen Tisch, die Garderobe, den Eingang. Auf einem der Bilder kam die Frau von vorhin näher, mit einem Kübel, in dem eine Flasche stand. Charles Bonalumi drückte auf eine Taste.

»Flora«, sagte er. »Unsre Beste. Alle wollen Flora haben. Ach, Gustavo! Ich freue mich so, Sie wiederzusehen!«

Er ließ sich in einen Sessel hinter einem riesigen Schreibtisch fallen und zeigte auf einen Stuhl auf der andern Seite der Tischplatte. Er war dick geworden und schwitzte. Flora stand plötzlich mit dem Champagner da, schön wie eine Göttin, schenkte zwei Gläser voll, und tatsächlich gab ihr Charles Bonalumi jenen Klaps auf den Hintern, den Gusti erwartet hatte. Sie drohte ihm mit dem Zeigefinger. Beide lachten. Ihren Abgang hatte Gusti in einem alten vertrauten

Film schon einmal gesehen. Wiegende Hüften, ein hautenger Rock, dessen Stoff im Licht glitzerte.

»Toll, Ihr Lokal«, sagte Gusti.

»Ich habe achtundzwanzig Restaurants. Eins sogar in San Diego unten. Alle gleich. Und angefangen hat alles mit Ihrem Buch!« Er beugte sich über den Schreibtisch und haute Gusti auf die Schultern. »Was haben wir Kohle gemacht! Wahnsinn!«

»Na ja«, sagte Gusti und schaute auf einen der Monitoren, der zwei Männer zeigte, die langsam von Tisch zu Tisch schlenderten. Kinne wie Baggerschaufeln, kleine Augen unter niederen Stirnen, Hüte und Regenmäntel, obwohl draußen gerade eben noch die Sonne geschienen hatte. »Ich bin hier, weil ich die Frau suche, die bei Ihnen im Lokal war. Helfen Sie mir?«

Aber auch Bonalumi hatte die beiden Männer entdeckt und verfolgte ihre Wanderung durch sein Reich aus Augen, die zu Schlitzen geworden waren. »Die Kaninchen jagen den Löwen«, sagte er leise, mehr zu sich selbst als zu Gusti. »Ein sizilianisches Sprichwort aus der Zeit, da die Kaninchen noch nicht alle Löwen erlegt hatten.« Er lachte, aber sein Gesicht blieb ernst.

Erst als die Rücken der beiden vom Monitor verschwunden waren, der den Eingang überwachte, entspannte er sich wieder. Bestellte eine neue Flasche. Sie tranken sie, und noch eine nächste, und dann noch eine, und schließlich einige Grappas, bis Bonalumi die Smokingjacke auszog und die Beine auf den Tisch legte. Gusti fand das Leben ebenfalls mehr und mehr leicht und plapperte über Schmetterlinge und Sally und die Probleme beim Drehen von Gewinden. Dazu schaute er auf einem der Monitore das Programm des Clubs an, das auf der kleinen runden Bühne gezeigt wurde, Akrobatiknummern und Zaubertricks, die alle darauf hinausliefen, daß die Frauen am Schluß nackt dastanden. Eine Mexikanerin sang, mit einem Federröckchen um die Hüften, die Sterbearie der Aida, während ihr unbekleideter Radames somnambule Tanzschritte machte. Später eskalierte das Programm, oder Gusti tat es, jedenfalls führte das Paar, das Gusti schon auf dem Monitor bewundert hatte, seine Nummer live vor, und die Frau steckte eine Zigarette zwischen ihre Beine und rauchte Ringe, während der Mann auf seinem steifen Schwanz einen Ball balancierte, auf dem *Fly PanAm* stand. Dazu schwadronierte Bonalumi, vollends aus der Fassung oder jäh in Hochform geraten, vom kommenden Kongreß, wie er sich an ihm gesundstoßen werde – »Zweihundert Teilnehmer zu 150 Dollar, pensi, Gustavo!« – und wie der Kongreß die Paläolepidopterologie endgültig im Bewußtsein der Massen etablieren werde. Vielleicht schaue für ihn sogar eine Honorarprofessur an der University of Southern California heraus, deren Präsident, ein ebenso reicher wie kluger Kybernetiker, dort drüben im Lokal sitze wie fast jeden Abend. Tatsächlich sah Gusti einen sonnengebräunten mittelalterlichen Mann, dessen dynamisches Gesicht sagte, daß er bis zum Totenbett zu den Siegern gehören werde. Er war aber noch sehr lebendig, denn er schüttete gerade einer Frau, die vielleicht seine war, ein Glas Champagner in den Ausschnitt. Sie riß den Mund auf, aber Gusti konnte nicht erkennen, ob sie vor Wut oder vor Lust schrie.

»Prost, Gustavo!« brüllte gleichzeitig der völlig enthemmte Charles Bonalumi, rollte über den Tisch und umarmte seinen alten neuen Freund. Er roch nicht mehr nach Majoran und Thymian wie früher, sondern nach einem schweren Parfüm, das aus südlichen Blumen gewonnen zu sein schien. »Natürlich helfe ich dir, deine Freundin zu finden! Los Angeles ist klein!«

Er wankte vor Gusti durch die Korridore seines Bordells und brachte ihn in ein Zimmer mit einem riesigen Bett. »Wenn du eine Frau brauchst, klingelst du hier«, sagte er und wies auf eine altmodisch aussehende Vorhangkordel neben der Tür. »Und hier ist das Guckloch.« Er versuchte hindurchzusehen, kippte aber mit seinem Auge daneben. Er war sehr betrunken. »Schlaf gut, Gustavo, mein Freund!« rief er also und taumelte davon, ohne die Tür zu schließen, und fern schon »Schlummre süß, mein Schmetterling!« Aber vielleicht träumte das Gusti bereits, denn er schlief auf der Stelle ein, quer über dem Bett liegend, sehr bald tatsächlich von vierschrötigen Polizisten träumend, die ihn in einen Sonnenball hineinverfolgten, in dessen Glut Sally wie eine asiatische Priesterin saß, jung und schön und ihm zugewandt. Er hatte einen Schwanz wie ein Hammer: erfüllte eine alte Prophezeiung der heiligen Frau. Er hatte ihn auch, als er gleich darauf aufwachte, von einem Miauen geweckt, das aus dem Nebenzimmer kam. Er erhob sich, schloß die Tür und preßte ein Auge auf das Guckloch. Im andern Zimmer hockte der Universitätspräsident im Schneidersitz auf einem Bett, stöhnend, nackt, und vor ihm stand die ebenfalls unbekleidete Flora, die tatsächlich die schönsten Brüste und den wundervollsten Hintern der Welt hatte und sich schnurrend und maunzend in einem seltsamen Tanz wiegte; den Präsidenten dazu anstarrte wie eine Schlangenbeschwörerin. Dazu zog sie sich völlig bewegungslos einen schwarzen Seidenslip an. Ließ, nachdem sie ihn zeitlos langsam über die Hinterbacken und die Schamhaare hochgezogen hatte, das Gummiband auf ihren Bauch schnellen. Zack. Der Präsident schnaubte, und auch Gusti stöhnte auf. Dann kamen, ebenso unmerklich und genau so gewiß, ein Büstenhalter dran, ein Unterrock aus schwarzer Seide, ihr enges Abendkleid. Ein Pelzmantel. Eine Nerzstola, die ihr um den Hals floß. Eine Mütze wie in Rußland. Handschuhe bis zum Ellbogen und endlich zwei Stiefel, die beide bis zu den Knien hinauf geknöpft werden mußten. Fünfzig Knöpfe an jedem, von denen jeder einzelne den Präsidenten aufstöhnen ließ. Als der letzte des zweiten Schuhs zuschnappte, spritzte er erlöst los, und mit ihm Gusti, der erst in diesem Augenblick merkte, daß er ihm jeden Handgriff nachgemacht hatte. Flora lächelte ihren Kunden an und blinzelte zum Guckloch hinüber. Dann drehte sie sich um und schwebte aus dem Zimmer. Gusti wankte zum Bett zurück und schlief wieder ein, von einem Präsidenten träumend, dessen Kopf so schwarzgebrannt war, daß er wie abgeschlagen auf dem gänzlich weißen Rumpf saß.

Tatsächlich lieh ihm Bonalumi am nächsten Morgen, der bereits ein heißer Nachmittag war, einen Stadtplan und sein Auto, das nicht mehr der alte Chevy war, sondern ein weißer offener Cadillac mit roten Lederpolstern, in denen Gusti wie ein verlorener König saß. Zuerst fuhr er auf gut Glück, und weil dieses fahrende Schiff so wundervoll leise einherglitt, irgendwie und irgendwo durch die Straßen. Gondelte zum Beispiel, den linken Arm in der Fahrtluft schlenkernd und mit aufgedrehtem Radio, dem ganzen Sunset Boulevard entlang bis zum Ozean, als habe er einen mythischen Befehl zu erfüllen. Dann über Highways, von denen aus er Palmen und Häuser sah, aber keine Menschen, und endlich durch Straßen voller Wäschereien und chinesischer Restaurants. Mindestens hundertmal sah er eine Sally, die, wenn er auf die Bremse trat und sich umwandte, eine alte Mexikanerin oder eine japanische Witwe war. Am Abend des zweiten Tags beschloß er, seine Suche zu systematisieren, und fuhr am dritten alle Straßen von Hollywood und Beverly Hills ab, obwohl sein Verstand ihm sagte, daß er Sally nicht an einem blauglitzernden Swimmingpool aufstöbern werde; der Mythos steuerte ihn immer noch. Dann zog er seine Kreise weiter und weiter, so daß er am Abend des vierten Tags in Pasadena oben und am fünften in Long Beach war. Er lernte die schönen Berge von San Bernardino kennen und stöberte in den Canyons der Santa Monica Mountains Waschbären auf.

Sogar durchs Disneyland wanderte er, schon so hoffnungslos, daß ihn nicht einmal die Show der ausgestopften Bären aufheiterte, obwohl diese lebendiger als alle Entertainer seiner Heimat tanzten. In der siebenten Nacht war er so verzweifelt, daß er in Tränen ausbrach und sich von Flora trösten lassen mußte. Sogar Bonalumi ließ sich von seinem Trübsinn anstecken. Er schluchzte seinerseits so heftig, daß Flora nicht mehr wußte, wen sie streicheln sollte. Sie nahm eine Nadel aus ihren Haaren und stieß sie aufs Geratewohl in Gustis Stadtplan hinein. Die Nadel steckte so gerade und sicher in der 92nd Street, Ecke Holmes Avenue, daß Gusti beschloß, auf der Stelle hinzufahren, solange der Zauber noch wirkte. »Sag ihr«, rief Bonalumi, seinerseits plötzlich voller Hoffnung, »daß sie mir noch einsachtzig für eine Pizza farfallone schuldet.«

Gusti brauste unamerikanisch rasant los. Im Rückspiegel Bonalumi und Flora, die winkten, beide ebenfalls überaus europäisch. Über ihm ein riesiger Vollmond. Die Boulevards, auf denen nur noch wenige Autos unterwegs waren, bald ziemlich verkommen, Brandruinen neben vernagelten Drugstores, und Müll, der in Haufen an den Straßenecken auf eine Abfuhr wartete, die nie kam. Auf den Trottoirs jetzt vereinzelte Schwarze und Mexicanos, die stehen blieben und ihm nachsahen. Er fühlte sich in dem Auto, das ihm bis jetzt auch in der lausigsten Niedergeschlagenheit Vergnügen gemacht hatte, hilflos und ausgesetzt. Beschloß, um das magische Etwas in sich nicht zu reizen, tatsächlich zur

92nd Street zu fahren, dort brav nach links und rechts zu schauen und dann schnurstracks heimzufahren. Der Mond war jetzt noch größer geworden, rot, und wanderte den ganzen Weg mit.

Tatsächlich sah die Ecke 92nd Street/Holmes Avenue auch nicht anders als alle andern Straßenecken dieses von Gott verlassenen Viertels aus. Eine Bar, vor der zwei jugendliche Schwarze mit Bierbüchsen in der Hand standen und ihm etwas zuriefen, was unfreundlich klang. Lichtlose Häuser mit Feuertreppen, auf deren Absätzen Menschen schliefen. Irgendwo hoch oben stöhnte schrecklich ein Mann. Wäsche vor den Fenstern. Gegenüber ein Parkplatz, auf dem zwei Autos und ein Wohnwagen standen. Auch vor dem Wohnwagen Wäsche. Aus seiner Tür kam, eine schwarze Silhouette gegen das Licht aus seinem Innern, eine alte Frau, vor sich hinhustend, während eine Zigarette in ihrem Mund glühte. Eine Zigarre eher. Sie hatte einen Eimer in der Hand und schüttete den Inhalt – Flüssiges – gegen eins der beiden Autos.

Gusti wendete. Sah im Rückspiegel das ganze Panorama der Kreuzung vorbeigleiten und endlich auch das Gesicht der alten Frau, das nun hell erleuchtet war. Er bremste so heftig, daß sein Kopf gegen die Windschutzscheibe schlug, und ließ das Auto wo es war: mitten auf der Kreuzung, mit offenen Türen und brennenden Scheinwerfern. Rannte zum Parkplatz hin, wo die Frau stand und ihm entgegensah. Ihr Gesicht war wieder im Schatten.

»Hauen Sie bloß ab!« rief sie mit einer Stimme, die Gusti durch Mark und Bein ging. »Seit wann fahrt ihr Burschen solche Autos?« Sie trug eine Art Poncho und Pantoffeln, in denen nackte Füße steckten. Sie lachte, oder vielleicht hustete sie auch. Es klang als rollten leere Büchsen eine steile Straße hinunter.

»Sally?« flüsterte Gusti. »Sally??«

Die Frau kam mißtrauisch näher, Schritt um Schritt, so nah endlich, daß Gusti ihren Atem roch. Tabak und Knoblauch, und Bier. Eine Pfeife war das, was sie rauchte!, ein Kalumet. Zwei Augen, die aus dem schwarzen Rund ihres Gesichts glühten, prüften ihn lange: »Gusti!«

Sie öffnete ihre Arme, und Gusti stürzte hinein. Lange hielten sie sich umklammert, ohne ein Wort zu sagen. Sally war eine Zwergin geworden. Endlich schubste sie Gusti weg und huschte unter ein Durcheinander aus an Schnüren baumelnden Unterhosen und Strümpfen. Während sich Gusti seinerseits durch dieses nasse Labyrinth tastete, hörte er das Zischen einer Bierdose. Sally riß bereits die nächste auf, als er sie wieder fand, mit dem Rücken gegen den Wohnwagen gelehnt, auf einer Kiste hockend. Auch er kriegte eine, setzte sich ebenfalls, und beide tranken mit synchronen Schlucken.

»Einen Gruß von Charles Bonalumi«, sagte Gusti. »Er denkt, daß du ihm einsachtzig für eine Pizza farfallone schuldest.«

»Ich habe dich vorhin für einen Polizisten gehalten«, sagte Sally. »Entschuldige. Die Macht der Gewohn-

heit.« Sie warf ihre leere Büchse mit einem Schwung, der
Übung verriet, rückwärts über das Dach des Wohnwagens, und das Geräusch, das von jenseits herüberdrang, klang als lache dort eine zweite Sally. »Du bist
hier in Watts. Hier gibt es keine Gesetze. Kein Geld.
Dafür zwanzig Tote im Monat. Ich bin so alt, daß mir
keiner was tut.«

»Wovon lebst du?«

»Wer sagt, daß ich lebe?« Wieder dieses Geräusch aus
ihrem Rachen. »Ich hüte die Kinder der Leute hier.
Wenn sie sie abholen, werden Waffenstillstände und
neue Kriege besprochen.«

Plötzlich steckte sie zwei Finger in den Mund und
pfiff so schrill, daß Gusti sich das Bier, das er eben zum
Mund gehoben hatte, ins Gesicht schüttete. Seine Augen
waren voller Schaum, und als er, mit beiden Handrükken reibend, wieder etwas sah, rannte Sally über den
Parkplatz, auf den Cadillac zu, den die beiden Jugendlichen von vorhin im Laufschritt in die Holmes Avenue
hineinschoben. Der eine am Steuer vorn, während sich
der andre an der hintern Stoßstange mühte. Aber Sally
war schneller, und als sie, unverständliche Verwünschungen ausstoßend, noch etwa zwanzig Meter von
ihnen weg war, ließen sie vom Auto ab und schlurften in
den Schatten eines Hinterhofs hinein, keineswegs eilig.
Sally klemmte sich hinters Steuer und kam – rückwärts –
so schnell auf Gusti zugerast, daß dieser aufsprang und,
die ganze Wäsche mit sich reißend, hinter dem Wohnwagen in Deckung ging. Unter nassen Kleidungs-

stücken begraben hörte er, wie sie in den Parkplatz hineinkurvte, bremste und die Tür zuwarf. Als er den Kopf wieder an der frischen Luft hatte, stand der Cadillac neben den beiden andern Autos als habe er seit Jahrzehnten nichts anderes getan. Sally kam mit genau jenen Schritten näher, mit denen die beiden Diebe verschwunden waren. Sie hustete.

»Im Wohnwagen können wir uns sehen«, sagte sie und stieg das Treppchen hinauf. »Obwohl ich nicht sicher bin, daß wir das tun sollten.«

Der ganze Raum war so voller Jutesäcke, daß Gusti über sie hinwegsteigen mußte, um zu einer höhern Lage anderer Säcke zu gelangen, auf die er sich wie auf ein Sofa setzen konnte. Ein knirschendes Geräusch, als ob er Kies unter dem Hintern hätte. Vor seinen Augen ein Klapptisch, auf dem ein Gewirr aus Gläsern und Glaskolben aufgebaut war. Eine Apparatur aus den Zeiten von Doktor Mabuse, denn manche Glasröhrchen waren mit Heftpflaster abgedichtet, und eine durchsichtige Spirale, die in einen sich nach oben verjüngenden Kolben hineinführte, hing an Wäscheklammern an einer Schnur. Ein vertrauter Duft, den Gusti nicht benennen konnte. Auch Sally hockte auf einem Sack und starrte ihn an.

»Mein Gott«, sagte sie.

Weiße Haare loderten um ein Gesicht, das so eingeschrumpft aussah als habe es lange Jahrzehnte in heißem Wüstensand gelegen. Ein Runzelnetz, aus dem zwei blaue Augen leuchteten. Ohne den Blick von ihm zu wenden, drückte sie mit beiden Daumen in der Glut ihrer Pfeife herum. Qualmte. Spuckte endlich in hohem Bogen zur Tür hinaus und sagte: »Kaffee?«

»Ich bleibe beim Bier«, sagte Gusti.

»Ich trinke auch keinen mehr«, sagte sie. »Der Magen, der alte Sack.« Trotzdem stand sie auf, griff in einen der Säcke, der aufrecht und offen unter dem Tisch stand, und füllte eine uralte Kaffeemühle randvoll mit schwarzen Bohnen. Jetzt erkannte Gusti auch den Duft wieder. Sein Papa hatte einst seinen Kaffee selbst geröstet, in der Spiegeleierpfanne! Sally drehte die Kurbel so rasend schnell, daß Gusti gar nicht mehr dazu kam, ihr zu helfen. Sie schüttete das Pulver in einen der Glastrichter und füllte einen bauchigen Kolben mit Wasser.

»Das gehörte einmal zu einem Heroinlabor«, sagte sie, während sie mit einem Feuerzeug einen Bunsenbrenner anzündete. »Drüben in der Bar. Der Wirt und seine Frau wurden verhaftet, und ich habe nun ihre Kinder am Hals. Sieben. Zwei von ihnen hast du eben kennengelernt. Sie scheinen sich dem Gebrauchtwagenhandel zuzuwenden.« Sie lachte. »Ich habe die Anlage abgebaut, bevor die Polizei sie holte. Kocht tadellosen Kaffee.«

Sie sank wieder auf ihren Sack, und beide schauten schweigend zu, wie das heißer werdende Wasser durch die vielen Röhrchen zum Kaffeepulver zu gelangen versuchte. Endlich, nach mehreren Fehlversuchen, fand es den richtigen Weg durch dieses Labyrinth, und Wasser und Pulver vermischten sich. Sally strahlte. Sie schien sich mehr aus Kaffee zu machen als aus Heroin. Der Duft des Kaffees überlagerte allmählich das, was ihrer qualmenden Pfeife entströmte.

»Was haben wir gefickt!«

Gusti erschrak so, daß er aus seinen Kissen hochfuhr. Auch Sally stand wieder, sie jedoch, weil eins der Glasrohre aus seinen Scharnieren gerutscht war und eine schwarze Fontäne zur Decke hochschießen ließ. Sie stopfte das Rohr in die Halterung zurück und warf sich wieder in ihre Sitzmulde. Tatsächlich schien das Leck dicht. Auch Gusti setzte sich erneut.

»Unter der Haustür!« Ihre Augen leuchteten. »Mann, ich dachte, du rammelst mich durch die Türfüllung!«

Gusti senkte den Blick und hustete. Zwei Kakerlaken stiegen dicht vor ihm dem Flankengrat eines Sacks entlang, einem Gipfel entgegen, der seine Form ständig veränderte, denn bei jedem ihrer Rufe fuhr Sallys Faust darauf nieder. Die vordere Kakerlake schaute denn auch irritiert, aber die hintere, auf ihre Kollegin fixiert, stupste sie ungeduldig vorwärts. »Ein Schwanz wie ein Hammer!«

»Das sagtest du bereits«, murmelte Gusti.

»Ah ja? Wann?«

»Zu Charles Bonalumi.«

»Ja.« Sie stand auf und rührte im Kaffee. »Er hatte mir von seinem Kaffeelager erzählt. Ich mußte irgendwas sagen, weil ich die Pizza nicht bezahlten wollte.« Ihr Hintern bebte direkt vor Gustis Augen, so sehr lachte sie.

»Im Wald! Ich auf dir, ritt und ritt! Zwischen Anemonen! Und während ich kam, und wie!, kamen Soldaten und gingen wieder!«

»Sie hatten sich als Tannen verkleidet«, rief Gusti, seinerseits von den fernen Erinnerungen belebt. »Einer als Haselnußstrauch.«

»Der Chef war eine Eiche«, sagte Sally und sah auf die beiden Kakerlaken, die ihren Gipfel erreicht hatten. Ihre Stimme klang wieder wie früher. »Wie oft haben wir gefickt!«

Gusti sah sie an, diese Greisin, die jetzt mit dem Rücken zur Kaffeemaschine stand, ihm zugewandt und zwischen Millionen Runzeln mit den Augen zwinkernd. »Dreimal«, sagte er. »Aber mir kommen diese drei Male wie tausend vor.«

»Mir meine tausend wie drei.« Sie schwiegen beide. Der Kaffee blubberte. In der Ferne bellte ein Hund, und irgendwo hupte ein Auto. Sally schien in Erinnerungen versunken. »Dreimal?« sagte sie. »Nicht zwei?«

»Was ich dich schon immer fragen wollte«, sagte Gusti. »Wie heißt du eigentlich?«

»Hast du das vergessen?« Sie sah ihn verblüfft an. »Sally.«

»Ich meine deinen Nachnamen. Du hast ihn mir nie gesagt.«

In diesem Augenblick kam eine junge Frau zur Tür herein. Sie trug ein weißes T-Shirt, auf dem *Stop nuclear race* stand, und Jeans. Stellte einen mit einem rotweiß karierten Tuch zugedeckten Korb auf den Tisch, aus dem der Hals einer sehr großen Chiantiflasche ragte, und sagte: »Hi, Ma. Bin ich zu spät?«

»Du bist goldrichtig«, sagte Sally. »Der Kaffee ist fertig. Gusti, das ist Frances. Das, Frances, ist Gusti. Sein Besuch ist eine große Überraschung.«

Frances lächelte Gusti zu, nicht besonders herzlich, und begann den Korb auszupacken. Äpfel, in Plastik eingeschweißte Frankfurter Würstchen, Brot. Die Flasche war tatsächlich ein Faß aus Glas. Sally hatte Gusti am Hemd gepackt. »Jetzt weiß ichs wieder!« schrie sie ihm ins Ohr. »Wir waren in einem Hotel! Ich hatte die Beine in die Höhe geworfen! Sah nur noch Farben! Und ein besoffener General und unsre Kinder sahen zu!« Sie ließ das Hemd los – Gusti atmete erleichtert aus – und öffnete eine neue Bierdose.

»Von was sprecht ihr?« fragte Frances, während sie aus einer großen roten Henkeltasse einen Schluck Kaffee trank.

»Vom Ficken«, antwortete Sally.

Sie war auch schon um die vierzig, Frances, sah aber neben Sally und Gusti wie ein junges Mädchen aus. Zum ersten Mal schaute sie Gusti mit Anteilnahme an, schob ihre Kaffeetasse weg und begann, mit einem Korkenzieher an der Weinflasche herumzuhantieren. »Darauf trinken wir einen!« Sie glich jener Sally, die Gusti einst gekannt hatte: Sommersprossen auf einer weißen Haut. Dazu kam etwas anderes, ein slawischer Ernst, der Sally abging.

Dann saßen sie am Tisch und tranken Wein aus Pappbechern. Zuerst sprachen sie über die Kriminalität, danach über T-Shirts, später über die Surfer, die vor der Küste von Malibu immer wieder von Haifischen gefressen wurden, weil diese sie mit Robben verwechselten. Endlich erzählte Gusti, daß Olga tot war. Er erinnerte sich daran, daß Frances als kleines Mädchen vor Mördern davongerannt war. Sie hatte es auch nicht vergessen. »Bei jedem Mann, der auftauchte, dachte ich, er sei mein Vater«, sagte sie.

Noch später standen die beiden Frauen plötzlich auf, packten einen der Säcke und trugen ihn durch die enge Tür nach draußen. Dann einen zweiten. Natürlich rappelte sich auch Gusti hoch und wollte ihnen helfen. Er wählte just den offenen Sack, so daß sich ein Regen aus Kaffeebohnen über den Boden ergoß. So kroch er – Sally war wütend geworden und schrie, wieso eigentlich Kaffee?, mit den Autos sei es bisher doch bestens gegangen! – mit einem Wischer und einer kleinen Schippe aus rotem Plastik zwischen Säcken und Tischbeinen herum und klaubte auch noch die kleinsten Bohnen zusammen, die sich in die fernsten Ecken verkrochen hatten. Als er fertig war, hatten die Frauen die Säcke ins Innere eines ziemlich demoliert aussehenden Kleinlasters geschafft, auf dessen Plane, vom Regen mehrerer Jahrzehnte verwaschen, *Kung Fu Chinese Laundry* stand. Gusti spürte, daß er betrunken war. Auch Sally taumelte, als sie an ihm vorbei in den Wohnwagen zurückgekeucht kam und sich auf eine Liege warf, die vorher unter den Säcken verborgen gewesen war. Unklar, ob sie zornig oder erschöpft schaute. Gusti wußte, daß er nach Hause wollte, und beschloß, zum Flughafen zu fahren. Bonalumi fände seinen Luxusschlitten dann schon wieder, und sonst holte ihn eben Sally für ihren Altwagenhandel ab.

Statt dessen saß er ein paar Minuten später neben Frances, die jemanden zum Ausladen brauchte, nach einem letzten Blick auf Sally, die auf der Liege eingeschlafen war. Ein Schnarchen als stürze ein Bergwerk ein. Frances und er fuhren also – zwischen sich die Chiantiflasche – in dem klapprigen Lieferwagen durch Hafenlandschaften, ohne daß irgendwo ein Wasser gewesen wäre. Lagerhallen, Fabriken mit zerbrochenen Fensterscheiben. Einmal, als sie um tiefe Schlaglöcher herumkurvten, kam ihnen ein Streifenwagen entgegen. Aber alles ging gut. Sie bogen in eine lichtlose Sackgasse ein und verschwanden in einer Garage, die einer Scheune glich. Kein Licht. Frances verriegelte das Tor, und dann luden sie, über alte Autoreifen stolpernd, die Säcke ab und stapelten sie zu einem Haufen. Tranken einen Schluck aus der Riesenflasche, wenn sie sie in der Dunkelheit zufällig in die Hand kriegten. Stießen gegeneinander. Fielen endlich, als schon das erste Morgenlicht durch hohe Luken strömte, auf die Säcke und zogen sich so schnell aus, daß sie, als sie sich küßten, beide verblüfft feststellten, daß auch der andere ohne Kleider war. Frances schrie als erlöse Gusti sie von einem Fluch, und diesem war als erkenne er zum ersten Mal eine Frau. Sie tobten über das ganze Carré der Säcke. Endlich – Sonnenlicht nun hoch oben, durch Spinnweben – lagen sie nebeneinander und sahen sich an. Frances hatte eine türkisblaue Unterhose am rechten Knöchel und das Stop-nuclear-Hemd am Hals oben, und Gusti trug zwei rote Socken an den Füßen. Seine Hände waren ölverschmiert. Frances hatte die Abdrücke überall abgekriegt. Sie setzte sich auf und sah verdutzt auf dieses schwarze Zeug auf ihrer Haut. Gusti fühlte sich plötzlich schlecht und konnte sich gerade noch hinter den Kleinlaster retten. Kotzte. Als er zurückkam, hatte sich Frances angezogen. Also suchte auch er sein Hemd und seine Hose – sie lagen in einer Öllache –, und kurz darauf fuhren sie auf dem Santa Ana Highway dem Flughafen entgenen. Tieffliegende Maschinen mit ausgefahrenen Rädern donnerten über sie hinweg und setzten hinter einem Pinienwald zur Landung an. Frances fuhr wie eine Tänzerin und setzte Gusti in einem Meer aus gelben Taxis ab. Und schon sauste das Chinese-Laundry-Auto wieder davon, auf dessen Plane Gusti erst jetzt die nahezu verblaßte Silhouette eines bärtigen Chinesen entdeckte, der einen Zeigefinger mahnend erhoben hatte. Gusti winkte und steckte seine Winkhand dann in die Hosentasche. Ticket, Paß, alles da. Er betrat die Halle. Ihm war immer noch schlecht, und nun hatte er auch noch Kopfschmerzen.

In der Nähe des PanAm-Schalters stürzte ein Mann mit blonden Haaren, einer spiegelnden Sonnenbrille und einem mit Palmen und Badenixen bemalten Hemd auf ihn zu. Über dem Bauch ein Fotoapparat. »Da sind

Sie ja!« schrie er und haute Gusti heftig auf den Rücken. »Ich hatte schon den Verdacht, ich hätte Ihnen nicht gesagt, daß wir heute fliegen! Der Herr sei gelobt!« Gusti glotzte dieses euphorische Ungeheuer verständnislos an und erkannte es erst, als es ihn am Ärmel hinter ein künstliches Gebüsch aus Plastikschlingpflanzen zerrte und, unter Befolgung aller Rituale des Verschwörertums, für einen Augenblick seine Sonnenbrille hochhob und die Perücke lüftete: Charles Bonalumi. Er strahlte – »Wenn Sie mich nicht erkennen, erkennt mich keiner!« –, brachte Perücke und Brille an ihren alten Ort zurück und schleppte Gusti im Laufschritt zu einem der Check-in-Schalter, hinter dem drei ähnlich blonde Stewardessen saßen, die ihn ebenso glücklich anstrahlten. »Have a good flight!« Und schon hatte er eine Boarding-Card nach TLV in der Hand, und sie rannten in einer Mischung aus lässiger Eile und gehetztem Galopp zum Zoll: Gleich danach – die Kontrolle war ein gelangweiltes Winken gewesen – fuhren sie in einem Bus ewiglangen Runways entlang, bis sie am entferntesten Ende des Flughafengeländes neben einem Jumbo der El Al hielten. Im Flugzeug saß Gusti zwischen bärtigen orthodoxen Juden mit Zöpfchen und schwarzen Hüten. Die Maschine hob sie in einen Himmel, in dem sich bis zu ihrem Ziel keine Hindernisse mehr befanden, nicht einmal Wolken, und natürlich war dieses Ziel Tel Aviv. Als sie landeten, regten sich die Orthodoxen immer noch über einen Film auf, in dem Louis de Funès einen Rabbiner spielte – er tanzte zwischen jubelnden New Yorkern, die den protestierenden Fluggästen aufs Haar glichen –, und ihr Applaus galt ebenso sehr der glücklichen Landung im Gelobten Land wie der Lautsprecherdurchsage des Flugkapitäns, eine solch blasphemische Ungeheuerlichkeit werde in einem Flugzeug seiner Gesellschaft nie mehr vorkommen. Gustis Kopfweh war weg, und er war nüchtern. Dafür allerdings hatte Bonalumi seine Euphorie den ganzen Flug über mit Drinks zu stützen versucht, erfolglos. Er war wieder betrunken wie am Vorabend und ließ – zur Verblüffung aller – die Sonnenbrille und die Perücke in einem Handkoffer verschwinden. Die Verantwortung für den Kongreß lastete immer schwerer auf ihm und ließ ihn in einem winzigen Notizbuch immer erneut erhoffte Einnahmen mit sicheren Ausgaben vergleichen. Jedesmal stöhnte er lauter und nahm für die nächste Kalkulationsrunde eine noch höhere Teilnehmerzahl an.

Nach einer Busfahrt zwischen Zypressen und Palmen kamen sie zu ihrem Hotel, einem modernen Kasten oben auf dem Ölberg, mitten im jüdischen Friedhof, aus dessen Grabplatten es auch, wenn man von ein bißchen Beton absah, erbaut war, denn die Bauherren waren von amerikanischem Geld beflügelte Jordanier gewesen, die sich nicht um jüdisches Seelenheil gekümmert hatten. Jenseits eines schmalen Tals lag die ganze Pracht Jerusalems. Das goldene Tor, die Kuppel der Moschee, die rotglühenden Kuben der Altstadthäuser, und weit weg jener moderne Glasturm, der das Hilton war und in dem am selben Abend der Kongreß mit einem Bankett beginnen sollte. Gusti breitete die Arme aus, als wolle er all dieses Biblische umarmen, und betrat das Hotel. Eine Empfangshalle wie in Bochum. Hinter einem Pult ein Araber in einer braunen Uniform, der ihn – er sah immer noch aus als habe er in einer Öllache geschlafen, und das hatte er ja auch – mit den Augen eines Dompteurs ansah, der eines wild gewordenen Tigers Herr werden will. Trotzdem kriegte er, nachdem er sich in ein großes Buch eingetragen hatte, einen Schlüssel. Zimmer 301, im dritten Stock. Er drehte sich um. Vor ihm stand eine Frau in einer Uniform, legte eine Hand salutierend an ihr Käppi und sagte: »Ich heiße Esther. Ich bin Ihr Sicherheitsoffizier.«

22

Bethlehem war ein kleines Dorf ohne einen Laut – keine Hähne, keine Kinder – das sich unter einer glühenden Sonne in einer Erde verkroch, die es nicht schützen konnte. Steinhäuser ohne Fenster, kaum von den Felsbrocken zu unterscheiden, die überall im Wüstenschutt lagen. Vom Turm einer Moschee baumelte an zwei Drähten ein Lautsprecher herab. Auf den Schwellen mancher dieser Felshäuser hockten Tuchballen, als seien die Frauen, die darin steckten, längst verdorrt. Die Hügel ringsum ohne einen Grashalm. Vögel, hätten sie dort oben zu fliegen versucht, wären in Flammen aufgegangen. In den flachen Tälern – zwischen Hügelwellen – wanden sich Bachbette ohne Wasser. Schafherden drängten sich in den Schatten einsamer Agaven, die Gerippen glichen. Schäfer mit Krummstäben. Keine Hunde, weil hier kein Schaf die Herde verließ.

Gusti und Esther saßen mit dem Rücken gegen einen verfallenden Stall gelehnt, schauten Hand in Hand über die flirrende Wüste hinweg und nahmen hie und da einen Schluck aus einer Flasche, in der Coca-Cola kochte. Eine solche Hitze, sagte Esther, war auch für dieses ewige Land ungewöhnlich. Sie war nicht im Dienst und trug ein rostrotes Kleid aus einem Stoff, der an ihr klebte. Es war der dritte Tag des Kongresses. Alle anderen Paläolepidopterologen saßen jetzt im klimatisierten Tagungsraum des Hilton von Jerusalem und hörten sich die auf 18 Grad Celsius gekühlten Referate ihrer Kollegen an.

Schon das Bankett am ersten Abend war fürchterlich gewesen. Gusti, der immer noch seinen Blaumann trug – er hatte in der Dusche des Hotels versucht, die Ölflecken auszuwaschen –, war an einen Tisch voller smarter Professoren geraten, Paläolepidopterologen der nächsten Generation. Sie trugen legere Zweireiher mit Schlipsen, hatten Frauen in Tüll und Seide und machten Scherze, die dazu dienten, die Anzahl Sprossen, die ein jeder auf der Leiter des akademischen Erfolgs erklommen hatte, untereinander zu vergleichen. Gusti schnitt natürlich nicht gut ab – verstand keine der Pointen – und bekam bald keine Antwort mehr, wenn er auch einen Witz wagte. Verstummte. Die jungen Professoren dagegen fühlten sich immer wohler und unterhielten sich in einer Terminologie, die Gusti eher der Nuklearphysik zugetraut hätte. Als seien Schmetterlinge etwas Schwieriges. Gusti trank eine Flasche Wein aus der Gegend von Golgatha leer und wankte dann, von niemandem zum Bleiben aufgefordert, durch das nächtliche Jerusalem, in dem hie und da Schüsse fielen, dem Ölberg entgegen.

Am nächsten Morgen hatte er zwar Kopfschmerzen, aber allein daran konnte es nicht liegen, daß ihn der Kongreß immer wütender machte. Etwa zweihundert Männer und Frauen saßen in einem Saal, der so aussah, als fänden in ihm sonst Abrüstungsgespräche oder

Meetings der erdölfördernden Länder statt. Ein Podium mit einem langen Tisch, an dem fünf oder sechs Präsidenten oder Vizepräsidenten saßen, ein Rednerpult und eine riesige Leinwand, von der die Referenten überlebensgroß ein zweites Mal herabsprachen. Ein Doktor Rapaport aus Madison, Wisconsin, versuchte anhand von Funden aus den Black Mountains nachzuweisen, daß Schmetterlinge ihre Jungen einst lebend gebaren. Kleine Falter, die sich an die Mutterbrüste drängten; und nicht so ekle Raupen. Er sprach ganz aufgeregt und zeigte viele Lichtbilder, bei denen er sich immer erneut dafür entschuldigte, daß man seine Beweise nicht erkennen könne, weil das Kalkgestein in jenen schwarzen Bergen so brüchig sei, daß es in dem Augenblick, da es sein Geheimnis enthülle, auch schon zerfalle. Eine Signora Huhner aus Lucca, die auf der Oberlippe einen Puccini-Schnurrbart trug, sprach über das repressive Verhalten der männlichen Honigfalter beim Paarungstanz und die Solidarität der Weibchen, die die Männchen nach dem Begattungsakt gemeinsam auffräßen. Ein Franzose aus Toulon oder Toulouse erklärte komplizierte Graphiken, aber da er Englisch sprach – das war die offizielle Kongreßsprache –, verstanden ihn nicht einmal die andern Franzosen. Ähnlich erging es einem Inder, der immerhin einen großen Erfolg damit hatte, daß er am Schluß seiner Ausführungen etwa zwanzig Schmetterlinge aus einem kleinen Kistchen in den Saal hinausflattern ließ. Ein Japaner dann berichtete, die Kohlweißlinge von Hiroshima würfen keinen Schatten.

Schließlich meldete sich sogar Charles Bonalumi zu Wort. Er trug einen weißen Leinenanzug und eine Kamelie im Knopfloch und begann zu erklären, wieso das italienische Festland die Form eines Schmetterlings habe, wurde jedoch immer erneut von dem ihn härter bedrängenden Problem abgelenkt, daß ein jeder Tagungsteilnehmer und eine jede Tagungsteilnehmerin jetzt unbedingt sofort sein oder ihr Tagungsgeld bezahlen müsse. Hundertfünfzig Dollar seien wirklich kein Preis, aber er müsse alles in Schekels umwechseln, und die seien mit jeder Minute, die verstreiche, ein paar Cent weniger wert.

Endlich lief Gusti mitten in einem Diskussionsbeitrag des unermüdlichen Doktor Rapaport aus dem Saal – dieser kam auf seine Lebendgeburten zurück, als ein Forscher aus Singen die These vertrat, alle Schmetterlinge oder mindestens die aus dem Siebengebirge hätten früher gejault oder gebellt –, hinaus in die menschensummende Halle des Hilton, wo Esther in ihrer Uniform stand und mit ihren zarten Fingern am Sicherungshebel der Maschinenpistole herumspielte, und in einer jähen Eingebung sagte er zu ihr, er miete jetzt ein Auto und fahre ins Land der Bibel, und ob sie mitkomme. Esther, deren Dienstzeit gerade um war, sagte sofort ja. Verschwand hinter einer Tür, auf der *No entry* stand, und kam zehn Minuten später verwandelt wieder. Trug nun das Sommerkleid, das allerdings noch nicht an ihr klebte, sondern über sie floß wie ein Bergbach. Gusti starrte sie an, und sie nahm ihn bei der Hand und zeigte ihm den Hertz-Schalter. Weitere zehn Minuten später fuhren sie in einem schwarzen Ford Fiesta niedrigen Bergen zu, und nach einer Stunde waren sie in einem Tal voller blühender Blumen, sprudelnder Bäche und brennender Büsche, das dem Paradies so sehr glich, daß sie ausstiegen und zwischen roten Mohnblumen versanken. Als sie erlöst in der neugeschaffenen Welt lagen, sahen sie auf einem Hügel über sich jenen Hirten stehen, der, auf einen Stock gestützt, auf sie niederschaute, und sie blieben liegen, denn wenn Gott schaut, schämt man sich nicht. Endlich wandte sich Gott ab und verschwand hinter Gebüschen, und etwas später hörten sie ihn auf einem Motorrad davonknattern. Auch sie stiegen wieder ins Auto und fuhren durch Täler von heiliger Schönheit – hie und da ein Jeep unter Tarnnetzen – zum See Genezareth, in dem sie dann hockten bis die Sonne unterging, obwohl das Wasser nicht kühler als die Luft war. Erst als es dunkel war, stiegen sie an Land und wagten sich nach Jerusalem zurück, zitternd nun, sie könnten auf eine Mine fahren oder aus einem Hinterhalt beschossen werden. Im Hotel traute sich Esther nicht, mit Gusti ins Zimmer zu gehen. Der Portier, sagte sie, sei ein Mitarbeiter des Geheimdienstes, und obwohl ihr eine Nacht mit Gusti – nach diesem Tag! – alles bedeuten würde, wolle sie sich nicht in einer Wüstengarnison beim Bewachen eines Grenzabschnitts wiederfinden, den nicht einmal Schlangen benutzten.

»Mein Referat wird das Ende der Paläolepidopterologie sein«, sagte Gusti, gegen die Mauer des Stalls von Bethlehem gelehnt. »Nur, ich kann nicht Englisch.«

»Sag mir deinen Text.« Esther holte einen winzigkleinen Notizblock und ihren Kugelschreiber aus dem Stoffsack, der ihr als Handtasche diente. »Ich schreibe ihn dir englisch auf. O. k.?«

Gusti nickte und erklärte ihr, daß er den versammelten Damen und Herren – »Ladies and Gentlemen«, notierte Esther – sagen wolle, er sei sich der hohen Ehre bewußt, heute hier als letzter Redner dieses Kongresses sprechen zu dürfen, der so viele hervorragende Wissenschaftler aus allen vier Richtungen der Windrose zusammengebracht habe. Dennoch müsse er ihnen sagen, daß die Paläolepidopterologie ein Humbug sei. Unfug. Die Schmetterlinge und die Welt hätten nichts miteinander zu tun. Es sei im Gegenteil ein Zufall oder ein Wunder, daß es auf diesem von Gott verlassenen Erdball überhaupt so etwas wie Schmetterlinge gebe. Ja. Und er müsse hier auch ein Wort zu den Ausführungen des von ihm sehr geschätzten Charles Bonalumi sagen, nämlich, das italienische Festland sei natürlich kein Schmetterling, sondern ein Stiefel. Jedes Kind wisse das. Gottes Stiefel, um genau zu sein, seine Spur, als er, nach vollendeter Schöpfung, den Erdball mit einem endgültigen Kick ins All hinausbeförderte und sich anderem zuwandte. Sogar seine zarteste Erfindung habe er zurückgelassen. Das sei alles. »Wie findest du das?«

»Super«, sagte Esther. »Ich möchte in einem Bett mit dir schlafen, ohne Schäfer, die uns zusehen.«

Sie fuhren ans Tote Meer, zum *Dead Sea Motel*, das sie erreichten, als sich sieben oder acht Touristenbusse hupend und stinkend auf den Rückweg nach Jerusalem machten. Hinter den spiegelnden Scheiben des hintersten die Köpfe der Paläolepidopterologen, unbewegt wie Enthauptete. Gusti stürzte sich johlend ins Wasser und überhörte die Warnschreie Esthers – er dachte, sie sehne sich so heftig nach ihrem Bett, daß sie ihm nicht einmal ein Bad gönne –, kriegte natürlich jene elende Salzlauge in beide Augen und mußte von Esther wie ein Blinder in den Bungalow des Motels geführt werden. Rieb sich immer noch die Augen, als Esther ihn längst ausgezogen hatte. Ein Knirschen und Knacken und Schnaufen nicht weit, das ihm egal war, denn wer nicht sieht, wird nicht gesehen. Esther, an ihn gepreßt, war längst wieder taub. Als sie wieder hörte, sah auch er wieder und ging zum Fenster. Weit und breit kein Mensch. Ein fahler Himmel. Das Meer ein See. Esther ging unter die Dusche, aber er hatte sich an sein Salz gewöhnt und ging in die Bar ein Bier trinken. Dort fand er im Latz des Blaumanns den Brief, der ihm Sallys Tod sagte. »*Dear Dad*«, schrieb Frances, die – von einem Mann hatte sie ihm nichts gesagt – auf der Rückseite des Briefumschlags Mrs. Frances Smith hieß. »Als ich an jenem Morgen – du weißt, welchen ich meine – zum Wohnwagen zurückkam, war Mom verschwunden. Auch Bonalumis Auto. Ich wußte, wo ich zu suchen hatte – sie hatte mir ihre letzte Reise oft beschrieben – und raste mit einem der andern beiden Schlitten nordwärts, der Küstenstraße entlang, bis zu den Felsen von Big Sur, wo ich tatsächlich den Cadillac hoch oben auf einer Klippe stehen sah, leuchtend wie ein griechischer Tempel. Die Türen standen offen. Ich rannte durch stachlige Gebüsche und starrte in das Meer hinunter, das tief unten gegen die Steine toste. Aus dem Nichts war ein uralter Fischer aufgetaucht, der zu wissen schien, wonach ich suchte. Wie ein Vogel, sagte er, wie ein Fisch sei sie von der Klippenkante weggeflogen, nach oben, nach unten, und sei mit der Gischt oder dem Himmelsdunst eins geworden, die hier nicht voneinander zu unterscheiden seien. Zwischen seinen Lippen qualmte eine Pfeife, die jener Sallys glich. Ich schaute erneut in die Tiefe, und als ich mich wieder umwandte, war der Fischer verschwunden. Vielleicht habe ich ihn geträumt. Deine Frances.« Gusti hielt sich an der Theke fest. Ihm schwindelte. Er tastete mit einer Hand nach dem Bier. Sein Herz hämmerte.

»Problems, Mister?« sagte der Barmann.

Gusti schüttelte den Kopf, nickte dann und bestellte ein neues Bier, das ihn so weit zu sich brachte, daß er das P. S. entziffern konnte, das unten auf dem Luftpostpapier stand. »Übrigens, Dad«, sagte es. »Ich habe den Kaffee zu einem sehr guten Preis verkaufen können. Bonalumis Schlitten auch. Es war ein Vergnügen, mit Dir Geschäfte zu machen. F.«

»*Wow*«, murmelte Gusti. Der Barmann hatte sich so nah vor ihm aufgebaut als erwarte er, daß Gusti ihm den Brief vorlese. Da aber kam Esther, und Gusti erzählte ihr von Sally. »Die verrücktesten Geschichten schreibt keiner auf«, sagte er, und dann: »Ich weiß ihren Namen noch immer nicht.« Sie aßen das einzige Menu, das der Barmann anzubieten hatte – Frankfurter Würstchen und Pommes chips – und gingen zu Bett. Schliefen sofort ein. Gusti träumte, der Barmann kauere draußen im Mondlicht am Fenster und starre durch die Ritzen der Lamellenstoren, starre und starre, und endlich täten die beiden Liebenden ihm den Gefallen.

Als er am nächsten Morgen aufwachte, lag das violette Licht der Dämmerung auf der schlummernden Esther. Das Meer war so tot wie stets. Zwei Kaninchen rannten zwischen Steinen. Hoch oben an den Bergkämmen leuchtete das Sonnenlicht. Adler flogen ihre Kreise.

Sie fuhren nach Jerusalem zurück und gingen in Gustis Zimmer. Schliefen nochmals miteinander, ein letztes Mal, bis Esther mit einem Schrei aus dem Bett fuhr und vergessen hatte, daß sie längst wieder Dienst hatte. Sie zog sich an und fegte aus dem Zimmer. Gusti duschte und memorierte seine Ansprache, und dann war es auch für ihn Zeit, sich auf den Weg ins Hilton zu machen, wo Esther an ihrem alten Platz stand, in ihrer Uniform, mit derselben Maschinenpistole, an deren Abzug sie wie zuvor herumhantierte. Sie sah ihn an als kenne sie ihn nicht. Er ging in den Saal, nun doch mit einigem Herzklopfen, und wurde von einem in Schweiß gebadeten Bonalumi empfangen, wo er denn gewesen sei, aber da sei er ja, gleich, nach dem *coffee break*, sei er dran. Er freue sich so, die Tagung sei ein voller Erfolg, echt, alle hätten bezahlt bis auf die Signora Huhner, aber der werde er ihre

Lire auch noch ausreißen. Hatte er tatsächlich übersehen, daß auch Gusti es nicht getan hatte? Er lachte jedenfalls und haute ihn auf die Schultern. »Wir sind alle sehr gespannt auf das, was Sie uns zu sagen haben!« Weg war er, ein Irrwisch, und Gusti setzte sich in die erste Reihe. Esthers Notizen waren im Blaumannlatz. Er wartete.

Langsam füllte sich der Saal mit aufgeräumt plaudernden Paläolepidopterologen und Paläolepidopterologinnen, die sich inzwischen alle näher gekommen waren. Eine Stimmung wie an einem Familienfest, so daß Charles Bonalumi mehrmals mit den Händen rudernd »*Ladies and Gentlemen!*« rufen mußte, und »*Please!*«, bis er sagen konnte, in seinem Pizzeria-Englisch, er freue sich, endlich den Nestor ihrer gemeinsamen Wissenschaft vorstellen zu können, und er sei sich gewiß, daß alle hier im Saal auf diesen Vortrag mit besonderer Spannung gewartet hätten. Unter tosendem Applaus bestieg Gusti das Podium und stellte sich ans Pult und vor die Leinwand, auf der er, ins Riesige vergrößert, das Notizbuch aus dem Brustlatz kramte und öffnete. »*Ladies and Gentlemen*«, sagte er sowohl auf der Leinwand als auch live, aber in diesem Augenblick öffneten sich alle Saaltüren, und eine Armee Sicherheitsbeamter stürzte in den Saal, mit Panthersprüngen, die Maschinenpistolen im Anschlag. Einer rief etwas Unverständliches, was vielleicht »Keiner rührt sich« oder »Ruhe bewahren« hieß, dennoch nicht verhinderte, daß alle Kongreßteilnehmer schreiend aufsprangen und sich in der Mitte des Saals zusammendrängten. Doktor Rapaport weinte, und Signora Huhner war auf einen Stuhl geklettert und hätte ein prächtiges Ziel abgegeben, hätte jemand geschossen. Aber die Beamten schossen nicht, sondern hatten ein einziges Ziel, und das war Charles Bonalumi, der sich, kaum waren die Türen aufgesprungen, aufs Podium gerettet hatte und nun unter Gustis Rednerpult kauerte, keuchend vor Angst und verzweifelt Gustis Knöchel massierend, wohl um ihm zu sagen, daß er ihn nicht verraten dürfe. Allerdings hatte er in seiner Panik übersehen, daß er sich just ins Blickfeld der Kamera duckte, so daß sein Hintern riesengroß auf dem an die ganze Rückwand des Saals projizierten Bild zu sehen war, unter dem ratlos schauenden Gusti, der sich nicht zu bewegen traute, weil Bonalumi sich immer heftiger an seinen Beinen festkrallte und weil im Saal unter ihm die Beamten die Wissenschaftler auf ihrer Suche nach Charles Bonalumi hin und her trieben. Plötzlich rief einer das erlösende Wort, das schreckliche, es klang wie ein gebrülltes Husten und hieß zweifellos »Dort ist er!«, denn ein Uniformierter, dem das Käppi bis über die Augen gerutscht war, deutete aufgeregt auf die Leinwand, auf der Bonalumis Popo ahnungslos hin und her wedelte, das Gegengewicht zum angstbebenden Kopf. Sekunden später war das Rednerpult von Soldaten umringt. Weil Bonalumi Gustis Füße nicht loslassen wollte – »Helfen Sie mir, Gustav! Tun Sie doch etwas!« –, wurde auch dieser einige Meter weit mitgeschleppt und blieb erst dann, wie ein Beiboot, dessen Tau gerissen ist, hinter dem Strudel der schreienden Uniformierten zurück. Sie rissen ihr Opfer zwischen den Stuhlreihen hindurch und aus dem Saal, und Gusti sah seinen Freund ein letztes Mal, seinen verzweifelten Kopf im Schwitzkasten einer gnadenlosen Beamtin, in der Gusti erst jetzt Esther erkannte. Sie rief irgendwem irgendwelche Befehle zu. Dann war der Spuk vorbei, alles still, wenn Gusti von den aufgeregt schnatternden Wissenschaftlern absah, die den Ausgängen zustrebten und vergessen hatten, daß sie Gustis Referat hatten anhören wollen. Auch Gusti kletterte vom Podium herab – die Knöchel taten ihm immer noch weh – und ging hinter den sich Drängelnden drein. Wurde unter der Tür gegen die Signora Huhner gedrückt, die er, um sich für die unziemliche Nähe ihrer Körper zu entschuldigen, fragte, was das denn alles zu bedeuten habe, und natürlich hätte er diese Frage nicht stellen sollen, denn Signora Huhner erklärte ihm sofort mit schriller Stimme, daß sie die ganze Zeit über schon gedacht habe, dieser Bonalumi sei ein Terrorist, denn gleich am ersten Abend habe er sie lüstern angesehen, und gottseidank habe sie den Tagungsbeitrag nicht bezahlt. Gusti nickte und sagte, ja, er auch nicht.

Er nahm ein Taxi zum Hotel – warf unterwegs das Notizbuch aus dem Fenster – und setzte sich in den Flughafenbus, der mit laufendem Motor vor dem Eingang wartete. Er war der einzige Fahrgast – auch der Fahrer war verschwunden – und starrte blind über die Dächer von Jerusalem hinweg. Sagte im Kopf mehrmals, und in mehreren Varianten, seine verhinderte Abschiedsrede auf, in einem phantasierten Getümmel der Zustimmung, das dem von Bonalumis Verhaftung glich. Endlich kam der Fahrer, setzte sich ans Steuer und fuhr los. In diesem Augenblick sah er auf dem Trottoir draußen Esther, die ihm tränenüberströmt winkte, und er streckte den Kopf zum Fenster hinaus und schrie »Auf Wiedersehen!«, und Esther rannte in einer Dieselwolke hinter dem Bus drein und brüllte, sie liebe ihn und sei in eine Wüstengarnison versetzt worden.

Am Flughafen gab es dann noch ein langes Hin und Her, weil das Personal seinen Dienst nach den Vorschriften der einheimischen Religion machte, denn es war Sabbat, und die Dame am Check-in-Schalter weigerte sich, Gustis Ticket von Los Angeles nach Zürich umzuschreiben – sie drücke an so einem Tag nicht einmal auf einen Lichtschalter, *sorry, Sir* –, so daß Gusti die Maschine schließlich mit der Bordkarte eines Gewerkschaftsfunktionärs aus Bern enterte, die er diesem unter dem Vorwand, er wolle ihm ein verkrustetes Birchermus vom Kragen kratzen, aus der Kitteltasche gezupft hatte. Dafür tat er ihm sein Ticket hinein und beruhigte sich im Flugzeug mit dem Gedanken, daß es dem Gewerkschafter in Los Angeles gewiß so gut gefallen werde, daß er den Rest seines Lebens durch die Santa-Monica-Berge streifen und jene herrlichen Schmetterlinge haschen würde.

Gusti kam spät nachts zu Hause an und fiel, von der Ziege begeistert empfangen, todmüde ins Bett. Schlief zwölf Stunden lang. Am nächsten Tag hatte er dennoch

Kopfschmerzen und wollte sich einen Kaffee kochen, als er auf der Terrasse draußen ein ungewöhnlich heftiges Getöse hörte. Die Ziege und der Hahn, der seltsamerweise auch wieder da war, balgten sich um etwas, was er nicht erkennen konnte. Er entriß es ihnen – die Ziege kämpfte verbissen, während der Hahn kreischend in die Wohnung flüchtete – und hielt Depp in der Hand, den Gnom Olgas, naß vom Ziegenspeichel und ohne Kopf, an dem die Ziege herumkaute, Gusti tückisch beobachtend. Dieser stürzte sich brüllend auf sie und sah so zum Mord entschlossen aus, daß sie ihre Beute ausspuckte und sich mit einem wilden Sprung auf das Dach eines auf dem Platz geparkten Autos rettete. Dort stand sie und glotzte. Gusti setzte sich an den Terrassenrand, ließ die Beine herabbaumeln und versuchte, Olgas Liebsten mit einem Spezialkleber zu heilen. Immer wieder fiel der Kopf ab und hielt erst, als Gusti einen Nagel zu Hilfe nahm. Aber auch dann war er ein bißchen verdreht und grinste schief. »Еруку цу фку«, sagte Gusti dennoch zur Ziege, die wieder neben ihm stand, breitete die Arme aus und stürzte von der Terrasse, die Ziege mit sich reißend, deren Beine er, im Sturz schon, zu fassen gekriegt hatte. Doris, die im Augenblick seines Tods den Platz betrat und ihn auf dem Asphalt aufschlagen sah, Kopf voran, schrie auf und rannte zu ihm hin, der bewegungslos auf dem Rücken lag, mit einem im Schrecken aufgerissenen Mund, neben der Mülltonne, in der die Ziege steckte und erst recht schrie. Seine Faust hielt Depp, dessen Kopf gequält grinste. Doris legte ein Ohr an seinen Mund und tätschelte sein Gesicht und schrie erneut und stand schließlich hilflos schluchzend neben dem leblosen Körper, umringt jetzt von Nachbarn und auch von mir, weil ich just an diesem Morgen meinen Freund hatte aufsuchen wollen, um ihn zu fragen, ob er mir das Recht überlasse, allein und exklusiv sein Leben zu erzählen, gegen drei Prozent meiner Einnahmen. Mir war nämlich zu Ohren gekommen, daß der Mann meiner Geliebten sich doch noch – nach so langen Jahren! – daran gemacht hatte, Gustis Reise nach Varna in einem pathetischen Gedicht zu besingen, aus dem er Teile in einer Matinee des Städtischen Theaters unter allgemeinem Applaus vorgelesen hatte.

Gusti wurde auf sein Bett gelegt und vom Hahn und von der Ziege bewacht, die jemand befreit hatte und die nun traurig an seinen Haaren knabberte. In der Faust hielt er immer noch den geheilten Depp. Immer mehr Nachbarn stiegen die steilen Stufen hinauf und hinunter. Sahen auf ihn hinab, der nun wieder die Wollmütze seiner Jugendjahre trug und ein bißchen wie ein aus den Fugen gegangener Trotzki aussah, ernst wie er als Lebender nie zu sein vermocht hatte. Doris saß in der Küche auf einem Stuhl und weinte. Sie hatte Kaffee für alle gekocht und vergaß, ihn jemandem anzubieten. Mir gelang es, Gustis Papiere vor dem Freund meiner Freundin in Sicherheit zu bringen, den ich auf dem Platz unten in der Schlange der Abschiednehmenden sah, das heißt, als ich sie zu Hause aus meinem Hemd holte und erregt Blatt für Blatt ansah, waren es ausschließlich alte Totozettel, bei denen nie mehr als ein Neuner herausgekommen war.

Am Tag der Beerdigung regnete es. Doris hatte es irgendwie geschafft, Gusti jenem entsetzlichen Friedhof zu entziehen, zu dem alle Basler verurteilt scheinen, und wir standen also ein paar Tage später auf dem kleinen Friedhof von Liestal: Doris, der andere Schriftsteller, ich und ein Pfarrer, der sich nicht daran stieß, daß Gusti ein Leben lang keine Kirche betreten hatte. Es war Doris sogar gelungen, daß Gustis Leiche, statt in einem Sarg, in einen Leinensack eingenäht auf einer Bahre lag, die von zwei schwarzgekleideten Beamten vor uns hergetragen wurde: eine Konzession an den Hinduismus, den Doris in ihrer Aufregung Gusti zugeschrieben hatte, obwohl doch sie es war, die, seit neuestem wenigstens, mit Räucherkerzen herumhantierte und sich rote Tupfen auf die Stirn klebte. Der Regen stürzte so heftig auf uns nieder, daß ich durch das viele Wasser die vor mir Gehenden kaum erkannte und gleichgültig in Pfützen und Lehmhaufen trat. Irgendwer summte vor sich hin, eher Doris als der Pfarrer. Glocken läuteten. Ich ging schon dermaßen gottergeben vor mich hin, daß ich ins nächstbeste Grab zu stolpern drohte, als ich plötzlich hinter mir ein Geräusch hörte, das schnell näher kam, und als ich mich umdrehte, sah ich einen weißhaarigen Greisen mit einem zu einem Totenschädel geschrumpften Gesicht – er mußte um die hundert sein –, der mit sportlich angewinkelten Armen durch Schlamm und Wasser gerannt kam, eine Bugwelle vor sich hertreibend. Er trug schwarze Trauerkleidung, und wenn er die Füße aus dem klebrigen Lehm zog, sah ich seine Turnschuhe, deren Streifen sogar durch den Dreck hindurch leuchteten. Er rannte – Augen, die glühten! – so nahe an mir vorbei, daß ich ihn hätte packen können. Kein Keuchen, keine Wasserspritzer, kein Luftwirbel. Als er bei der Bahre angekommen war, packte er den in den Sack eingenähten Gusti, hob ihn sich auf die Schulter, wie ein wildes Tier heulend plötzlich, und raste in einem unvorstellbaren Tempo davon. Die Träger ließen die Bahre fallen und standen fassungslos. Auch wir staunten dieser Erscheinung nach, die schäumend in der Regenwasserwand verschwand. Ein paar Sekunden, und wir hörten nur noch das immer fernere Klatschen der Schritte im Schlamm.

»Krähenbühl!« schrie ich. »Das ist Krähenbühl!«

Wir rannten los, in den verfließenden Spuren des Greisen, den wir, weil der Regen nachzulassen begann, auch bald wieder sahen: als er mit einem einzigen gewaltigen Satz über die Friedhofsmauer sprang, den hilflos wippenden Gusti mit beiden Händen über seinen Kopf gestemmt wie ein Triumphator. Die Mauer war so hoch, daß wir uns gegenseitig beim Hochklettern helfen mußten, das heißt, der Pfarrer benutzte meine Schultern und meinen Kopf als Tritte und war als erster oben. Ich hing noch an einem Bein von Doris, mich hochhangelnd – sie trat mit dem andern nach mir –, als ich den Pfarrer hoch oben brüllen hörte. »Satanas!« schrie er. »Mach dich nicht unglücklich!«

»Ich *bin* unglücklich«, rief Krähenbühl, schon weit

fort, und nun war auch ich oben und sah ihn, wie er durch eine Wiese voller gelber Löwenzahnblumen hetzte. Er erreichte den Fuß des Rebbergs, als wir uns immer noch darum stritten, wer sich als erster an den verschlungenen Stämmen einer Glyzinie halten durfte, ohne die der Abstieg von der Mauer unmöglich schien. Der Pfarrer gewann.

Auch wir eilten über die Wiese, dicht beisammen, in einer jähen Sonne plötzlich, die den Himmel über dem Berg vor uns mit einem riesigen Regenbogen anfüllte. Musik hämmerte in meinen Ohren. Als es den Rebweg bergauf ging, warf der Pfarrer seine Arme in die Höhe und sank auf einen Stein. Die beiden Träger, die neben ihm hergetrabt waren, gaben ebenfalls sofort auf. Der Schriftsteller, dessen Atem ich im Genick spürte, konnte auf halber Höhe nicht mehr – unter uns leuchtete Liestal in einer neuen Luft – und stürzte zwischen die Reben. Doris blieb mir länger auf den Fersen und brach erst kurz vor dem Gipfel zusammen, den ich in solcher Raserei erreichte, daß in mir Sterne wirbelten. Lange stand ich mit blinden Augen und keuchte. Endlich beruhigte ich mich und sah nun auch Krähenbühl, der hoch oben im Himmel rannte. »Dort!« schrie ich Doris zu, die es nun doch bis auf den Gipfel geschafft hatte, und deutete nach oben. »Schau doch!« Sie stand heftig atmend neben mir und starrte meinem ausgestreckten Arm entlang. »Wo?« sagte sie. »Was?« Ich wußte auch keine Antwort und legte einen Arm um ihre Schultern. Sie klammerte sich an mich, und so blieben wir, bis, mit einem zarten

Knall, etwas vor meinen Füßen ins Gras fiel. Ich bückte mich und hielt Depp in der Hand. Er hatte den Kopf wieder gerade und lachte, als habe er gerade eben etwas ganz Tolles erlebt. Ich steckte ihn in die Tasche. Zu dritt gingen wir den Rebweg hinunter, in die Stadt, in den Sternen, wo wir den Pfarrer und den Schriftsteller hinter großen Bierhumpen fanden und uns zu ihnen setzten.

Urs Widmer
im Diogenes Verlag

Auf auf, ihr Hirten!
Die Kuh haut ab!
Kolumnen. Broschur

»Kolumnen sind Lektüre für Minuten, aber Urs Widmer präsentiert die Inhalte wie eine geballte Ladung Schnupftabak: Das Gehirn wird gründlich freigeblasen.« *Basler Zeitung*

Das Verschwinden der Chinesen im neuen Jahr
Prosa. detebe 21546

Ein Buch mit vielen neuen Geschichten, Liedern und Bildern zur sogenannten Wirklichkeit, voller Phantasie und Sinn für Realität, »weil es da, wo man wohnt, irgendwie nicht immer schön genug ist«.

Die gestohlene Schöpfung
Roman. detebe 21403

Modernes Märchen, Actionstory und ›realistische‹ Geschichte zugleich; und eine Geschichte schließlich, die glücklich endet.

»Widmers bisher bestes Buch.«
Frankfurter Allgemeine Zeitung

Indianersommer
Erzählung. Leinen

»Fünf Maler und ein Schriftsteller wohnen zusammen in einer jener Städte, die man nicht beim Namen zu nennen braucht, um sie zu kennen, und irgendwann machen sie sich alle zu den ewigen Jagdgründen auf. Ein Buch, das man als Geschenk kauft, beim Durch-

blättern Gefallen findet und begeistert behält. Was kann man Besseres von einem Buch sagen?«
Die Presse, Wien

Liebesnacht
Erzählung. detebe 21171

»Ein unaufdringliches Plädoyer für Gefühle in einer Welt geregelter Partnerschaften, die ihren Gefühlsanalphabetismus hinter Barrikaden von Alltagslangeweile verstecken.«
Norddeutscher Rundfunk, Hannover

Alois/Die Amsel im Regen im Garten
Zwei Erzählungen. detebe 21677

»Panzerknacker Joe und Käptn Hornblower, der Schiefe Turm von Pisa und die Tour de Suisse, Fußball-Länderspiel, Blitzschach, Postraub, Untergang der Titanic, Donald Duck und Sir Walter Raleigh – von der Western-Persiflage bis zur Werther-Parodie geht es in Urs Widmers mitreißend komischem Erstling *Alois*.« *Bayerischer Rundfunk*

Vom Fenster meines Hauses aus
Prosa. detebe 20793

»Eine Unzahl von phantastischen Einfällen, kurze Dispensationen von der Wirklichkeit, kleine Ausflüge oder, noch besser: Hüpfer aus der normierten Realität. Es ist befreiend, erleichternd, Widmer zu lesen.«
Neue Zürcher Zeitung

Das enge Land
Roman. detebe 21571

Hier ist von einem Land die Rede, das so schmal ist, daß, wer quer zu ihm geht, es leicht übersehen könnte. Weiter geht es um die großen Anstrengungen der kleinen Menschen, ein zärtliches Leben zu führen, unter einen Himmel geduckt, über den Raketen zischen könnten...

Shakespeare's Geschichten
Nacherzählt von Urs Widmer und Walter E. Richartz. Mit vielen Bildern von Kenny Meadows. detebe 20791 und 20792

»Ein Lesevergnügen eigner und einziger Art: Richartz' und Widmers Nacherzählungen sind kleine, geistvolle Meisterwerke der Facettierungskunst; man glaubt den wahren Shakespeare förmlich einzuatmen.«
Basler Zeitung

Die gelben Männer
Roman. detebe 20575

»Skurrile Einfälle und makabre Verrücktheiten, turbulent und phantastisch: Roboter entführen zwei Erdenbürger auf ihren fernen Planeten...« *Stern, Hamburg*

Schweizer Geschichten
detebe 20392

»Aberwitziges Panorama eidgenössischer Perversionen, und eine sehr poetische Liebeserklärung an eine – allerdings utopische – Schweiz.« *Zitty, Berlin*

Die Forschungsreise
Ein Abenteuerroman. detebe 20282

»Da seilt sich jemand (das Ich) im Frankfurter Westend von seinem Balkon, schleicht sich geduckt, als gelte es, ein feindliches Menschenfresser-Gebiet zu passieren, durch die City, kriecht via Kanalisation und über Hausdächer aus der Stadt... Heiter-, Makaber-, Mildverrücktes.« *Der Spiegel, Hamburg*

Das Normale und die Sehnsucht
Essays und Geschichten. detebe 20057

»Dieses sympathisch schmale, sehr konzentrierte, sehr witzige Buch ist dem ganzen Fragenkomplex zeitgenössischer Literatur und Theorie gewidmet.«
Frankfurter Allgemeine Zeitung